Die angegebenen Grundpreise sind mit der Schlüsselzahl des Börsenvereins zu vervielfältigen.

# Handbuch der angewandten Mathematik

Herausgegeben von Dr. H. E. Timerding

o. Prof. an der Technischen Hochschule in Braunschweig

Das Werk, dessen drei erste Teile zunächst erschienen sind, ist bestimmt, die gesamte angewandte Mathematik in einer für die Studierenden der Universitäten und der Technischen Hochschulen gleich brauchbaren Form zu behandeln. Als angewandte Mathematik bezeichnen wir alle die Zweige der Mathematik, die zwischen der theoretischen Entwicklung und der wirklichen Anwendung auf technische und naturwissenschaftliche Probleme liegen. Hierbei ist natürlich nicht ausgeschlossen, daß, wo die theoretische Entwicklung für die Anwendung nicht ausreicht, sie in passender Weise ergänzt werden muß. Vor allen Dingen ist angewandte Mathematik eigentliche Mathematik, nicht Physik oder Technik; sie ist nur Mathematik, die nach den Anwendungsgebieten und den praktischen Zwecken orientiert ist. Danach bestimmt sich der mathematische Charakter des vorliegenden Werkes und die Abgrenzung seiner einzelnen Teile. Dienlich wird es sich jedem erweisen, für den der praktische Gebrauch der Mathematik in irgendeiner Hinsicht, und aus welchem Grunde es auch sei, Interesse hat.

I. Band: **Praktische Analysis.** Von Dr. Horst v. Sanden, Prof. an der Techn. Hochschule zu Hannover. 2., verb. Aufl. Mit 32 Abb. im Text.

„Das Buch ist einfach und sehr klar geschrieben, die Figuren sind ausreichend groß und deutlich. Der Satz ist fehlerfrei. Die Ausstattung des Werkes steht in jeder Beziehung tadellos da. Das Werk kann daher wärmstens empfohlen werden."
(Österr. Zeitschrift für Vermessungswesen.)

„Das Buch kann nicht nur den Studierenden der angewandten Mathematik, von denen Vertrautheit mit den besprochenen Methoden zu fordern wäre, sondern auch den Studierenden der technischen Hochschulen aufs wärmste empfohlen werden; sie werden dadurch die in der Praxis vielfach verwendeten praktischen Methoden und Rechenvorschriften von einem höheren Gesichtspunkte aus aufzufassen lernen." (Jahresber. d. Dtsch. Math.-Vereinigg.)

II. Band: **Darstellende Geometrie.** Von Dr. Johannes Hjelmslev, o. Prof. der darstellenden Geometrie an der Techn. Hochschule in Kopenhagen. Mit 305 Figuren. [IX u. 320 S.] 8. 1914. Geh. M. 5.60, geb. M. 6.60

„Der eigenartigen Doppelstellung der darstellenden Geometrie wird das Buch in besonders glücklicher Weise gerecht, indem es einerseits auf die wissenschaftliche Bedeutung der darstellenden Geometrie und die wissenschaftliche Exaktheit ihrer Behandlung hohen Wert legt, ohne doch andererseits die enge Fühlung mit den Bedürfnissen der Praxis dabei zu verlieren. Von ganz hervorragendem mathematischen Wert ist die geradezu meisterhafte Behandlung der ebenen Kurven und der Raumkurven." (Zeitschr. f. d. mathem. u. naturw. Unterr.)

„Das Buch bietet durch die Hinweise auf technische Anwendungen dem Mathematiker Gelegenheit, den Übergang von der abstrakten Wissenschaft zu den Aufgaben der Praxis kennen zu lernen, während es andererseits dem Techniker dazu dienen kann, seine wissenschaftliche Auffassung zu vertiefen." (Monatshefte f. Mathematik u. Physik.)

III. Band: **Grundzüge der Geodäsie** mit Einschluß der Ausgleichungsrechnung. Von Dr.-Ing. Martin Näbauer, o. Prof. der Geodäsie an der Technischen Hochschule in Karlsruhe. Mit 277 Figuren. [IX u. 420 S.] 8. 1915. Geh. M. 7.50, geb. M. 8.70

„Dieses knapp gehaltene, übersichtliche und reichhaltige, in Taschenformat ausgeführte Buch wird auch dem Ingenieur, Landmesser und Markscheider ein willkommenes Nachschlagewerk sein, das leicht mitzuführen ist und durch das Sachregister den raschen Gebrauch ermöglicht; insbesondere wird auch der erfahrene Praktiker den Teil über höhere Geodäsie gern zu Rate ziehen." (Mitteilungen aus dem Markscheidewesen.)

„Die Darstellung ist klar und übersichtlich, die Figuren sind vortrefflich und belehrend, auch die Rechnungsbeispiele dürften sehr willkommen sein und sind nett angeordnet." (Lit. Zentralblatt für Deutschland.)

## Springer Fachmedien Wiesbaden GmbH

Anfragen ist Rückporto beizufügen

# HANDBUCH
## DER ANGEWANDTEN MATHEMATIK

HERAUSGEGEBEN VON

## Dr. H. E. TIMERDING
O. PROF. AN DER TECHNISCHEN
HOCHSCHULE IN BRAUNSCHWEIG

ERSTER TEIL

## PRAKTISCHE ANALYSIS

VON

H. VON SANDEN

ZWEITE VERBESSERTE AUFLAGE

Springer Fachmedien Wiesbaden GmbH 1923

# PRAKTISCHE ANALYSIS

VON

## Dr. HORST von SANDEN
O. PROFESSOR AN DER TECHN. HOCHSCHULE
ZU HANNOVER

ZWEITE VERBESSERTE AUFLAGE

MIT 32 ABBILDUNGEN
IM TEXT

Springer Fachmedien Wiesbaden GmbH 1923

SCHUTZFORMEL FÜR DIE VEREINIGTEN STAATEN VON AMERIKA:
COPYRIGHT 1923 BY SPRINGER FACHMEDIEN WIESBADEN.
Ursprünglich erschienen bei B.G. Teubner in Leipzig 1923.
Softcover reprint of the hardcover 2nd edition 1923
ISBN 978-3-663-15360-3     ISBN 978-3-663-15931-5 (eBook)
DOI 10.1007/978-3-663-15931-5

ALLE RECHTE,
EINSCHLIESSLICH DES ÜBERSETZUNGSRECHTS, VORBEHALTEN

# Vorwort des Herausgebers zur ersten Auflage

Dem Handbuch, dessen erster Teil hiermit an die Öffentlichkeit tritt, müssen einige allgemeine Bemerkungen zum Geleit mit auf den Weg gegeben werden, damit sein Zweck richtig verstanden wird. Der Grund, warum die Herausgabe unternommen worden, lag darin, daß es für die angewandte Mathematik eine zusammenfassende Darstellung nicht gibt, aber seit ihrer Einführung an den Universitäten namentlich von den Studierenden als ein Bedürfnis empfunden wird. Außerordentlich schwierig war hierbei die Abgrenzung des Gebietes. Was unter angewandter Mathematik zu verstehen ist, ist nicht von vornherein unzweideutig bestimmt. Der Begriff der angewandten Mathematik bildete sich aus, als sich innerhalb der zu einer Enzyklopädie der Realwissenschaften verbreiterten Mathematik das Bestreben zeigte, die rein theoretischen Teile abzusondern. Dabei wurde der nach Ausschluß dieser Teile übrigbleibende Rest als angewandte Mathematik bezeichnet, und es ist klar, daß die Gegenstände sehr ungleichartig waren, die unter diesem Begriffe zusammengefaßt wurden. Im Laufe der Zeit ist er noch manchen Schwankungen unterworfen gewesen. Einstmals gehörte zu der angewandten Mathematik auch die Architektur und der Festungsbau. Heute wird man darunter zunächst das verstehen, was nach der preußischen Prüfungsordnung für die Kandidaten des höheren Schulamts als angewandte Mathematik bezeichnet wird, also eine Zusammenfassung von darstellender Geometrie, Geodäsie und technischer Mechanik. Dabei ist allerdings sofort zu bemerken, daß die letzten beiden Fächer unbedingt zwei selbständige Wissenschaften bilden und nicht ohne weiteres zur Mathematik gerechnet werden können. Bei der technischen Mechanik gibt die Prüfungsordnung selbst die nötige Erläuterung, indem sie nur die Kenntnis der mathematischen Methoden der technischen Mechanik verlangt und besonders die Methoden der graphischen Statik heraushebt. In der Tat, wenn wir bei angewandter Mathematik von Mechanik sprechen, so dürfen wir darunter nicht das ganze Gebiet in seinem realen Gehalt verstehen, sondern nur den mathematischen Apparat, der dabei zur Verwendung kommt. Bei der Geodäsie liegt die Sache jedoch etwas anders.

Von einem Unterricht in der Geodäsie sind allerdings die praktischen Messungen im Feld nicht zu trennen. Solange man sich aber auf die niedere Geodäsie beschränkt, welche die Prüfungsvorschriften vornehmlich ins Auge fassen, behalten diese Messungen einen einfachen Charakter und können schließlich mit zum mathematischen Unterricht gerechnet werden. Auf der Schule werden sie es ja in jedem Fall müssen. Die Geodäsie ist ferner von der Astronomie nicht völlig zu trennen: die Aufgaben der Ortsbestimmung nehmen auch astronomische Beobachtungen zu Hilfe. So wird mit der niederen Geodäsie auch die sphärische Astronomie zu der angewandten Mathematik gerechnet werden müssen.

Der vornehmlich durch F. Kleins unablässige Bemühungen an der Göttinger Universität ausgebildete Lehrbetrieb hat aber die in der preußischen Prüfungsordnung vertretene Auffassung mit der Zeit noch wesentlich ergänzt. Zunächst zeigte sich, daß das, was man im engeren Sinne als angewandte Mathematik bezeichnen muß, in der Prüfungsordnung noch gar nicht hervorgehoben ist. Um nämlich von der theoretischen Entwicklung zur praktischen Ausführung der Rechnung übergehen zu können, um von Lehrsätzen und Formeln zu numerischen Resultaten zu gelangen, bedarf es einer besonderen Disziplin, die den Übergang vermittelt und die wir in unserem Handbuch als *praktische Analysis* bezeichnen. Diese Disziplin zielbewußt in den Lehrbetrieb der Göttinger Universität eingeführt zu haben, ist das große Verdienst von C. Runge. Ferner war schon seit längerer Zeit in Göttingen die *Versicherungsmathematik* durch ein versicherungstechnisches Seminar vertreten, ist aber erst in den letzten Jahren dort in die Oberlehrerprüfung unter der angewandten Mathematik aufgenommen und damit im eigentlichen Sinne dem mathematischen Studium zugerechnet worden.

Alle die bis jetzt genannten Fächer mußten bei einer zusammenfassenden Darstellung der angewandten Mathematik Berücksichtigung finden. Dadurch war der Mindestumfang des Handbuches bestimmt Es zeigte sich aber dabei, daß es sich im Grunde um eine Reihe von Einzelwissenschaften handelt, die untereinander nur in verhältnismäßig lockerem Zusammenhange stehen. Deswegen schien es angebracht, das ganze Werk in eine Reihe voneinander unabhängiger Teilbände zu zerlegen, die einzeln von verschiedenen Verfassern selbständig bearbeitet werden konnten und sich in ihrer Gesamtheit von selbst zu einem Bilde der ganzen angewandten Mathematik, wie sie nach dem heutigen Stande der Wissenschaft und des Lehrbetriebes vorliegt, zusammenschließen. Der Herausgeber war so der unangenehmen Pflicht überhoben, die Verfasser in der freien Bearbeitung des ihnen zugefallenen Wissenszweiges um der Rücksichtnahme auf die benachbarten Artikel willen fortwährend zu hemmen. Es stand ihm, was die Abgrenzung des Stoffes und die Art seiner Darbietung betraf, nur eine beratende Rolle zu. Im übrigen übernahmen die Verfasser mit der wissenschaftlichen Verantwortung für ihre Bände auch das Recht, sie nach Gutdünken auszugestalten. Trotzdem geschieht es nur zu leicht, daß der Herausgeber, dessen Name einem literarischen Unternehmen voransteht, auch für die Einzelheiten der Ausführung verantwortlich gemacht wird. Wo man einen Fehler bemerkt oder eine Lücke findet, sagt man, das hätte der Herausgeber verbessern müssen. Alles Gute dagegen kommt mit Recht auf Rechnung der Verfasser. So kann der arme Herausgeber nur Tadel und nie Lob ernten. Im vorliegenden Falle glaubte ich aber alles das im Interesse der guten Sache, der das von dem Verleger angeregte Unternehmen dient, ruhig auf mich nehmen zu müssen. Trotz alledem, was im einzelnen verbesserungsbedürftig sein mag, glaube ich, daß die hier herausgegebene Darstellung für die Ausbreitung einer den praktischen Aufgaben gerecht werdenden Mathematik und die Förderung eines gesunden mathematischen Unterrichts, der die Fühlung mit der Wirklichkeit nicht verlieren will, Gutes zu stiften vermag.

Wenn auch bei der Herausgabe zunächst an die Studierenden der Mathematik an den Universitäten, insbesondere solche, die sich für das Lehrfach der angewandten Mathematik vorbereiten, gedacht werden mußte, so soll dieses Handbuch doch keineswegs allein für diese Studierenden bestimmt sein. Auch für den Techniker, der eine mathematische Begründung und Vertiefung seiner Wissenschaft sucht, überhaupt für jeden, der für die Anwendungsseite der Mathematik Interesse hat, scheint es uns von Nutzen sein zu können. Freilich werden nicht sämtliche Bände gleichmäßig in Betracht kommen, aber gerade durch die Zerlegung des Werkes in verschiedene Teile ist es jedem freigestellt, die Teile herauszugreifen, die für ihn besonders von Wert sind. Das wird z. B. von dem Bande über Versicherungsrechnung gelten, der naturgemäß sich zunächst an die wendet, welche das Versicherungswesen zu ihrem Beruf machen wollen. Dieser Band wird aber andererseits auch jedem Mathematiklehrer dienen können, der in seinem Unterricht auf das Versicherungswesen einzugehen wünscht und sich die dafür nötigen Kenntnisse zu erwerben sucht.

Bei dem Zerfallen des Werkes in eine Reihe von Einzeldarstellungen wird man eines wohl am meisten vermissen: die Einheitlichkeit und Geschlossenheit der Darstellung. Eine solche schien aber in dem vorliegenden Falle nicht bloß kein Vorzug, sondern im Gegenteil ein Nachteil zu sein, wenn sie auf Kosten der einzelnen Disziplinen erstrebt worden wäre. Diese einzelnen Disziplinen sind nicht bloß dem Gegenstande nach verschieden, sie sind es auch in ihrer ganzen Methodik. Das zeigt sich mit voller Deutlichkeit schon an den Wissenszweigen, die in den ersten beiden Bänden behandelt sind. Die *praktische Analysis* hat zur Aufgabe die Ausführung der numerischen Rechnungen, während die theoretische Analysis nur die Grundlagen für die Rechnungen liefert, sie schließt sich auf diese Weise dem Gegenstand nach an eine Disziplin der reinen Mathematik an, stellt sich aber in bewußten Gegensatz zu den Zielen und Methoden dieser Disziplin. Ist die theoretische Analysis eine reine Wissenschaft, so ist die praktische Analysis mehr eine Kunst. Die wirkliche Ausführung einer numerischen Rechnung bedingt eine Menge von einzelnen Momenten, die auf einer mehr gefühlsmäßigen Erfassung der zu erfüllenden Aufgabe beruhen und einer vollen logischen Abklärung nicht fähig sind. Der ausschließliche Zweck ist die Gewinnung des zahlenmäßigen Resultates auf die kürzeste und handlichste Weise und die Sicherung seiner Richtigkeit. Bei der numerischen Rechnung spielen Übung und Geschicklichkeit eine große Rolle; auch Apparate und Maschinen werden verwendet, deren Kenntnis und Gebrauch mehr in die praktische Mechanik als in die Mathematik gehört. Bei der Sicherstellung des gewonnenen Resultates kommt außer methodischen Kontrollen, die die Rechnung begleiten, eine gewisse Empfindung für die Richtigkeit und Genauigkeit der ausgeführten Operationen hinzu, die sich nicht in bewußte Gedanken übertragen läßt; sie ist durchaus der Empfindung analog, die dem Experimentator die Gewißheit gibt, daß er sich auf dem rechten Weg befindet. Alle diese Momente haben aber dazu gedient, den Wissenszweig, um den es sich hier handelt, bei den theoretischen Mathematikern, denen der Ausbau eines logisch durcharbeiteten Systems die Hauptsache ist, in Mißkredit zu bringen. Ich will nur an Kummer erinnern, der einmal gesagt hat, es müsse eigentlich nicht reine und angewandte Mathematik, sondern reine und schmutzige Mathematik heißen. Diese Abneigung der theoretischen Wissenschaft gegen die praktischen Aufgaben wegen der Beschränkung der Forschungsfreiheit und der Trübung der methodischen Feinheit, die sie mit sich führen, wird sich nie beseitigen lassen. Es handelt sich eben hier um eine Frage der Neigung und des Geschmacks. Der eine fühlt sich in der reinen Gedankenwelt am wohlsten; den anderen reizt dagegen die Aussicht, etwas zu leisten, was sich für die Aufgaben der

Wirklichkeit als nutzbringend erweist, und sicher ist es auch ein Verdienst, das in möglichst vollkommener Weise zu tun, was aus praktischen Gründen von Wichtigkeit und Bedeutung ist.

Bei der *darstellenden Geometrie*, die den zweiten Band unseres Handbuches bildet, liegt der Fall wesentlich anders wie in der praktischen Analysis, die der erste Band behandelt. Auch die darstellende Geometrie dient praktischen Aufgaben, nämlich den auf der Zeichnung fußenden Anwendungen der Geometrie auf die Technik. Diese Anwendungen sind auch schon sehr frühzeitig ausgebildet worden, zum Teil bereits im Mittelalter, und zwar dem rein praktischen Zweck entsprechend in einer Weise, die auf eine logische Begründung keinerlei Rücksicht nahm. Erst allmählich begann sich aus diesen Kenntnissen heraus ein wissenschaftliches Fach auszugestalten. Zunächst war es die malerische Perspektive, also mehr eine Aufgabe der Kunst als der Technik, die zu einer solchen Entwicklung Anlaß gab. Dazu trat später der Steinschnitt, mit dem eine große Menge geometrischer Aufgaben vereinigt wurde. Für diese Aufgaben fand Monge das geistige Band, indem er auf dem seit langer Zeit in der Technik üblichen Grund- und Aufrißverfahren eine methodisch durchgeführte geometrische Disziplin aufbaute, welche die Darstellung auf dem Zeichenblatt auch für die räumlichen Gebilde systematisch verwertet. Die methodische Ausführung und logische Verfeinerung der so begründeten Wissenschaft haben allerdings auch die Nachfolger Monges nicht völlig geleistet. Sie ist aber möglich und macht aus der darstellenden Geometrie eine Wissenschaft, die an logischer Strenge der gewöhnlichen Behandlung der Geometrie durchaus nicht nachsteht. Im Gegenteil hat sie durch die zielbewußte Anknüpfung an die Zeichnung vor dieser einen unleugbaren Vorzug. Dies zeigt sich z. B. daran, daß in der gewöhnlichen Darstellung der Geometrie der Übergang zu den krummen Linien und Flächen nur durch ein fremdes Gebiet hindurch, nämlich die Infinitesimalrechnung, gefunden wird; die Anknüpfung an die Zeichnung führt aber direkt auf Grund bestimmter Definitionen und Axiome zu ihnen hin. Bei der Verwendung der darstellenden Geometrie in der Technik spielt die logische Durcharbeitung naturgemäß keine oder nur eine geringe Rolle, da hier der praktische Zweck bestimmend wirkt und für den Techniker die anschauliche Erfassung der Aufgaben gerade die richtige ist. Wird aber die darstellende Geometrie zu einem Lehrfach der Universitäten gemacht, so wird die logische Abklärung eine unabweisbare Pflicht, ebenso wie sie es in den übrigen mathematischen Disziplinen ist. Deswegen haben wir es für angebracht gehalten, hier eine möglichst strenge

Behandlung der darstellenden Geometrie durchzuführen und dafür die Anwendungen kürzer zu behandeln, wenn auch überall der Weg gezeigt ist, der in die Technik hineinführt. Hier wenigstens ist also der Vorwurf nicht angebracht, daß die angewandte Mathematik ein Nachlassen in den Forderungen an Exaktheit und Strenge mit sich führt.

Den zwei ersten Bänden lassen wir sofort den dritten folgen, der die Geodäsie und Astronomie, soweit sie für den vorliegenden Zweck in Frage kommen, behandelt. Da es sich dabei um längst feststehende, schon durch Gauß' Bemühungen wohlbegründete Wissenschaften handelt, können besondere methodische Bedenken nicht vorliegen; die getroffene Abgrenzung wird hoffentlich als zweckmäßig befunden werden.

Die noch fehlenden Bände werden voraussichtlich binnen kurzer Zeit herausgegeben werden können, so daß wirklich die angewandte Mathematik im vollen Umfange erledigt wird. Eine kurze Bemerkung muß ich zum Schluß noch über die Literaturangaben hinzufügen. Sie sollen in keiner Weise eine Vollständigkeit erreichen, sondern sollen nur dem Leser in geeigneter Weise weiterhelfen. Ein Erschöpfen des Stoffes war ja in keinem Bande zu erreichen, und deshalb muß der Anschluß an ergänzende und weiterführende Werke überall gesucht werden. Die gebotene Darstellung wird am besten ihre Wirkung ausüben, wenn sie zu weiterem Studium anregt. Für die Oberlehrerprüfung wird allerdings bei nicht allzu anspruchsvollen Examinatoren der gebotene Stoff ausreichen, und vielleicht ist es nicht ohne Wert, auf diese Weise überhaupt erst eine brauchbare Grundlage für die gesamte Prüfung in der angewandten Mathematik geschaffen zu haben.

Dem Verlage gebührt der herzliche Dank der Verfasser und des Herausgebers für das Entgegenkommen bei der Veröffentlichung und die Erfüllung aller Wünsche bei der Drucklegung.

Braunschweig, November 1913. **H. E. Timerding.**

## Vorwort des Herausgebers zur zweiten Auflage

Bei der Neuauflage des ersten Teils sind keine weiteren Bemerkungen hinzuzufügen, als daß die Erwartung, die fehlenden Bände binnen kurzer Zeit herausgeben zu können, sich leider nicht erfüllt hat. In den drei vorliegenden Bänden ist aber immerhin schon ein gewisser Abschluß enthalten. Daß die erste Auflage des ersten Teils binnen verhältnismäßig kurzer Zeit vergriffen war, läßt sich wohl als gutes Zeichen deuten.

Braunschweig, März 1923. **H. E. Timerding.**

# Vorwort des Verfassers zur ersten Auflage

Was in diesem ersten Bande des Handbuches der angewandten Mathematik als praktische Analysis bezeichnet wird, ist eine Seite der Mathematik, die Felix Klein einmal die „Exekutive in der Mathematik" genannt hat. Eine *Durchführung der mathematischen Probleme bis zur ziffernmäßigen Angabe des Resultates* ist der leitende Gedanke bei allen hier zur Sprache kommenden Methoden. Es steht in der Mathematik durchaus nicht immer fest, wann ein Problem als gelöst anzusehen ist. Denken wir z. B. an eine Differentialgleichung, so kann man das bei dieser sich darbietende Problem mit dem Beweis der Existenz einer Lösung als erledigt ansehen. Sogar in der theoretischen Mechanik begnügt man sich nicht selten mit der Aufstellung der den Vorgang beherrschenden Differentialgleichungen und dem Nachweis, daß durch diese Gleichungen die Lösung festgelegt ist. So unerläßlich das mit einem Existenzbeweise gewonnene Fundament auch sein mag, die Frage nach der wirklichen Bestimmung der Lösung muß in sehr vielen Fällen auch als eine berechtigte anerkannt werden. Dabei ist nicht nur eine qualitative Diskussion der integrierenden Funktion gemeint, sondern auch ihre numerische Beherrschung, sei es, daß man aus einer errechneten Tabelle zu jedem in Betracht kommenden Werte der unabhängigen Variablen den zugehörigen Wert der abhängigen Variablen entnehmen kann, sei es, daß man die gesuchte Funktion in graphischer Darstellung als Kurve in irgendeinem Koordinatensystem erhalten hat. Auch die algebraischen Gleichungen bieten ein Beispiel, wie man denselben Gegenstand von sehr verschiedenen Seiten betrachten kann, und auch hier kann man das Interesse darauf richten, die Wurzeln einer solchen Gleichung ziffernmäßig anzugeben, und hierfür Methoden entwickeln.

Die Durchführung der Probleme bis zur ziffernmäßigen Angabe des Resultates charakterisiert die Aufgabe der praktischen Analysis aber erst in ihren allgemeinen Umrissen. Ein wichtiger Punkt bei jeder numerischen Rechnung, der in vielen Fällen gerade der schwierigere Teil der Sache ist, bleibt die *Abschätzung der Genauigkeit* des berechneten Ergebnisses.

Fast in allen Fällen stehen zur Lösung einer Aufgabe verschiedene Methoden zur Verfügung, und es ergibt sich eine durchaus objektive Wertung dieser Methoden durch das Prinzip, stets diejenige zur Anwendung zu bringen, die das Resultat mit der jeweils verlangten Genauigkeit in der kürzesten Zeit liefert.

Von diesem Standpunkt aus hat man auch die Einführung von graphischen Rechenmethoden zu beurteilen, die in neuerer Zeit mehr und mehr in Aufnahme kommen. Die Genauigkeit einer graphischen Konstruktion ist natürlich eine beschränkte, während eine Rechnung, sofern man nur hinreichend viel Stellen mitführt, eine beliebige Steigerung der Genauigkeit gestattet. Es gibt aber, namentlich in der Ingenieurpraxis, eine Fülle von Aufgaben, bei denen die Genauigkeit einer zeichnerischen Behandlung völlig hinreicht, bei denen zumal die in die Rechnung einzuführenden Größen bereits mit einer so beschränkten Genauigkeit gegeben sind, daß eine Anwendung von Methoden größerer Präzision nur einen unnötigen Zeitverlust bedeuten würde.

Ganz besonders sind graphische Methoden da am Platze, wo einzelne in die Rechnung eingehende Größen oder Funktionen empirisch-graphisch gegeben sind. So wird der Elektrotechniker mitunter auf Differentialgleichungen geführt, in welchen die Abhängigkeit der Magnetisierung von der elektrischen Feldstärke durch die sog. Magnetisierungskurve als empirisch gewonnene und graphisch dargestellte Funktion eingeht. In diesem Falle ist eine graphische Behandlung der Differentialgleichung angebracht und jeder andere Lösungsversuch würde einen weiten Umweg bedeuten. Gerade in der Auswahl der zweckmäßigsten Methode, die der eigentlichen Inangriffnahme der Aufgabe voranzugehen hat, liegt ein Hauptreiz der Beschäftigung mit diesem Zweig der Mathematik.

Was nun die Stellung dieser Methoden im mathematischen Hochschulunterricht angeht, so steht es außer Zweifel, daß sie an der *technischen Hochschule* mehr als es heute vielfach geschieht, gepflegt werden müßten. Dem Ingenieur soll ja durch den mathematischen Unterricht ein Werkzeug in die Hand gegeben werden, das er wirklich gebrauchen kann. Dazu ist notwendig, daß sich der Lehrbetrieb nicht nur auf die Vorlesungen über theoretische Mathematik beschränkt, sondern es muß eine Ausbildung in der praktischen Analysis unbedingt hinzutreten. Zu einer solchen Ausbildung gehört aber auch ein zweckmäßig geordneter Übungsbetrieb. Denn nur dadurch kann man die Sicherheit in der Handhabung der Methoden erzielen, die zu ihrer erfolgreichen Anwendung unerläßlich ist. Auch die Unterweisung in dem Gebrauch von mathematischen Instrumenten, wie Rechenschiebern, Rechenmaschinen und Planimetern, gehört sicher in den mathematischen Unterricht und kann hier als willkommenes Beispiel zur Einführung in die Fehlertheorie betrachtet werden. Es ist doch ein unerquicklicher Zustand, wenn die Studierenden die Handhabung dieser Instrumente erst im physikalischen oder maschinentechnischen Praktikum lernen, wobei ein tieferes Eingehen auf die Theorie der Instrumente nicht erreicht werden kann. Eine gründliche Ausbildung im praktischen Rechnen gehört zur mathematischen Vorbildung des Ingenieurs und eine systematische Gewöhnung an Genauigkeitsbetrachtungen kann am ehesten dem immer wieder zutage tretenden Übelstande abhelfen, daß die Praktikanten ihre Messungen mit unzweckmäßigen, meistens viel zu genauen und darum schwerfälligen Rechenhilfsmitteln bearbeiten, ohne zu einer Übersicht über die wirklich erreichte Genauigkeit des Resultates zu gelangen. Auch die Scheu vor der Anwendung der Ausgleichungsrechnung, die schon in ganz einfachen Fällen sehr vorteilhaft sein kann, muß bereits im mathematischen Unterricht überwunden werden.

Eine andere Frage ist es, welche Stellung der praktischen Analysis im *Universitätsunterricht* einzuräumen ist. Es handelt sich dabei in erster Linie um die Ausbildung der zukünftigen Lehrer. Können diese aber das Gelernte später im Unterricht verwerten? Gehören die hier in Betracht kommenden Rechenmethoden überhaupt in den Schulunterricht?

Bejaht man diese Frage, so muß man den Methoden auch einen Platz im Studium der künftigen Mathematiklehre einräumen. Es wird zwar oft die Ansicht geäußert, daß einem theoretisch gut ausgebildeten Mathematiker die Aneignung dieser Methoden, wenn er sie braucht, keine Schwierigkeiten bereiten wird und sich somit ein Eingehen darauf im Universitätsstudium erübrigt. Daß das theoretische Verständnis einem ausgebildeten Mathematiker keine Schwierigkeit macht, ist wohl richtig. Aber mit dem Verständnis allein ist es eben noch nicht getan! Es ist ein großer Unterschied, ob man eine numerische Methode nach einer gehörten oder gelesenen Darstellung in allen Einzelheiten übersieht und sich von der Notwendigkeit eines jeden Schrittes überzeugt hat, oder ob man wirklich ein gegebenes Beispiel richtig und geschickt bis zu Ende durchrechnen kann. Dazu gehört eine Fertigkeit, die sich nur durch Übung erlangen läßt, und das bedingt eine gründliche Beschäftigung mit diesen praktischen Methoden. Eine solche erfordert viel mehr Zeit und Aufmerksamkeit, als sich der Mathematiker gewöhnlich denkt. Es ist erstaunlich, wie schwer es der überwiegenden Mehrzahl der Mathematikstudierenden fällt, eine Zahlenrechnung ordentlich zu Ende zu führen. Nach einem meist ohne weitere Überlegung angenommenen Schema wird auf allerhand Zetteln wild und ungeordnet darauf losgerechnet. Dadurch geht nach und nach die Übersicht verloren, bis das Ziel der Rechnung und schließlich auch der Rechner in einem Meer von Zahlen versunken ist, worauf der unerfreuliche Prozeß mit keinem besseren Erfolge von vorne anhebt. Der erste Schritt zur Besserung ist eine übersichtliche Anordnung der Rechnung und die Anwendung von Kontrollen, die auch der geübteste Rechner nicht entbehren kann und an die andererseits der abstrakte Mathematiker überhaupt nicht denken wird. Das letzte Ziel bleibt dann noch, den Rechner so weit selbständig zu machen, daß er nicht bloß als eine lebende Rechen- oder Denkmaschine nach einem gegebenen Schema rechnen kann, sondern daß er in jedem Moment den ganzen Gang der Rechnung klar vor sich sieht und so zu einer völligen Beherrschung der Methode gelangt. In dieser Gewöhnung an Ordnung und Selbständigkeit liegt ein bedeutendes erzieherisches Moment der angewandten Mathematik, das nicht zu unterschätzen ist. Gewiß liegt ein solches auch in der Beschäftigung mit der abstrakten Seite der Mathematik, aber die Zahl der Studierenden, die hier zu selbständiger Arbeit vordringt, ist gering. Sicherer und unmittelbarer ist daher die Wirkung, welche die angewandte Mathematik ausübt.

So erscheint die angewandte Mathematik auch ohne Rücksicht auf ihre spätere Verwendungsmöglichkeit im Schulunterricht als existenzberechtigt an der Universität. Man kann sie dabei noch nach mancher anderen Seite ausbauen, als es in dem vorliegenden Buche geschehen, und durch die rechnerische und zeichnerische Durchführung manche mathematische Tatsachen eindringlicher zum Verständnis bringen, als es durch den bloßen theoretischen Vortrag möglich ist. *Die angewandte Mathematik sollte an der Universität nicht in einem Gegensatze zu der abstrakten Mathematik stehen, sondern zu dieser eine fördersame Ergänzung bilden.*

Ob nun die weitere Ausbildung des numerischen Rechnens über das allgemein geübte elementare und logarithmische Rechnen hinaus und so auch die Verwendung der graphischen Methoden an die höhere allgemeine Schule gehört, ist noch eine offene Frage, die aber nach unserer Überzeugung unbedingt zu bejahen ist. Der bittere Nachgeschmack, mit dem heute die Mehrzahl aller Gebildeten an den genossenen mathematischen Schulunterricht zurückdenkt, könnte mit dem besten Erfolge bekämpft werden, wenn jede höhere Schule eine gründliche Übung im Zahlenrechnen, besonders auch im Kopfrechnen, ins Leben mitgäbe.

Auch wenn man den Schwerpunkt des mathematischen Schulunterrichtes lediglich in die logische Schulung legen zu müssen glaubt, braucht man auf das praktische Rechnen nicht zu verzichten und kann sehr gut den idealen Gesichtspunkt mit dem Nützlichkeitsstandpunkte vereinigen. Gerade beim numerischen Rechnen erfordert die Frage, welcher Weg im gegebenen Falle der beste ist, welche Genauigkeit man beim Resultat noch verbürgen kann, einen nicht unerheblichen Aufwand von logischer Überlegung, und bei geeigneter Auswahl der Aufgaben kann man den Schüler vor jeder einzelnen zwingen zu untersuchen, wie er in diesem besonderen Falle vorzugehen hat, und ihn damit nachdrücklich zu eignem Nachdenken veranlassen. Ein geisttötender Schematismus läßt sich hier sicherer vermeiden als in anderen Gebieten der Schulmathematik.

Es wäre so übel nicht, die Beherrschung des Rechenschiebers und seiner Anwendungen dem Schulunterricht zuzuweisen. Seine Genauigkeit ist für die Aufgaben, die dem Schüler bei physikalischen oder auch geodätischen Übungen gestellt werden können, völlig ausreichend, seine Handhabung erfordert weit mehr Nachdenken als das Blättern in Logarithmentafeln, und bei seiner Behandlung kann man in natürlichster Weise an den Funktionsbegriff, die graphische Darstellung von Funktionen sowie den wichtigen Begriff der relativen Genauigkeit anknüpfen. Natürlich muß dann der Lehrer selbst mit dem Gebrauch des Rechenschiebers genau Bescheid wissen. Ebenso wie auf der Universität sollte man auch auf der Schule keinen Gegensatz zwischen reiner und angewandter Mathematik betonen, sondern die eine Richtung durch die andere harmonisch ergänzen.

Was die Auswahl und Anordnung des Stoffes in diesem Bande angeht, so wurden die Methoden bevorzugt, die im mathematischen Unterricht einer allgemeinen Anwendung fähig sind. Der Behandlung empirischer Funktionen ist ein breiter Raum gewährt, um auch dem Bedürfnis der Studierenden an technischen Hochschulen entgegenzukommen, denen das Buch eine Ergänzung ihrer mathematischen Lehrbücher und Vorlesungen nach der praktischen Seite hin bieten soll.

Die graphische Statik ist nicht aufgenommen, trotzdem von da aus die Benutzung graphischer Infinitesimalmethoden ihren Anfang genommen hat. Sie hat sich aber zu einem selbständigen Zweig der angewandten Mathematik entwickelt und zeigt nicht den allgemeinen Charakter der hier aufgenommenen Methoden; sie wird in einem späteren Bande auch noch besonders behandelt werden. Um den Umfang des Buches möglichst zu beschränken, ist auch die Nomographie, dieses interessante Sonderkapitel der graphischen Methoden, nur flüchtig gestreift. Es steht in den Arbeiten von d'Ocagne hierüber ausreichend Literatur zur Verfügung.

Die Literatur habe ich nur insoweit zitiert, als dem Leser Gelegenheit geboten werden soll, sich über weitergehende Fragen zu orientieren und Einzelheiten genauer zu verfolgen. Historische Gesichtspunkte und Prioritätsfragen sind im Text völlig beiseite geschoben und das Hauptgewicht auf ein leichtes Verständnis gelegt.

Der Inhalt des Buches bildet einen Teil dessen, was nach dem von C. Runge eingerichteten Lehrbetrieb der angewandten Mathematik in den Göttinger Vorlesungen über numerisches und graphisches Rechnen zur Sprache kommt.

Ich möchte an dieser Stelle betonen, daß auch ich diese Methoden zum großen Teil bei meinem verehrten Lehrer, Herrn Geheimrat C. Runge gelernt habe, und möchte ihm hier meinen aufrichtigen Dank dafür aussprechen.

Göttingen, November 1913.

**Dr. Horst von Sanden.**

# Vorwort zur zweiten Auflage

Die zweite Auflage enthält zahlreiche Änderungen und Zusätze, die das Buch, wie ich hoffe, dem Praktiker nützlicher machen werden.

So habe ich u. a. bei der Differentiation und Integration empirischer Funktionen neben die das Differenzenschema benutzenden Methoden auch solche gestellt, die mit den gegebenen Funktionswerten direkt operieren. Hinzugekommen ist ferner die Behandlung ganzer rationaler Funktionen im komplexen Gebiet und eine numerische Methode zur Integration gewöhnlicher Differentialgleichungen, die neben anderen Methoden in manchen Fällen brauchbar ist. Dem von verschiedenen Seiten geäußerten Wunsch nach Übungsbeispielen habe ich nachgegeben. Praktische Mathematik läßt sich in der Tat nur durch Übung lernen.

Hannover, März 1923.

**Prof. Dr. Horst von Sanden.**

# INHALTSVERZEICHNIS.

| | Seite |
|---|---|
| Vorwort des Herausgebers | V |
| Vorwort des Verfassers | XI |

### I. Allgemeines über numerisches und graphisches Rechnen.
1. Praktische Regeln für das Zahlenrechnen . . . . . . . . . 1
2. Graphische Methoden und Nomographie . . . . . . . . . 6
3. Tafeln und Maschinen . . . . . . . . . . . . . . . . 13

### II. Rechenschieber und Rechenmaschinen.
A. Der Rechenschieber . . . . . . . . . . . . . . . 14
1. Allgemeine Theorie der Rechenschieber . . . . . . . . . 14
2. Die logarithmische Skala . . . . . . . . . . . . . . 16
3. Der logarithmische Rechenschieber. Der Stab . . . . . . 18
4. Die erste Lage des Rechenschiebers . . . . . . . . . . 20
5. Die zweite Lage des Rechenschiebers . . . . . . . . . 24
6. Die dritte Lage des Rechenschiebers . . . . . . . . . . 28
7. Übungsaufgaben für den Rechenschieber . . . . . . . . 33
B. Die Rechenmaschinen . . . . . . . . . . . . . . . 35
1. Konstruktion . . . . . . . . . . . . . . . . . . . 35
2. Addition und Subtraktion . . . . . . . . . . . . . . 38
3. Multiplikation . . . . . . . . . . . . . . . . . . 38
4. Division und Quadratwurzelziehen . . . . . . . . . . 40
5. Andere Rechenmaschinen . . . . . . . . . . . . . . 42

### III. Die ganzen rationalen Funktionen.
1. Das Hornersche Schema und seine Anwendung zur numerischen Auflösung von Gleichungen höheren Grades . . . . . . 44
   1. Berechnung der Werte einer ganzen rationalen Funktion 44
   2. Entwicklung einer ganzen rationalen Funktion an einer Stelle 45
   3. Näherungsverfahren zur Auflösung von Gleichungen $n^{\text{ten}}$ Grades . . . . . . . . . . . . . . . . . . 47
2. Berechnung ganzer rationaler Funktionen für komplexe Argumente . . . . . . . . . . . . . . . . . . 50
3. Graphische Methoden . . . . . . . . . . . . . . . . 53
   1. Darstellung einer ganzen rationalen Funktion als Kurve . 53
   2. Graphische Ermittelung der Wurzeln einer Gleichung $n^{\text{ten}}$ Grades . . . . . . . . . . . . . . . . . . 55
   3. Graphische Konstruktion im Komplexen . . . . . . . . 58

### IV. Extrapolation und Interpolation einer ganzen rationalen Funktion.
1. Extrapolation . . . . . . . . . . . . . . . . . . . 61
2. Interpolation . . . . . . . . . . . . . . . . . . . 64
   1. Lineare Interpolation . . . . . . . . . . . . . . . 64
   2. Quadratische Interpolation . . . . . . . . . . . . . 64
   3. Allgemeine Interpolation . . . . . . . . . . . . . . 65
   4. Zwei spezielle Interpolationsformeln . . . . . . . . . 71
3. Differentiation und Integration durch die Interpolationsformeln 75

### V. Interpolation, numerische Differentiation und Integration beliebiger Funktionen.
1. Fehlerabschätzung . . . . . . . . . . . . . . . . . 76
   1. Bei analytisch gegebenen Funktionen . . . . . . . . . 77
   2. Bei empirischen Funktionen . . . . . . . . . . . . . 78
2. Integration . . . . . . . . . . . . . . . . . . . . 79

# Inhaltsverzeichnis

|  | Seite |
|---|---|
| 3. Formeln ohne Differenzen | 81 |
| 4. Interpolation und Differentiation bei nicht äquidistanten Funktionswerten | 85 |

## VI. Mechanische Quadratur.

| | |
|---|---|
| 1. Die Simpsonsche Regel und die Trapezformel | 88 |
| 2. Die Integrationsmethode von Gauß | 93 |

## VII. Graphische Integration und Differentiation.

| | |
|---|---|
| A. Integration | 101 |
| 1. Integration einer „Stufenkurve" | 101 |
| 2. Integration allgemeiner Funktionen | 103 |
| 3. Anwendung der graphischen Integration auf die Bestimmung des Restgliedes der Taylor-Entwicklung einer analytischen Funktion | 107 |
| B. Differentiation | 110 |

## VIII. Analytische Approximation empirischer Funktionen.

| | |
|---|---|
| 1. Approximation durch ganze rationale Funktionen | 112 |
| 2. Das „Glätten" einer empirischen Kurve | 117 |
| 3. Kugelfunktionen einer Veränderlichen | 120 |
| 4. Harmonische Analyse | 122 |
| 1. Graphisches Verfahren | 126 |
| 2. Numerisches Verfahren | 129 |
| 5. Allgemeines über Approximation | 134 |

## IX. Auflösung von Gleichungen.

| | |
|---|---|
| 1. Systeme von linearen Gleichungen mit mehreren Unbekannten | 135 |
| 2. Die Ausgleichungsrechnung nach der Methode der kleinsten Quadrate | 139 |
| 3. Auflösung von algebraischen Gleichungen. Graeffesches Verfahren | 141 |
| 4. Auflösung transzendenter Gleichungen | 152 |
| 1. Tabellarische Berechnung | 152 |
| 2. Newtonsches Verfahren | 153 |
| 3. Iterationsverfahren | 154 |
| 5. Auflösung von nichtlinearen Gleichungen mit mehreren Unbekannten | 156 |
| 1. Newtonsches Verfahren | 156 |
| 2. Methode der kleinsten Quadrate | 158 |
| 3. Iterationsverfahren | 160 |

## X. Graphische und numerische Integration von gewöhnlichen Differentialgleichungen erster Ordnung

| | |
|---|---|
| 1. Graphische Integration | 162 |
| 2. Numerische Integration I | 170 |
| 3. Numerische Integration II | 177 |

## XI. Graphische und numerische Integration von gewöhnlichen Differentialgleichungen zweiter und höherer Ordnung.

| | |
|---|---|
| 1. Graphische Integration | 181 |
| 2. Numerische Integration | 188 |
| Literaturverzeichnis | 191 |
| Sachregister | 194 |

# I. Allgemeines über numerisches und graphisches Rechnen.

**1. Praktische Regeln für das Zahlenrechnen.** Wenn jemand nach längerem Studium der systematischen Mathematik zum ersten Male vor die Durchführung einer zahlenmäßigen Rechnung gestellt wird, so pflegt er die Beobachtung zu machen, daß es hierbei ganz eigenartige Schwierigkeiten zu überwinden gibt. Bei der Durchrechnung der Aufgabe stellen sich meistens zahlreiche Rechenfehler und sehr bald ein unbehagliches Gefühl des Mißtrauens gegen die gewonnenen Ergebnisse ein.

Wenn sich diese Schwierigkeiten auch in erster Linie durch Übung beseitigen lassen, so kann man doch einige allgemeine Gesichtspunkte hervorheben, deren Beachtung dem Anfänger von Nutzen sein wird. Auch über die Wahl der Hilfsmittel mag hier einiges Wesentliche bemerkt werden, da unzweckmäßige Auswahl derselben nicht selten einen großen Zeitverlust verursacht. Die Schnelligkeit, mit der eine Rechnung das Ergebnis mit befriedigender Genauigkeit liefert, ist aber das Kriterium, nach welchem der Praktiker eine Rechenmethode zu beurteilen hat.

Bei einer vergleichenden Kritik von Rechenmethoden darf man natürlich die Zeit nicht in Rechnung stellen, die erforderlich ist, um sich mit ihnen bis zu befriedigender Fertigkeit vertraut zu machen, sondern man muß einen Rechner voraussetzen, der in jeder der in Betracht kommenden Methoden gleich geübt ist. Ferner ist zu beachten, daß bei der Erledigung einer großen Anzahl gleichartiger Aufgaben die Benutzung von besonderen Hilfsmitteln sehr wohl lohnend sein kann, die bei Erledigung nur einer einzigen dieser Aufgaben unzweckmäßig erscheinen würde.

Ein erstes Erfordernis jeder numerischen Rechnung ist eine *übersichtliche Anordnung der Rechnung*. Dazu gehört eine ordentliche Schreibweise, die sehr erleichtert wird durch Verwendung von kariert liniiertem Papier. Ferner ist es unvorteilhaft, „Nebenrechnungen" auf besonderen Zetteln zu machen, es empfiehlt sich vielmehr, das Rechenschema so anzulegen, daß jeder Operation ihr bestimmter Platz angewiesen wird. Mitunter muß man die Papierfläche durch Zusammenkleben einzelner Bogen auf die erforderliche Größe bringen. Soll man z. B. eine Tabelle der Funktion $y = x^2 \cdot \sqrt{1{,}29 - x^5}$ rechnen, so wäre es unvorteilhaft, nur zwei Kolonnen einzuführen, von denen die erste das Argument $x$, die andere die Funktionswerte $y$ aufnimmt, und alle Zwischenrechnungen auf Zetteln durchzuführen. Man wird die Rechnung vielmehr so anordnen, daß jede Teiloperation aus dem Schema ersichtlich wird, etwa in folgender Weise:

| $x$ | $x^2$ | $x^3$ | $x^5$ | $1{,}29 - x^5$ | $\sqrt{1{,}29 - x^5}$ | $x^2 \cdot \sqrt{1{,}29 - x^5}$ |
|---|---|---|---|---|---|---|
| | | | | | | |
| | | | | | | |
| | | | | | | |
| | | | | | | |
| | | | | | | |

Man führt derart sieben Spalten nebeneinander, wenn die Rechnung mit Hilfe des Rechenschiebers ausgeführt wird. (Bei logarithmischer Rechnung würde man noch Spalten für die Logarithmen hinzuzunehmen haben.) Die Zahl 1,29 würde man auf einen sogenannten „Laufzettel" schreiben, um sie zum Zwecke der Subtraktion über die Zahl $x^5$ schieben zu können.

Bei der Mehrzahl aller Rechnungen tritt die oftmalige Wiederholung einer Operation auf, und es ist durchaus empfehlenswert, jedem Schritt der Rechnung einen gesonderten Platz im Rechenschema anzuweisen. Beachtet man dies, so stellt sich sehr bald ein „automatenhaftes" Fortschreiten der Rechnung ein, das Entlastung und Zeitersparnis bedeutet.

Ein weiteres Erfordernis *jeder* Rechnung ist eine *fortlaufende Kontrolle*. Wie man sich diese verschaffen kann, ist natürlich von Fall zu Fall zu überlegen.

Es gibt exakte Kontrollen, bei denen man im Verlauf der Rechnung auf bereits bekannte Zahlenwerte stoßen muß. Oder die Rechnung kontrolliert sich selbst, wie z. B. bei der Ermittlung der Wurzeln von Gleichungen durch Einsetzen der gefundenen Werte.

Berechnet man die Werte einer Funktion für äquidistante Argumentwerte, so ist es in den meisten Fällen ausreichend, die Differenzen erster oder eventuell auch höherer Ordnung der Funktionswerte zu bilden, da man aus dem „glatten" Verlauf dieser Differenzen auf die Richtigkeit der Rechnung schließen kann.

Bei der Berechnung einer Tabelle ist es vorteilhaft, zuerst einige weit auseinanderliegende Stellen und erst danach sämtliche Werte

## 1. Praktische Regeln für das Zahlenrechnen

der Reihe nach zu berechnen. Darin, daß man hierbei die zuerst berechneten Werte wiederfindet oder sich ihnen glatt anschließt, liegt eine gewisse Kontrolle.

Soll man z. B. die auf Seite 2 angegebene Tabelle für $x = -1{,}00; -0{,}99; -0{,}98 \ldots 0{,}00$ rechnen, so wird man die Rechnung zuerst für $x = -1{,}00; x = -0{,}90; x = -0{,}80 \ldots$ durchführen und danach für die ausgelassenen Werte.

In vielen Fällen ist es bei der Berechnung einer Tabelle keineswegs nötig, alle Funktionswerte nach der gegebenen Formel selbst auszurechnen, sondern man kann durch lineare Interpolation (vgl. auch Seite 64) Werte einschalten. Es kommt dabei natürlich auf die erforderliche Genauigkeit an, die die Tabelle aufweisen soll. Es gilt da folgende Regel: Hat man für $x = x_1$ und $x = x_2$ die Werte $y_1$ und $y_2$ einer durch die Gleichung $y = f(x)$ gegebenen Funktion berechnet, so darf man zwischen $y_1$ und $y_2$ linear interpolieren, wenn in dem Intervall $x_1 < x < x_2$ der absolute Wert von

$$\frac{(x_2 - x_1)^2}{8} \cdot \frac{d^2 f(x)}{dx^2}$$

kleiner als der zulässige Fehler der Tabellenwerte bleibt.

Als letztes Hilfsmittel bleibt immer eine Wiederholung der Rechnung mit anderer Anordnung, z. B. rechnet man einmal mit dem Rechenschieber, das andere Mal mit Logarithmen. Auch die selbständige Wiederholung der Rechnung durch eine andere Person ist in Erwägung zu ziehen. Keinesfalls darf man sich auf die Richtigkeit einer einmalig ohne Kontrolle durchgeführten Rechnung verlassen!

Ein weiterer bei jeder Rechnung zu beachtender Umstand ist die fortdauernde *Überwachung der Genauigkeit*. Einerseits sind nämlich die Daten, die in die Rechnung eingeführt werden, meistens mit einer beschränkten Genauigkeit gegeben, andererseits können in der Rechnung selbst Ungenauigkeiten entstehen, und man hat nun zu überlegen, inwieweit die Genauigkeit des Resultates hierdurch beeinflußt wird. Bei der Anwendung von Kontrollen wird man selten auf eine exakte Übereinstimmung kommen. Setzt man beispielsweise die berechnete Wurzel $x_1$ einer Gleichung $\varphi(x) = 0$ in die linke Seite der Gleichung ein, so wird man nicht genau den Wert Null erhalten, sondern eine kleine Abweichung finden. Man hat dann zu überlegen, ob diese Abweichung einer zulässigen Ungenauigkeit des Wurzelwertes $x_1$ entspricht, oder ob die bei der Rechnung angewandte Genauigkeit zu gering war und (etwa durch Übergang vom Rechenschieber zur Rechenmaschine) zu verbessern ist, oder ob endlich ein Rechenfehler begangen ist.

Man bedient sich bei solchen Überschlagsrechnungen mit Vorteil einer *prozentualen Näherungsrechnung* zum Überschlagen der relativen Fehler, auf die es ja meistens ankommt.

So kann man näherungsweise die prozentuale Änderung eines Produktes gleich der Summe der relativen Änderungen der einzelnen Faktoren ansetzen. Ebenso die relative Änderung eines Quotienten gleich der Differenz der relativen Änderungen von Zähler und Nenner, wie man sofort durch „logarithmische Differentiation" erkennt. Setzt man nämlich $z = x \cdot y$, so findet man

$$d \ln z = \frac{dz}{z} = \frac{dx}{x} + \frac{dy}{y}$$

und ebenso für $z = \frac{x}{y}$

$$\frac{dz}{z} = \frac{dx}{x} - \frac{dy}{y}$$

als Beziehung zwischen den relativen Änderungen. Für ihre absoluten Beträge gilt also in beiden Fällen:

$$\left|\frac{dz}{z}\right| \lessgtr \left|\frac{dx}{x}\right| + \left|\frac{dy}{y}\right|.$$

Sehr oft ist auch die Formel $\frac{dz}{z} = n \cdot \frac{dx}{x}$ von Nutzen, wenn $z = c \cdot x^n$ gegeben ist und $c$ eine Konstante bedeutet. D. h. ist $z$ proportional der $n$-ten Potenz von $x$, so ist die prozentuale Änderung von $z$ näherungsweise gleich der $n$-fachen prozentualen Änderung von $x$.

Es ist ferner zu vermeiden, die Differenz zweier nur mit beschränkter Genauigkeit gegebener, annähernd gleicher Zahlen in die Rechnung einzuführen, da der prozentuale Fehler dieser Differenz sehr groß werden kann, und dgl.

Der Rechner stelle die strenge Forderung an sich, keine Zahl hinzuschreiben, ohne sich Rechenschaft zu geben über ihre Genauigkeit! Etwa in der Weise, daß er angeben kann, welche Dezimalstelle noch völlig genau ist, oder um wieviel Einheiten die letzte hingeschriebene Stelle unsicher ist.

Bei fast allen Zahlenrechnungen ist eine *Schreibweise der Zahlen* vorteilhaft, bei der man nur Dezimalbrüche mit einer oder zwei Stellen vor dem Komma benutzt und die Größenordnung durch Multiplikation mit einer Potenz von 10 angibt. Man schreibt so für 2723 besser $2{,}723 \cdot 10^3$ oder für 0,00037 in der gleichen Weise $3{,}7 \cdot 10^{-4}$.

### 1. Praktische Regeln für das Zahlenrechnen

Man gewöhne sich auch einen Unterschied darin zu sehen, ob man z. B. schreibt 35,2 oder 35,20. Die erste Schreibart sagt nichts über die zweite Dezimalstelle aus, die zweite hingegen bestimmt sie genau als Null. Die erste läßt den Zahlwert unbestimmt zwischen 34,16 und 35,25, die zweite grenzt den Wert zwischen 35,216 und 35,205 ein und ist demnach zehnmal genauer.

Der *Lehrsatz von Taylor*, der die meisten Funktionen durch eine ganze rationale Funktion unter Abschätzung des Fehlers zu ersetzen erlaubt, ermöglicht bei vielen Rechnungen eine erhebliche Arbeitsersparnis und gestattet es mitunter überhaupt erst, eine Rechnung in Angriff zu nehmen. Beispiel: Eine senkrechte Säule von $h = 2,65$ m Höhe stützt eine Decke. Wie tief $(y)$ senkt sich diese Decke, wenn der Fuß der Säule horizontal um $x = 5$ cm aus der Lotrichtung verschoben wird?

Nach dem Pythagoras ist $y = h - \sqrt{h^2 - x^2}$. In dieser Form wäre die Rechnung höchst unpraktisch. Nach dem Taylorschen Satze ist

$$\sqrt{h^2 - x^2} = h \cdot \sqrt{1 - \left(\frac{x}{h}\right)^2} =$$
$$h \cdot \left\{ 1 - \frac{1}{2} \cdot \left(\frac{x}{h}\right)^2 - \frac{1}{8} \cdot \left(\frac{x}{h}\right)^4 - \cdots \right\}.$$

Vernachlässigt man die vierte und die höheren Potenzen von $\left(\frac{x}{h}\right)$, so erhält man $y = \frac{1}{2} \cdot \frac{x^2}{h} = 0,047169$ cm.

Hat es nun einen Sinn, so viele Dezimalen hinzuschreiben? Dazu ist zu überlegen:

1. Wie groß ist der Fehler durch Abbrechen der Taylorschen Reihe? Das erste fortgelassene Glied ist $\frac{1}{8} \cdot \left(\frac{x}{h}\right)^4$. Mit $h$ multipliziert ergibt es mit genügender Annäherung den Fehler. Dieser ist also etwa

$$\frac{1}{8} \cdot x \cdot \left(\frac{x}{h}\right)^3 = \frac{5}{8} \cdot \left(\frac{5}{265}\right)^3 < \frac{5}{8} \cdot \left(\frac{1}{50}\right)^3$$
$$= \frac{5}{8} \cdot (2 \cdot 10^{-2})^3 = 5 \cdot 10^{-6} \text{ cm}.$$

Hiernach wäre es gerechtfertigt zu schreiben $y = 0,04717$.

2. Ist die Angabe von $x$ jedoch nur beschränkt genau, z. B. auf $10\%$, so ist $y$ nur auf $20\%$ genau anzugeben, und es genügt $y = 0,05$ zu nehmen, und die Rechnung ist im Kopf durchzuführen.

I. Allgemeines über numerisches und graphisches Rechnen

Folgende Tabelle enthält oft gebrauchte Näherungsformeln.

| Näherungs-formel | Zulässiges Intervall bei einem Fehler von | | | | | |
|---|---|---|---|---|---|---|
| | 0,1 % | | 1 % | | 10 % | |
| | von | bis | von | bis | von | bis |
| $\sin U = U$ | $-0{,}077$ $-4{,}4^0$ | $+0{,}077$ $+4{,}4^0$ | $-0{,}244$ $-14{,}0^0$ | $+0{,}244$ $+14{,}0^0$ | $-0{,}780$ $-44{,}0^0$ | $+0{,}780$ $+44{,}0^0$ |
| $\sin U = U - \dfrac{U^3}{3!}$ | $-0{,}576$ $-33{,}0^0$ | $+0{,}576$ $+33{,}0^0$ | $-1{,}032$ $-59{,}0^0$ | $+1{,}032$ $+59{,}0^0$ | $-1{,}636$ $-93{,}5^0$ | $+1{,}636$ $+93{,}5^0$ |
| $\cos U = 1$ | $-0{,}045$ $-2{,}6^0$ | $+0{,}045$ $+2{,}6^0$ | $-0{,}141$ $-8{,}1^0$ | $+0{,}141$ $+8{,}1^0$ | $-0{,}430$ $-24{,}6^0$ | $+0{,}430$ $+24{,}6^0$ |
| $\cos U = 1 - \dfrac{U^2}{2}$ | $-0{,}384$ $-22{,}0^0$ | $+0{,}384$ $+22{,}0^0$ | $-0{,}650$ $-37{,}2^0$ | $+0{,}650$ $+37{,}2^0$ | $-1{,}034$ $-59{,}2^0$ | $+1{,}034$ $+59{,}2^0$ |
| $\tan U = U$ | $-0{,}054$ $-3{,}1^0$ | $+0{,}054$ $+3{,}1^0$ | $-0{,}183$ $-10{,}5^0$ | $+0{,}183$ $+10{,}5^0$ | $-0{,}522$ $-30{,}0^0$ | $+0{,}522$ $+30{,}0^0$ |
| $\tan U = U + \dfrac{U^3}{3}$ | $-0{,}385$ $-22{,}0^0$ | $+0{,}385$ $+22{,}0^0$ | $-0{,}533$ $-30{,}5^0$ | $+0{,}533$ $+30{,}5^0$ | $-0{,}933$ $-53{,}4^0$ | $+0{,}933$ $+53{,}4^0$ |
| $\sqrt{1+U} = 1 + \dfrac{U}{2}$ | $-0{,}08$ | $+0{,}10$ | $-0{,}24$ | $+0{,}32$ | $-0{,}61$ | $+1{,}53$ |
| $\dfrac{1}{\sqrt{1+U}} = 1 - \dfrac{U}{2}$ | $-0{,}04$ | $+0{,}06$ | $-0{,}15$ | $+0{,}17$ | $-0{,}45$ | $+0{,}53$ |
| $\dfrac{1}{1+U} = 1 - U$ | $-0{,}03$ | $+0{,}03$ | $-0{,}10$ | $+0{,}10$ | $-0{,}30$ | $+0{,}30$ |

$$\sqrt{1+U} = 1 + \tfrac{1}{2}\cdot U - \tfrac{1}{8}\cdot U^2 + \tfrac{1}{16}\cdot U^3 - \tfrac{5}{128}\cdot U^4 + \cdots$$

$$\frac{1}{\sqrt{1+U}} = 1 - \tfrac{1}{2}\cdot U + \tfrac{3}{8}\cdot U^2 - \tfrac{5}{16}\cdot U^3 + \tfrac{35}{128}\cdot U^4 + \cdots$$

$$\frac{1}{1+U} = 1 - U + U^2 - U^3 + U^4 - \cdots$$

$\}\ |U| < 1$

$$\arcsin U = U + \frac{U^3}{6} + \frac{3}{40}\cdot U^5 + \cdots$$

$$\arctan U = U - \frac{U^3}{3} + \frac{U^5}{5} - \cdots$$

$$\ln(1+U) = U - \frac{U^2}{2} + \frac{U^3}{3} - \frac{U^4}{4} + \cdots$$

$\}\ |U| < 1$

$$\ln U = 2{,}30\ 2585 \cdot \log U$$

Einheitswinkel: $57{,}30^0 = \dfrac{180^0}{\pi}$.

**2. Graphische Methoden.** In neuerer Zeit haben die *graphischen Rechenmethoden* weitere Verbreitung gefunden.

## 2. Graphische Methoden

Hierbei werden die in die Rechnung eingehenden Zahlengrößen durch Strecken oder Winkel „dargestellt", und durch geometrische Konstruktionen mit diesen Elementen bestimmt man das Resultat. In der graphischen Statik sind schon seit längerer Zeit derartige graphische Konstruktionen ausgebildet worden. Doch ist dem graphischen Rechnen überhaupt ein wichtiger Platz in der angewandten Mathematik anzuweisen.

Natürlich beschränkt man sich dabei nicht auf die „mit Zirkel und Lineal lösbaren" Aufgaben, bei denen die Benutzung dieser Instrumente in einer dem Praktiker gleichgültigen Weise eingeschränkt wird, sondern läßt jede Konstruktion zu, die mit genügend schneller Konvergenz zum Resultate führt. Die Dreiteilung eines Winkels mittelst des Zirkels ist z. B. bekanntlich eine solche „nicht lösbare" Aufgabe, und dennoch bezweifelt niemand, daß man durch „Probieren" zum Ziel kommt, indem man die Zirkelöffnung so lange abändert, bis man bei dreimaligem Abtragen dieses Bogens keinen Fehler mehr wahrnimmt.

Dies Probieren ist im mathematischen Sinne ein konvergenter Prozeß, den man abbricht, wenn die Genauigkeit des Resultates ausreicht. Derartige Konstruktionen sind also durchaus brauchbar, und nur der geringschätzige Ausdruck „Probieren" sollte vermieden werden!

Die *Genauigkeit* graphisch durchgeführter Rechnungen ist mit der des Rechenschiebers auf eine Stufe zu stellen. Der Vorteil graphischer Rechenmethoden liegt in ihrer Übersichtlichkeit, die grobe Fehler unmöglich macht. Auch die Schnelligkeit der Durchführung ist sehr oft größer als bei numerischer Rechnung gleicher Genauigkeit. Besonders dann, wenn einzelne Daten der Rechnung von vornherein graphisch gegeben sind, wie bei sehr vielen Problemen der Mechanik, oder wenn man das Endresultat der Rechnung graphisch dargestellt haben will.

Allerdings läßt sich die Genauigkeit graphischer Lösungen nicht beliebig steigern und ist überhaupt schwerer abzuschätzen. In vielen Fällen wird man jedoch die graphische Methode nur benutzen, um schnell eine angenäherte Lösung anzugeben, und diese dann mit analytischen Hilfsmitteln bis zur gewünschten Genauigkeit verbessern.

Gerade eine gleichzeitige Benutzung graphischer und analytischer Methoden nebeneinander kann von großem Vorteil sein.

Eine besondere Stellung unter den graphischen Methoden nimmt die *Nomographie* ein, d. i. die Lehre von der graphischen Darstellung von Funktionen, die namentlich in Frankreich eine weitgehende Ausbildung erfahren hat.

8  I. Allgemeines über numerisches und graphisches Rechnen

Eine kurze Übersicht gibt Schilling, *Über die Nomographie d'Ocagnes* (Leipzig 1900). Eine ausführliche Darstellung findet man bei: d'Ocagne, *Nomographie* (Paris 1899). Die Nomographie bedeutet keine eigentliche graphische Rechnung, sondern dient als Ersatz für tabellarische Darstellungen von Funktionen mehrerer Variabler, die ja bei einer größeren Zahl von Variablen sehr schwerfällig wird. Die graphische Darstellung von Funktionen hat dabei gegenüber der tabellarischen den Vorzug einer weitaus größeren Übersichtlichkeit.

Nachstehendes Nomogramm (Fig. 1) stellt z. B. die Beziehung

$$\alpha - e \cdot \sin \alpha = \mu$$

zwischen den drei Variablen $\alpha$, $\mu$ und $e$ dar. (So lautet die „Keplersche" Gleichung, wenn $e$ die Exzentrizität einer Planetenbahn, $\mu$

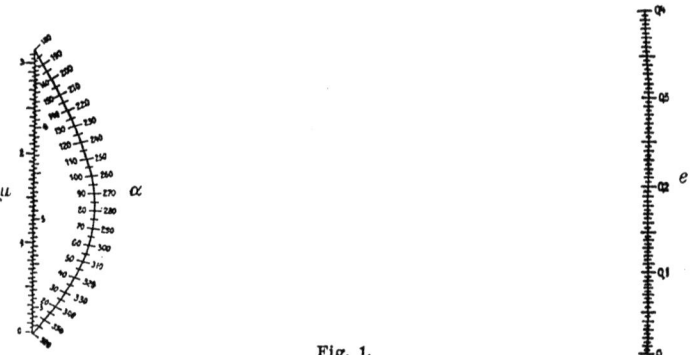

Fig. 1.

die mittlere und $\alpha$ die exzentrische Anomalie bezeichnen.) Zusammengehörige Werte von $\alpha$, $\mu$ und $e$ liegen auf einer Geraden.

Ein anderes Beispiel zeigt Fig. 2, nämlich ein *Nomogramm für die Auflösung der Gleichung zweiten Grades*.

Ein Nomogramm für die quadratische Gleichung zweiten Grades $z^2 + p \cdot z + q = 0$, mit reellen Koeffizienten $p$ und $q$ erhält man, wenn man die Koeffizienten $p$ und $q$ als rechtwinkelige Koordinaten aufträgt, wie es in Fig. 2 geschehen ist, in der $p$ als Abszissen, $q$ als Ordinaten dargestellt sind. Ein Punkt repräsentiert durch seine Koordinaten $p$, $q$ eine bestimmte Gleichung. Die Koordinatenebene besteht aus zwei Bereichen. Der eine wird durch eine doppelte Schar von Geraden überdeckt, der andere durch eine Schar von Parabeln und eine Schar von parallelen Geraden. Alle Geraden und ebenso die Parabeln sind numeriert.

Das Nomogramm wird nun in der Weise benützt, daß man

## 2. Graphische Methoden

sich denjenigen Punkt in der Koordinatenebene aussucht, dessen Koordinaten gleich den Koeffizienten der vorgelegten Gleichung sind. Liegt der Punkt im Bereich der doppelten Geradenschar, so sind die Wurzeln der Gleichung reell und gleich den Nummern der beiden Geraden, die durch den Punkt hindurchgehen.

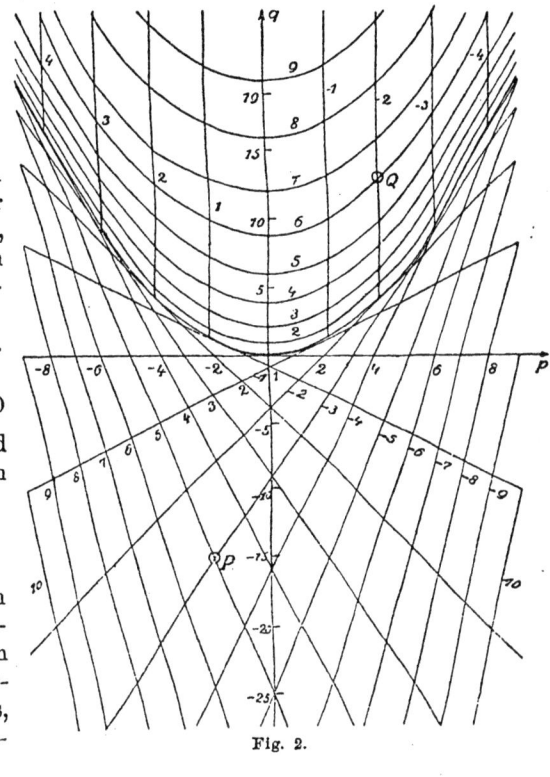

Man findet z. B. für

$z^2 - 2z - 15 = 0$

den Punkt $P$ und damit die Wurzeln

$z_1 = 5$

und $z_2 = -3$.

Liegt jedoch der Punkt innerhalb des von den Parabeln überdeckten Bereiches, so sind die Wurzeln komplex.

Fig. 2.

Schreibt man $z_1 = \lambda + i \cdot v$ und $z_2 = \lambda - i \cdot v$, so ist $\lambda$ gegeben durch die Nummer der Parallelgeraden, die durch den Punkt hindurchgeht, $2 \cdot v$ durch die Nummer der durch den Punkt gehenden Parabel.

Ist z. B. $z^2 + 4z + 13 = 0$, so findet man den Punkt $Q$ und damit $\lambda = -2$, $2 \cdot v = 6$. Mithin sind die Wurzeln $z_1 = -2 + 3 \cdot i$, $z_2 = -2 - 3 \cdot i$.

Sind die Koeffizienten der vorgelegten Gleichung derart gegeben, daß keine der gezeichneten Geraden oder Parabeln durch den nach der angegebenen Regel bestimmten Punkt hindurchgeht, so ist eine Interpolation zwischen den zunächst liegenden Geraden oder Parabeln und ihren Nummern notwendig. In der Figur sind der Übersichtlichkeit wegen weniger Gerade und Parabeln ein-

10 I. Allgemeines über numerisches und graphisches Rechnen

gezeichnet, als man es bei einem wirklich zu benützenden Nomogramm tun würde.

Die Anzahl und damit die Dichte der Linien ist durch die erforderliche Genauigkeit der Wurzelbestimmung vorgeschrieben. Ebenso ist der Maßstab der ganzen Anordnung, von der eventuell nur ein Ausschnitt nötig ist, abhängig von den in Betracht kommenden Werten der Koeffizienten $p$, $q$.

Wachsende Verbreitung finden Nomogramme nach folgendem Prinzip (sog. Fluchtlinientafeln): Läßt sich der funktionale Zusammenhang zwischen $n$ Größen $x_1$, $x_2$ ... $x_n$ auf die Form

$$f_1(x_1) = f_2(x_2) + f_3(x_3) + \cdots + f_n(x_n)$$

bringen, so ist folgende Art der Darstellung vielfach angebracht, die zuerst für drei Variable $x_1$ $x_2$ und $x_3$ auseinandergesetzt werden möge.

Man zeichnet drei parallele Geraden I, II und III (Fig. 3). Der Abstand zwischen I und II sei $p$ Millimeter, der Abstand zwischen II und III $\alpha$-mal so groß, also $\alpha \cdot p$ Millimeter. Die drei Geraden werden von einer vierten Geraden IV in den drei Punkten $N_1$, $N_2$ und $N_3$ geschnitten.

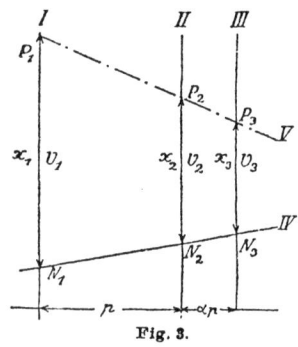

Fig. 3.

Denkt man sich nun weiter eine fünfte Gerade, welche I im Punkte $P_1$, II in $P_2$ und III in $P_3$ schneiden mag, beweglich, so besteht zwischen den Abständen der Punkte $P$ von den Punkten $N$ auf der Geraden IV eine lineare Beziehung.

Sind diese Abstände, etwa in Millimetern gemessen,

$$v_1 = P_1 N_1; \quad v_2 = P_2 N_2 \text{ und } v_3 = P_3 N_3$$

so ist: $\quad v_2 \cdot (1 + \alpha) = v_1 \cdot \alpha + v_3$.

Setzt man nun, unter $\mu$ eine bestimmte Zahl verstanden,

$$v_1 = \frac{\mu}{\alpha} \cdot f_1(x_1); \quad v_2 = \frac{\mu}{1+\alpha} \cdot f_2(x_2) \text{ und } v_3 = \mu \cdot f_3(x_3),$$

so besteht zwischen den drei Variabeln $x_1$, $x_2$ und $x_3$ die Beziehung

$$f_2(x_2) = f_1(x_1) + f_3(x_3).$$

Um einen derartigen Zusammenhang darzustellen, hat man also drei Skalen anzufertigen, wobei man $\alpha$ und $\mu$ so zu wählen hat, daß der Variabilitätsbereich der drei Funktionen $f_1$, $f_2$ und $f_3$,

## 2. Graphische Methoden

sowie die gewünschte Genauigkeit der Ablesung mit der Größe der Zeichnung in Einklang gebracht wird. Die Lage der Geraden IV hat man dabei noch zur Verfügung.

Hat man diese und die beiden Größen $\alpha$ und $\mu$ geeignet gewählt, so rechnet man für eine Reihe von Worten der Variablen $x_\lambda$ die zugehörigen Werte von $v_\lambda$ aus, markiert auf den Parallelgeraden im Abstand $v_\lambda$ Millimeter von $N_\lambda$ die Teilstriche und schreibt an jeden Teilstrich den zugehörigen Wert der Variabeln $x_\lambda$. Man erhält so für jede Variable $x_\lambda$ eine Skala auf der betreffenden Parallelgeraden.

Ist nun z. B. $x_1$ und $x_2$ gegeben und $x_3$ gesucht, so verbindet man die Teilstriche $x_1$ und $x_2$ durch eine Gerade. Diese trifft auf der Geraden III den Teilstrich $x_3$, womit der Wert dieser Variablen gefunden ist.

In Fig. 4 ist beispielsweise dargestellt:
$$(x_2 + 4)^2 - 2 = 4 \cdot (x_1 - 3)^3 - (x_3 + 5).$$

Es ist gesetzt:
$$f_2(x_2) \equiv (x_2 + 4)^2 - 2,$$
$$f_1(x_1) \equiv 4 \cdot (x_1 - 3)^3,$$
$$f_3(x_3) \equiv x_3 + 5.$$

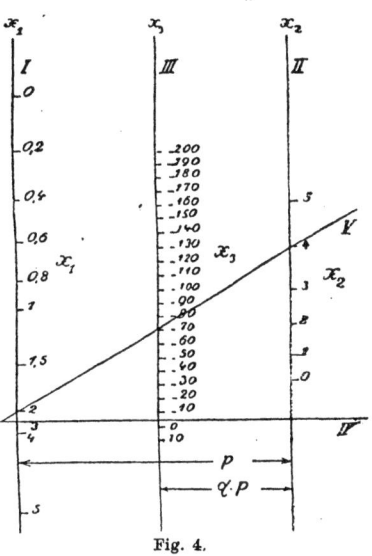

Fig. 4.

Ferner ist gewählt: $\mu = 0{,}5$ und $\alpha = -0{,}5$. Damit wird:
$$v_1 = -f_1(x_1) = -4 \cdot (x_1 - 3)^3,$$
$$v_2 = f_2(x_2) = (x_2 + 4)^2 - 2,$$
$$v_3 = 0{,}5 \cdot f_3(x_3) = -0{,}5 \cdot (x_3 + 5).$$

Da $\alpha$ negativ ist, kommt die Gerade III zwischen die Geraden I und II zu liegen.

Ist die Anzahl $n$ der Variablen größer als 2, etwa gleich 6; ist also
$$f_6(x_6) = f_1(x_1) + f_2(x_2) + f_3(x_3) + f_4(x_4) + f_5(x_5),$$
so führt man Hilfsvariable $y_1, y_2, y_3$ ein durch
$$g_1(y_1) = f_1(x_1) + f_2(x_2),$$
$$g_2(y_2) = f_3(x_3) + f_4(x_4)$$
und
$$g_3(y_3) = g_1(y_1) + g_2(y_2).$$

Es wird dann $f_6(x_6) = g_3(y_3) + f_5(x_5)$.

Für die Variablen $x_1, x_2 \ldots x_5, x_6$ zeichnet man, wie oben angegeben, eingeteilte Gerade I, II ... VI. Ebenso Gerade 1, 2 und 3 für die Hilfsvariablen $y_1, y_2, y_3$ (Fig. 5).

Sind nun etwa die Werte $x_1, x_2 \ldots x_5$ gegeben und man sucht etwa $x_6$, so sucht man zuerst auf den Geraden I und II die mit $x_1$ und $x_2$ bezifferten Teilstriche auf und verbindet sie durch eine Gerade, welche die Gerade 1 im Teilstrich $y_1$ schneidet.

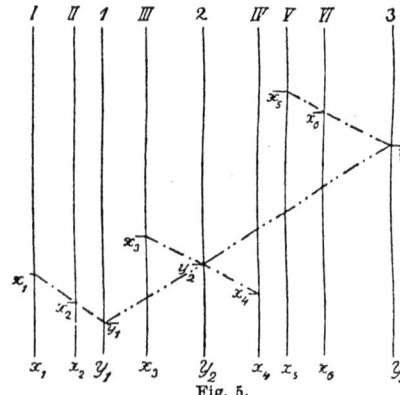

Fig. 5.

In gleicher Weise bestimmt man durch eine andere Gerade aus $x_3$ und $x_4$ den Wert von $y_2$ auf der Geraden 2.

Die die so gefundenen Teilstriche $y_1$ und $y_2$ verbindende Gerade schneidet auf der Skala 3 den Teilstrich $y_3$ heraus, der, mit $x_5$ auf V verbunden, den Teilstrich $x_6$ auf VI und damit den gesuchten Wert bestimmt.

Die Anordnung aller Geraden I bis VI und 1, 2, 3 ist so zu treffen, daß bei dieser Konstruktion der vorgegebene funktionelle Zusammenhang erfüllt wird.

Ist nicht $x_6$, sondern eine andere Variable gesucht, so sind die schneidenden Geraden in anderer Reihenfolge zu zeichnen. Gerade in der Unabhängigkeit davon, welche Variable gegeben und welche gesucht sind, liegt der große Vorteil des Nomogramms gegenüber einer tabellarischen Darstellung.

Diese Art von Nomogrammen wird häufig angewandt, wenn die Abhängigkeit zwischen den Variabeln die Form hat:

$$x_n = a \cdot x_1^{p_1} \cdot x_2^{p_2} \cdot x_3^{p_3} \ldots,$$

worin $a$ und die Exponenten $p$ beliebige reelle Zahlen sind.

Man schreibt dann

$$\log x_n = \log a + p_1 \cdot \log x_1 + p_2 \cdot \log x_2 + p_3 \cdot \log x_3 + \cdots$$

Setzt man nun

$$f_1(x_1) = p_1 \cdot \log x_1 + \log a, \quad f_2(x_2) = p_2 \cdot \log x_2 \text{ usw.},$$

so ist die vorher geschilderte Methode der graphischen Darstellung ohne weiteres anwendbar.

Der Leser zeichne ein Nomogramm für die Funktion

$$x_3 = x_1 \cdot e^{x_2}.$$

Beim graphischen Rechnen spielt die Zeichnung die Rolle eines Recheninstrumentes, von dessen Präzision die Genauigkeit des Resultates abhängt. Man wähle also vor allem erstklassiges Zeichenmaterial. In den meisten Fällen empfiehlt es sich, auf feinkörnigem weißen Papier, das auf das Reißbrett gespannt ist, zu arbeiten. Die Strichdicke ist so fein als möglich zu nehmen und es ist zweckmäßig, Punkte durch den Stich einer spitzen Markiernadel in der Zeichnung zu bestimmen.

Besondere Schwierigkeiten bietet dem Anfänger die Wahl geeigneter *Längeneinheiten*. Dabei kommt es, wenn man Größen durch Strecken darstellen will, darauf an, eine wie kleine Schwankung $\varDelta$ dieser Größe auf der Zeichnung noch erkennbar sein soll. Nimmt man ein Fünftel Millimeter als kleinste noch wahrnehmbare Strecke an, was man bei einer guten Zeichnung voraussetzen kann, so muß die Längeneinheit mindestens $\frac{0,2}{\varDelta}$ Millimeter lang sein. Es empfiehlt sich daher, vor der eigentlichen Konstruktion eine Übersichtsskizze anzufertigen, um die Dimensionen übersehen zu können.

Bei der Benutzung von Millimeterpapier ist auf die bisweilen recht beträchtlichen Verzerrungen zu achten. Es mag hier noch darauf hingewiesen werden, daß im Handel transparentes Millimeterpapier, Polarkoordinatenpapier, und Koordinatenpapier mit logarithmischer Teilung auf rechtwinkligen Achsen zu haben ist, das für manche Zwecke recht dienlich ist.

**3. Tafeln und Maschinen.** Wenn es auch der Wunsch jedes Rechners ist, mit dem Rechenschieber oder mit graphischen Konstruktionen durchzukommen, so muß er doch zu anderen Hilfsmitteln greifen, falls eine erhöhte Genauigkeit erwünscht ist.

Etwa die zehnfache Genauigkeit des Rechenschiebers bietet die Benutzung von *vierstelligen Logarithmen*. Diese lassen sich auf einem Blatt anordnen, so daß jedes Umblättern vermieden wird. Der Verlag G. Köster in Heidelberg z. B. gibt solche handlich angeordnete Tafeln heraus.

Es mag noch bemerkt werden, daß es unzweckmäßig ist, mit Logarithmen- oder sonstigen Tafeln zu arbeiten, deren Stellenzahl größer ist, als es die jeweilig geforderte Genauigkeit verlangt, da der Zeitverlust beim Aufsuchen der Tafelwerte bei größeren Rech-

A. 1. Allgemeine Theorie der Rechenschieber    15

einheit und eines bestimmten positiven Richtungssinnes, dar. Ist die Einheit $l$ mm lang, so werden von einem Nullpunkte aus Strecken von der Länge $y_\lambda \cdot l$ mm auf der Geraden abgetragen, und an die Endpunkte dieser Strecken schreibt man den betreffenden Wert $x_\lambda$ des Argumentes. Ist $f(x)$ z. B. $= \dfrac{1}{x}$, so erhält man nachstehendes Bild (Fig. 6).

Die eingeklammerten Zahlen (0) und (1) über der Geraden bezeichnen Anfang und Ende und damit auch Richtungssinn der

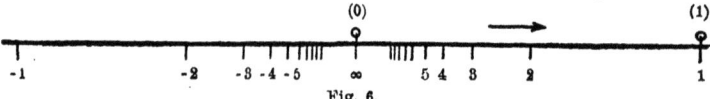

Fig. 6.

Einheitsstrecke, während die anderen Zahlen die Argumentwerte $x_\lambda$ angeben. Man kann kurz so sagen: *Der Abstand eines Teilstriches dieser Skala, der die Zahl $x_\lambda$ trägt, vom Nullpunkt (0) der Skala, gemessen in der Längeneinheit l, gibt den Funktionswert $y_\lambda = f(x_\lambda)$.*

Hat man nun zwei Funktionen $y = f(x)$ und $\eta = g(\xi)$ durch derartige Skalen dargestellt, wobei $l_x$ und $l_\xi$ die benutzten Längeneinheiten sein mögen, und denkt sich die Skalen auf beweglichen Papierstreifen oder dgl. aufgezeichnet, so kann man diese Skalen so nebeneinanderlegen, wie es Fig. 7 zeigt.

Die obere Skala möge $f(x)$, die untere $g(\xi)$ darstellen, $N_1$ und $N_2$ seien die Nullpunkte der Skalen, und die Pfeile mögen den

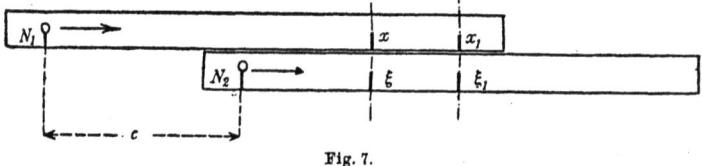

Fig. 7.

positiven Richtungssinn andeuten. Betrachtet man nun zwei Teilstriche der beiden Skalen, die einander gegenüberstehen und etwa die Zahlen $x$ und $\xi$ tragen, so hat die Strecke vom Teilstrich $x$ bis $N_1$ eine Länge von $l_x \cdot f(x)$ mm und die Strecke vom Teilstrich $\xi$ bis $N_2$ eine Länge von $l_\xi \cdot g(\xi)$ mm. Ist der Abstand $\overline{N_1 N_2}$ der Nullpunkte $c$ mm, so gilt für eine durch die Größe $c$ charakterisierte Lage der Skalen zwischen den Zahlen $x$ und $\xi$ die Beziehung:

$$l_x \cdot f(x) - l_\xi \cdot g(\xi) = c.$$

Bei *einer* Stellung der Skalen wird also ein ganz bestimmter funktioneller Zusammenhang zwischen $x$ und $\xi$ dargestellt. Durch die relative Verschiebung der Skalen gegeneinander kann man die Konstante $c$ dieser Funktion noch beliebig variieren. Diese Konstante $c$ drückt man nun zweckmäßig aus durch ein Paar gegenüberstehender Zahlen, etwa $x_1$ und $\xi_1$, das man irgendwie auswählt. Man erhält dann einen Zusammenhang von *vier* Größen $x$, $\xi$, $x_1$, $\xi_1$ in folgender Form:

$$l_x \cdot f(x) - l_\xi \cdot g(\xi) = l_x \cdot f(x_1) - l_\xi \cdot g(\xi_1).$$

Legt man die Skalen so aneinander, daß der positive Richtungssinn der einen Skala dem der anderen *entgegengesetzt* ist (Fig. 8), so findet man statt dessen die Beziehung:

$$l_x \cdot f(x) + l_\xi \cdot g(\xi) = l_x \cdot f(x_1) + l_\xi \cdot g(\xi_1).$$

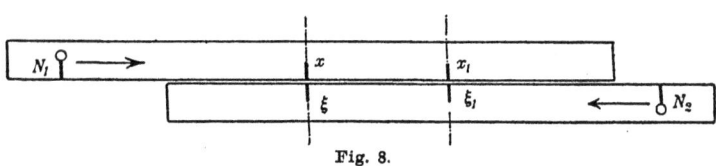

Fig. 8.

Durch geeignete Wahl der Funktionen $f(x)$ und $g(\xi)$ sowie der Einheitslängen $l_x$ und $l_\xi$ kann man derart Rechenschieber für mannigfache Zwecke herstellen.

Gerade diese Auffassung, daß der Rechenschieber eine *Funktion* darstellt und nicht nur einzelne Rechenoperationen ausführt, ist sehr förderlich bei seiner Verwendung.

Fertigt man z. B. zwei Skalen für die Funktion $y = \dfrac{1}{x}$ mit gleichen Längeneinheiten an, so kann man nach dem Gesagten an diesem Rechenschieber einen Zusammenhang zwischen vier Größen $x$, $\xi$, $x_1$, $\xi_1$ von folgender Form ablesen:

$$\frac{1}{x} + \frac{1}{\xi} = \frac{1}{x_1} + \frac{1}{\xi_1}.$$

Wählt man speziell für $\xi_1$ den Wert $\infty$, so erhält man die vielfach in der Physik vorkommende Gleichung:

$$\frac{1}{x} + \frac{1}{\xi} = \frac{1}{x_1}.$$

Sind etwa $x$ und $\xi$ die Einzelwiderstände zweier parallel geschalteter Stromkreise, so ist $x_1$ ihr Gesamtwiderstand.

**2. Die logarithmische Skala.** Bei dem logarithmischen Rechenschieber kommen sogenannte *logarithmische Skalen* zur Anwendung. Hierbei wird die Funktion
$$y = \log x$$

## A. 2. Die logarithmische Skala

durch eine Skala von der im § 1 beschriebenen Art dargestellt. Eine solche logarithmische Skala zeigt einige bemerkenswerte Eigentümlichkeiten.

Nehmen wir als Längeneinheit eine Strecke von $l$ mm Länge, so werden die Zahlen $y$ durch Strecken von der Länge $l \cdot y$ mm dargestellt. Nennen wir $\varDelta s$ die kleinste noch genau genug wahrnehmbare Teilstrecke, so können wir auf unserer Skala Änderungen $\varDelta y$ der Größe $y$ ablesen, die sich aus der Gleichung

$$\varDelta s = l \cdot \varDelta y \quad \text{oder} \quad \varDelta y = \frac{\varDelta s}{l}$$

ergeben. Haben wir über die Längeneinheit einmal verfügt, so müssen wir bei der Benutzung der Skala mit einem Fehler $\varDelta y$ bei der Ablesung der Größe $y$ rechnen. Nun besteht zwischen dem Fehler der Ablesung $\varDelta y$ und der zugehörigen Schwankung $\varDelta x$ in erster Annäherung die Beziehung:

$$\varDelta y = \frac{\varDelta x}{x}.$$

Der Ablesungsfehler der Zahlen $x$ ist also von $x$ selbst abhängig, und zwar behält $\frac{\varDelta x}{x}$ stets dieselbe Größe, d. h. der Fehler $\varDelta x$ ist dem Werte der Variablen $x$ proportional. Mit anderen Worten: *Der relative Fehler bei der Ablesung der Größe $x$ ist bei der logarithmischen Skala stets derselbe.*

Im übrigen ist dieser Fehler der Länge der Einheitsstrecke umgekehrt proportional.

*Ein zweites Merkmal der logarithmischen Skala ist eine gewisse Periodizität in der Anordnung der Teilstriche.* Denken wir uns die Funktionswerte von $y = \log x$ aufgetragen für die Werte $1, 2, 3, \ldots, 9, 10$ der Variablen $x$, so erhalten wir eine Reihe von zehn nichtäquidistanten Teilstrichen. Weiterhin zeichnen wir die Teilstriche für $x = 10, 20, 30, \ldots, 90, 100$. Das Bild dieser zweiten Gruppe von zehn Teilstrichen ist nun genau dasselbe wie das der ersten Gruppe für $x = 1, 2, 3, \ldots, 10$. Ebenso würde man das gleiche Bild für $x = 100, 200, \ldots, 1000$ erhalten usw. Man sieht dies sofort ein, wenn man bedenkt, daß der Abstand der zu zwei Zahlen $x_1$ und $x_2$ gehörenden Teilstriche $l \cdot (\log x_1 - \log x_2)$ mm ist. Nimmt man statt der Zahlen $x_1$ und $x_2$ irgendwelche Zahlen der Form $10^n \cdot x_1$ und $10^n \cdot x_2$, so haben deren zugehörige Teilstriche einen Abstand von

$$l \cdot (\log 10^n \cdot x_1 - \log 10^n \cdot x_2) \text{ mm}$$
$$= l \cdot (\log 10^n - \log 10^n + \log x_1 - \log x_2) \text{ mm},$$

also genau denselben wie vorher. Wählt man die Werte von $x$ in geeigneter Weise aus, etwa so, wie es soeben geschehen ist, so erhält man eine Skala, die aus lauter kongruenten Stücken zusammengesetzt erscheint. Es genügt mithin ein Stück von *endlicher Länge*, um über das Aussehen der *unendlich langen Skala* einen Überblick zu gewinnen. Man könnte auch hieraus die Konstanz des relativen Fehlers erschließen. Die Teilstriche 8 und 9 z. B. haben bei unserer Anordnung denselben Abstand wie die Teilstriche 80 und 90 oder 8000 und 9000. Wäre die Einheit nun so klein gewählt, daß man diese beiden Teilstriche nicht mehr genau auseinanderhalten könnte, so wäre der Ablesungsfehler je nachdem: 1, 10 oder 1000, also überall 11% Diese beiden für die logarithmische Skala charakteristischen Merkmale: konstanter relativer Fehler der Ablesung und Darstellbarkeit der gesamten Skala durch ein Stück von endlicher Länge, sind der Hauptgrund für ihre vielseitige Brauchbarkeit.

3. **Der logarithmische Rechenschieber. Der Stab.** Der logarithmische Rechenschieber, den wir wie üblich im folgenden

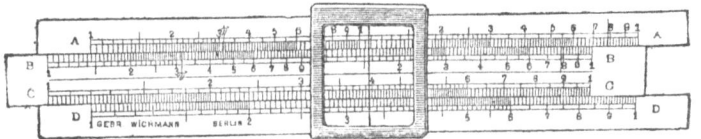

Fig. 9.

Rechenschieber schlechtweg nennen wollen, besteht aus drei Teilen: *dem Stabe* oder festen Teil, *der Zunge*, die in Nuten des Stabes verschoben werden kann, und *dem Läufer*, der auf dem Stabe entlang gleitet und mit einem in eine Glasscheibe eingeritzten Indexstrich versehen ist. Es ist für das Verständnis des Folgenden unerläßlich, einen Rechenschieber normaler Konstruktion von etwa 27 cm Länge bei der Hand zu haben (Fig. 9).

Wir ziehen zunächst die Zunge heraus und betrachten nur den Stab. Er trägt zwei logarithmische Skalen. Betrachten wir die obere Skala, so finden wir, daß diese in der Tat aus zwei kongruenten Stücken besteht. Abgesehen von der feineren Unterteilung sehen wir zwei Gruppen von Teilstrichen, jede mit einer Bezifferung 1, 2, ..., 9.[1])

Wir wollen nun von vornherein an der Auffassung festhalten,

---

[1]) Es gibt Ausführungen, welche in der oberen Skala eine durchlaufende Bezifferung 1, 2, ..., 9, 10, 20, ..., 90, 100 zeigen. Dies ist jedoch nicht empfehlenswert.

## A. 3. Der logarithmische Rechenschieber

daß *die vor uns liegende Skala des Rechenschiebers ein Ausschnitt aus der unendlich lang zu denkenden logarithmischen Skala ist.* Wollen uns also vorbehalten, die an den Teilstrichen herangeschriebenen Zahlen als Einer, Zehner oder Zehntel, Hundertstel usw. zu lesen. Lesen wir z. B. die Zahlen der oberen Skala: 1, 2, ..., 9, 10, 20, ..., 90, 100, so müssen wir die vorliegende Skala als einen Ausschnitt ansehen, der links durch den Nullpunkt begrenzt wird, denn die Ziffer 1 steht an dem Nullpunkt der Skala, da $\log 1 = 0$ ist. Lesen wir dagegen die Zahlen, von links nach rechts, etwa als: 0,1; 0,2; ...; 1,0; 2,0; ...; 10, so haben wir uns den Nullpunkt in der Mitte der Skala zu denken usw. Wir operieren also in Gedanken immer mit der unendlich langen Skala.

Auf der unteren Seite des Stabes finden wir ebenfalls eine logarithmische Skala. Vergleicht man sie mit der oberen, so sieht man, daß sich beide Skalen durch die Längeneinheiten unterscheiden, und zwar ist die Längeneinheit der oberen Skala halb so groß wie die der unteren. Die Einheitsstrecke der oberen Skala sei $l$ mm lang, die untere demnach $2\,l$ mm. Nennen wir $x$ die Zahlen der oberen Skala und $\xi$ die Zahlen der unteren. Vermittelst des Läufers können wir eine Zahl $x$ der oberen Skala einer Zahl $\xi$ der unteren gegenüberstellen. In welcher Beziehung stehen diese beiden Zahlen $x$ und $\xi$? Lesen wir die Ziffern oben wie unten von links anfangend als Einer, so stehen sich, wie man sieht, die Nullpunkte beider Skalen gegenüber. Folglich gilt zwischen den Zahlen $x$ und $\xi$ die Beziehung (siehe S. 15 die Gleichung unten, in der $c = 0$ zu setzen ist)

$$l \cdot \log x = 2l \cdot \log \xi$$

oder $\log x = 2 \log \xi$,

d. h. $x = \xi^2$.

Den Zahlen $\xi$ auf der unteren Skala stehen also auf der oberen ihre Quadrate gegenüber. *Der Rechenschieber kann also zum Quadrieren und Ziehen der Quadratwurzel dienen.*

Um bei der Stellung des Kommas in Dezimalbrüchen keine Irrtümer zu begehen, empfiehlt es sich, Zahlen, die quadriert werden sollen, als Dezimalbruch mit einer von Null verschiedenen Ziffer vor dem Komma zu schreiben und diesen Dezimalbruch mit der richtigen Potenz von 10 zu multiplizieren. Dieser Faktor läßt sich dann leicht gesondert quadrieren, während der Dezimalbruch auf dem Schieber quadriert wird, wobei ein Versehen kaum vorkommen kann. Soll z. B. 0,000 376 quadriert werden, so schreiben wir

$$0{,}000\,376^2 = (3{,}76 \cdot 10^{-4})^2 = 14{,}14 \cdot 10^{-8} = 0{,}000\,000\,141\,4.$$

Beim Ziehen einer Quadratwurzel verfährt man ähnlich, nur muß man stets eine *gerade* Potenz von 10 als Faktor herausziehen, da diese leicht im Kopf zu radizieren ist; z. B.:

$$\sqrt{0{,}371} = \sqrt{37{,}1 \cdot 10^{-2}} = 6{,}09 \cdot 10^{-1} = 0{,}609.$$

Diese Aufgaben weisen übrigens darauf hin, daß beim Arbeiten mit dem Rechenschieber die *gleichzeitige Benutzung von Bleifeder und Papier* sehr wesentlich ist. Ferner soll man es sich zum Gesetz machen:

Jede Ablesung auf dem Rechenschieber ist durch eine Kopfrechnung zu kontrollieren! Diese muß so genau sein, daß sie die Stellung des Kommas im Ergebnis erkennen läßt[1]) und gegen grobe Rechenfehler sichert.

(Im vorstehenden Beispiel $\sqrt{0{,}371}$ wäre es ja denkbar, daß man 371 auf der linken Hälfte der oberen Skala angestellt hätte und für die Wurzel etwa 0,193 abgelesen hätte. Diesen Fehler müßte die Kopfrechnung $\sqrt{36} = 6$ aufdecken.) Gerade in der Gewöhnung an das Ausführen von Überschlagsrechnungen im Kopf liegt ein hoher erzieherischer Wert des Arbeitens mit dem Rechenschieber.

**4. Die erste Lage des Rechenschiebers.** Betrachten wir die *Zunge* des Rechenschiebers, so sehen wir, daß diese auf beiden Seiten Skalen trägt. Diejenige Seite der Zunge, welche nur zwei Skalen trägt, wollen wir stets die „Oberseite" der Zunge nennen. Schieben wir die Zunge so in den Stab, daß ihre Oberseite oben liegt und ihre Ziffern (ebenso wie die des Stabes) aufrecht stehen, so wollen wir diese Lage die *erste* oder *Normallage des Rechenschiebers* nennen. Schieben wir die Zunge ganz hinein, so daß die an ihrem linken Ende stehenden Zahlen 1 den entsprechenden Zahlen 1 des Stabes gegenüberstehen, so sehen wir, daß die beiden Skalen der Zunge denen des Stabes kongruent, mithin auch logarithmische sind. Die obere Skala hat in unserer oben eingeführten Bezeichnungsweise eine Längeneinheit von $l_x$ mm und die untere eine doppelt so lange. Wir wollen die Zahlen der oberen Zungenskala $y$ und die der unteren $\eta$ nennen. Die nebenstehende

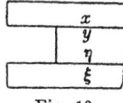

Fig. 10.

schematische Zeichnung (Fig. 10) möge die von uns gewählte Bezeichnungsweise einprägen.

Ziehen wir nun die Zunge ein Stück nach rechts oder links heraus, so gilt für Zahlen $x$ und $y$, die sich auf den oberen Skalen

---

1) Andere Methoden zur Ermittelung der Kommastellung sind unbrauchbar.

A. 4. Die erste Lage des Rechenschiebers

von Zunge und Stab gegenüberstehen, die Gleichung auf S. 15, und wir finden die Beziehung:
$$\log x - \log y = \text{const.} = \log x_1 - \log y_1$$
oder
$$\frac{x}{y} = \frac{x_1}{y_1}.$$

Dasselbe gilt natürlich auch für gegenüberstehende Zahlen $\xi$ und $\eta$ der beiden unteren Skalen.

*Bei normaler Lage des Rechenschiebers stehen sich auf den oberen oder unteren Skalen Zahlen gegenüber, die ein konstantes Verhältnis haben.*

Alle sog. Regeldetri-Exempel lassen sich bei der Normallage des Rechenschiebers durch *eine* Einstellung der Zunge lösen.

Will man z. B. Réaumur- in Celsiusgrade umrechnen, so stellt man die Zahlen 4 und 5 gegenüber (oder 80 und 100) und liest auf den betreffenden Skalen die entsprechenden Temperaturen ab. Gerade für derartige Umrechnungen von Maßsystemen ist der Rechenschieber bequemer als jede Tabelle zu gebrauchen, da sich die Interpolation von selbst erledigt.

Eine ganz anschauliche Regel mag noch erwähnt werden: *Man fasse den Spalt zwischen Zunge und Stab als Bruchstrich zwischen zwei einander gegenüberstehenden Zahlen auf. Die so entstehenden Brüche sind dann alle gleich.*

Um ein Produkt aus zwei Zahlen zu bilden, setzt man in der Proportion $\frac{x}{y} = \frac{x_1}{y_1}$ etwa $y_1 = 1$ und findet so $x = x_1 \cdot y$. In Worten: Man stellt die 1 der Zunge dem einen Faktor auf dem Stabe gegenüber, sucht den anderen Faktor auf der Zunge auf und findet diesem auf dem Stabe gegenüberstehend das gesuchte Produkt.

Um einen Quotienten zu bilden, hat man $y_1 = 1$ in der Proportion $\frac{x}{y} = \frac{x_1}{y_1}$ zu setzen. In Worten: Man stellt dem Dividendus $(x)$ auf dem Stabe den Divisor $(y)$ auf der Zunge gegenüber, dann steht der 1 auf der Zunge der gesuchte Quotient $(x_1)$ auf dem Stabe gegenüber.

Die Multiplikations- und Divisionsregel des Rechenschiebers kann man auch einfacher, ohne an die Proportionsrechnung anzuknüpfen, aus den Gleichungen:
$$\log x \pm \log y = \log x_1$$
ableiten. Will man multiplizieren, so hat man die die Logarithmen der beiden Faktoren darstellenden Strecken zu addieren, bei der

**Division** die entsprechenden Strecken zu subtrahieren. Um beispielsweise 2 · 3 = 6 zu bilden, hat man etwa die 1 der Zungenskala der 2 der Stabskala gegenüberzustellen, dann steht das Resultat 6 über der 3 der Zungenskala. Die Strecke von der Ziffer 1 (dem Nullpunkte der Skala) bis zur Ziffer 2 auf der Stabskala stellt den Logarithmus von 2 dar, ebenso stellt die Strecke von 1 bis 3 der Zungenskala den Logarithmus von 3 dar, so daß die oben angegebene Stellung des Rechenschiebers als Addition dieser beiden Strecken aufgefaßt werden kann. Als Summe beider Strecken erscheint das von 1 bis 6 reichende Stück der Stabskala. In analoger Weise kann man die Division durch Subtraktion einer Strecke von einer anderen ausführen. Obwohl diese Auffassung als die einfachere erscheint, ist es doch von Wichtigkeit, sich auch an die Proportionsrechnung mit dem Rechenschieber zu gewöhnen.

Wir haben nur von den oberen Skalen von Stab und Zunge gesprochen. Natürlich gelten die angegebenen Rechenregeln auch für die analogen Operationen mit den beiden unteren Skalen. Es ist im allgemeinen vorteilhafter, mit den oberen Skalen zu rechnen. Man hat auf den unteren zwar die doppelte Genauigkeit, weil die Längeneinheit die doppelte Länge hat, doch fällt das meistens gegenüber einem gleich zu besprechenden Nachteil beim Gebrauch der unteren Skalen nicht besonders ins Gewicht.

Zunächst wollen wir allgemein daran erinnern, daß wir die Skalen des Rechenschiebers als geeignete Abschnitte der unendlich langen Skalen ansehen. Wir können also die an den Teilstrichen stehenden Ziffern von 1 bis 9 mit beliebigen Potenzen von 10 multipliziert denken, wobei dann natürlich alle Ziffern der betreffenden Skala mit einer und derselben Potenz von 10 multipliziert gedacht werden müssen. Will man nun auf der unteren Skala die Multiplikation 3 · 7 = 21 ausführen, so wird man zunächst alle Zahlen der unteren Skalen als Einer ansehen und die an dem linken Ende der Zunge stehende 1 der 7 auf dem Stabe gegenüberstellen. Hierbei findet man aber, daß die 3 der Zungenskala, der das Resultat gegenübersteht, außerhalb des Stabes zu stehen kommt. Man hilft sich dann dadurch, daß man die Zunge „durchschiebt" und die rechte 1 der Zunge der 7 des Stabes gegenüberstellt. Diese 7 liest man jetzt aber als 70 und findet der 3 der Zunge gegenüber das Resultat 21. Denken wir uns die beiden unendlich langen Skalen von Zunge und Stab so gegeneinander verschoben, daß die 1 der Zunge der 7 des Stabes gegenübersteht, so ist diese Stellung eindeutig bestimmt, und der 3 der Zungenskala steht die 21 der Stabskala gegenüber. Wir fassen das *Durchschieben* so auf: Die Zunge trägt den von 1 bis 10 reichenden Abschnitt der unendlichen Skala, die Stabskala fassen wir *vor* dem Durchschieben als den von 1 bis 10 reichenden Abschnitt, *nach* dem Durchschieben jedoch als den von 10 bis 100 reichenden auf, so daß dieses gewissermaßen als das „Materialisieren" eines anderen Abschnittes der ideellen unendlichen Skala erscheint. Bei einer Division $\frac{2}{6}$ auf den unteren Skalen würde man ebenfalls durchschieben müssen und damit das gleiche Prinzip zur Anwendung bringen. Beim Rechnen auf den oberen Skalen kommt ein solches Durchschieben seltener vor, weil diese einen doppelt so großen Zahlenkreis wie die unteren Skalen umfassen. Deshalb empfiehlt sich das Rechnen auf den oberen Skalen.

Das Prinzip des Operierens mit den unendlich langen Skalen erweist sich besonders nützlich bei den Proportionsrechnungen und läßt bei allen Rechnungen die Stellung des Kommas entscheiden. Zur Kontrolle empfiehlt es sich jedoch, das mit dem Schieber gewonnene Ergebnis stets durch eine rohe Überschlagsrechnung zu prüfen, wobei die bereits auf S. 4 benutzte Schreibweise der Zahlen mit abgespaltenen Zehnerpotenzen anzuwenden ist, die auch die Stellung des Kommas erkennen läßt.

In der Normallage ist der Rechenschieber insbesondere auch zu verwenden, wenn verlangt wird, eine *Reihe von Produkten zu berechnen, die alle einen Faktor gemeinsam haben*. Man stellt dann die 1 der einen Skala dem gemeinsamen Faktor auf der anderen gegenüber und findet die einzelnen Produkte dieser Skala den einzelnen verschiedenen Faktoren gegenüber, ohne an der Stellung der Zunge etwas zu ändern. Allenfalls kann ein Durchschieben erforderlich werden.

Die Normallage des Rechenschiebers kann noch zur Darstellung eines etwas komplizierteren Zusammenhangs von Größen benutzt werden. Vermittelst des bisher noch gar nicht benutzten Läufers kann man auch Zahlen von *Skalen* einander gegenüberstellen, *die nicht unmittelbar beieinander liegen*, z. B. die Zahlen $x$ der oberen Stab- und die Zahlen $\eta$ der unteren Zungenskala. Bedenkt man, daß zwischen oberer und unterer Zungenskala die gleiche Beziehung besteht wie zwischen oberer und unterer Stabskala, daß also $y = \eta^2$ ist, so findet man aus der Gleichung $\dfrac{x}{y} = $ const., die zwischen $x$ und $y$ besteht, sofort die Gleichung $\dfrac{x}{\eta^2} = $ const. als Beziehung zwischen Zahlen $x$ und $\eta$ der oberen Stab- und unteren Zungenskala. $\left(\text{Analog gilt auch die Gleichung } \dfrac{y}{\xi^2} = \text{const.}\right)$

Wir wählen hierfür ein Beispiel, bei dem der Rechenschieber gleichzeitig zu *einer gewissen Ausgleichung von Beobachtungen benutzt wird*. Man vermutet zwischen zwei Größen $x$ und $\eta$ einen Zusammenhang von der Form $x = c \cdot \eta^2$ und hat durch eine Reihe von Messungen folgende zusammengehörige Wertepaare der beiden Variablen gefunden:

$$x = 0{,}328; \quad 0{,}565; \quad 1{,}18; \quad 2{,}07;$$

$$\eta = 1{,}13; \quad 1{,}47; \quad 2{,}13; \quad 2{,}80.$$

Wie groß ist die Konstante $c$? Wenn man die gegebenen Zahlen auf dem Schieber einander gegenüberstellen will, sieht man, daß sich zwar durch keine Stellung der Zunge die gemessenen Werte genau gegenüberstellen lassen, aber man findet bald eine Stellung der Zunge, die in Anbetracht der anzunehmenden Messungsfehler als die richtige erscheint. Über der linken 1 der Zunge finden wir den Wert 0,263 der Konstanten und haben durch das Aufsuchen der richtigen Zungenstellung auch einen Anhalt für die Genauigkeit gewonnen, mit der die Konstante aus dieser Messungsreihe bestimmt ist, daß nämlich die letzte Stelle (3) als auf etwa zwei Einheiten unsicher angesehen werden muß.

Bei Rechnungen mit Skalen verschiedener Längeneinheit können nicht mehr alle Zahlen mit beliebigen Potenzen von 10 multipliziert gedacht werden. Stellt man sich das Bild der beiden nebeneinander liegenden unendlich langen Skalen vor, so besteht es allerdings auch aus kongruenten Stücken, deren Länge jedoch gleich der größeren Längeneinheit der beiden benutzten Skalen ist. Die Zahlen der Skala mit größerer Längeneinheit kann man demnach nach wie vor beliebig lesen, ohne sich um die Kommastellung zu kümmern, nicht aber auch die Zahlen auf der anderen Skala. Hier muß die einmal angenommene Kommastellung für ein Stück von der Länge der größeren Längeneinheit beibehalten werden. Kurz gesagt: Die Skala mit größerer Längeneinheit bestimmt das Komma. Im obigen Beispiel gehören in der angegebenen Einstellung zusammen $x = 0{,}328$ und $\eta = 1{,}13$, ferner etwa $x = 32{,}8$ und $\eta = 11{,}3$. Nicht jedoch $x = 3{,}28$ und $\eta = 11{,}3$, sondern $x = 3{,}28$ und $\eta = 3{,}56$, wobei dies richtige Zahlenpaar sich an anderer Stelle gegenübersteht. Kopfrechnen schützt hier vor groben Fehlern.

**5. Die zweite Lage des Rechenschiebers.** Ziehen wir die Zunge ganz heraus und stecken sie so in den Stab herein, daß wir die bisher benutzten Skalen wieder vor uns sehen, die Ziffern der

## A. 5. Die zweite Lage des Rechenschiebers

Zunge jedoch auf dem Kopf stehen, so wollen wir dies die zweite Lage des Schiebers nennen. Die Skalen der Zunge sollen ihre Bezeichnungen: obere Skala ($y$) und untere Skala ($\eta$) behalten, so daß die „obere Skala" jetzt unten liegt und umgekehrt (s. das schematische Bild Fig. 11).

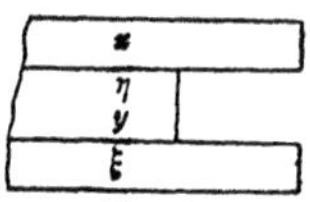

Betrachten wir zunächst die oberen Skalen von Stab und Zunge, deren Zahlen wir jetzt nur vermittelst des Läufers gegenüberstellen können, so haben wir den im ersten Paragraphen behandelten Fall zweier Skalen mit entgegengesetztem Richtungssinn. Zwischen zwei gegenüberstehenden Zahlen $x$ und $y$ oder zwei anderen $x_1$ und $y_1$ der beiden Skalen bestehen bei dieser Lage also folgende Gleichungen:

$$\log x + \log y = \text{const.} = \log x_1 + \log y_1$$

oder
$$x \cdot y = \text{const.} = x_1 \cdot y_1.$$

Fig. 11.

Auf den beiden oberen Skalen stehen sich in der zweiten Lage des Rechenschiebers demnach Zahlen gegenüber, deren *Produkt konstant ist*. Man kann mit dieser Lage des Rechenschiebers ebenso multiplizieren und dividieren wie mit der ersten Lage. Setzt man $x_1 = 1$, so findet man $x \cdot y = y_1$ oder $x = \dfrac{y_1}{y}$.

Die Division mit Benutzung dieser Lage des Schiebers ist besonders dann zu bevorzugen, wenn es sich darum handelt, *eine und dieselbe Zahl durch eine Reihe von verschiedenen Zahlen zu dividieren*. Man hat in diesem Falle etwa die 1 der oberen Zungenskala dem gemeinsamen Dividendus auf der oberen Stabskala gegenüberzustellen; sucht man dann die einzelnen Divisoren auf der Zungenskala auf, so stehen diesen die Quotienten auf der Stabskala gegenüber. Für sämtliche Quotienten bleibt daher die Stellung der Zunge unverändert.

Beachten wir wieder, daß zwischen oberer und unterer Zungenskala die Beziehung $y = \eta^2$ besteht, so finden wir, daß zwischen den jetzt unmittelbar nebeneinanderstehenden Zahlen $x$ und $\eta$ der oberen Stab- und unteren Zungenskala die Beziehung $x \cdot \eta^2 = \text{const.}$ besteht und analog auf den anderen beiden Skalen $\xi^2 \cdot y = \text{const.}$

Auch diese Beziehungen sind mannigfacher Anwendung fähig. Man kann sie z. B. zur *Auflösung von Gleichungen dritten Grades* benutzen, wenn diese in der verkürzten Form, in der das quadratische Glied fehlt, vorliegen:

$$z^3 - az + b = 0.$$

Wir schreiben die Gleichung etwas anders:

$$z^2 + \frac{b}{z} = a$$

und suchen den gegebenen Koeffizienten $b$ auf der unteren Stabskala auf, um ihm eine 1 der unteren Zungenskala gegenüberzustellen. Unter den Zahlen der unteren Stabskala suchen wir jetzt die Wurzel $z$ in folgender Weise herauszufinden: Probeweise beginnen wir mit irgendeiner Zahl $\xi$ dieser Skala und fixieren sie mit dem Läufer. Auf der oberen Stabskala steht ihr eine Zahl $x = \xi^2$ gegenüber. Unmittelbar unter dieser Zahl $x$ finden wir auf der unteren Stabskala eine Zahl $\eta$, welche mit $\xi$ stets das Produkt $b$ bildet, also gleich $\dfrac{b}{\xi}$ ist. Auf der oberen Stab- und unteren Zungenskala stehen sich also die Zahlen $\xi^2$ und $\dfrac{b}{\xi}$ gegenüber, wenn ihnen durch den Läufer auf der unteren Stabskala eine Zahl $\xi$ gegenübergestellt ist. Diese hat man nun durch Probieren so zu ermitteln, daß die Summe der ihr gegenüberstehenden Zahlen $\xi^2$ und $\dfrac{b}{\xi}$ gerade gleich dem dritten Koeffizienten $a$ der gegebenen Gleichung wird. Natürlich sind dabei die Vorzeichen der Koeffizienten $a$ und $b$ zu berücksichtigen, ferner achte man darauf, welche Abschnitte der unendlichlangen Skalen man vor sich hat. Dabei kann man für jede Stellung des Läufers die zugehörige Zahl $\xi$ mit positivem oder negativem Vorzeichen in Ansatz bringen, ferner kann $\xi$ mit einer Potenz von 10 multipliziert werden. Beides ist natürlich bei den gegenüberstehenden Zahlen $\xi^2$ und $\dfrac{b}{\xi}$ zu beachten. Das Probieren, durch welches die richtige Wurzel auf der $\xi$-Skala gefunden wird, ist ein durchaus systematisches. Man notiert sich zweckmäßig, während man den Läufer verschiebt, die Summe der Zahlen $\xi^2$ und $\dfrac{b}{\xi}$ für die einzelnen Stellungen des Läufers. Man erkennt dann sofort, in welcher Richtung man den Läufer zu verschieben hat, um die Summe der beiden genannten Zahlen der gegebenen $a$ näherzubringen. Es kann hierbei vorkommen, daß sich die Summe zuerst dem Wert $a$ nähert, um sich dann wieder zu entfernen, ohne $a$ erreicht zu haben, in diesem Falle hat die Gleichung ein Paar komplexer Wurzeln. Nötigenfalls muß man auch die Zunge bei dem Probieren ein oder mehrere Male durchschieben, dabei ist natürlich auf die sich verändernde Größenordnung der Zahlen zu achten.

Als *Beispiel* nehmen wir die Gleichung

$$z^3 - 7{,}23\, z - 2{,}72 = 0$$

oder
$$z^2 - \frac{2{,}72}{z} = 7{,}23.$$

## A. 5. Die zweite Lage des Rechenschiebers

Wir ziehen die Zunge nach links heraus und stellen ihre 1 am rechten Ende über die Zahl 2,72 der unteren Stabskala. Versuchsweise beginnen wir mit $\xi = +1$, finden $\xi^2 = +1$, $\dfrac{b}{\xi} = -2,72$ und notieren als Summe $1 - 2{,}72 = -1{,}72$. Dann probieren wir $\xi = 2$ und finden als Summe $4 - 1{,}36 = +2{,}64$; wir sind also auf dem richtigen Wege: $\xi = 2{,}5$ ist auch noch zu wenig, denn es liefert als Summe $6{,}25 - 1{,}09 = 5{,}16$, ebenso langt $\xi = 2{,}72$ noch nicht. Jetzt schieben wir die Zunge nach rechts durch, so daß ihre linke 1 über die 2,72 zu stehen kommt. Wir probieren $\xi = 3$ und finden als Summe $9 - 0{,}906 = 8{,}094$, also zu viel. Wenn die Wurzel reell ist, muß sie zwischen 2,72 und 3 liegen, und in der Tat findet man als Wurzel $\xi = 2{,}86$.

Für positive Werte von $\xi$ findet man keine weitere Wurzel. Versucht man es nun mit negativen Werten von $\xi$, so findet man die beiden übrigen Wurzeln $\xi = -0{,}381$ und $-2{,}48$. Bildet man zur Kontrolle die Summe der gefundenen Wurzeln, so findet sich in der Tat 0,00.

Im dritten Kapitel wird gezeigt werden, wie man erforderlichenfalls die Genauigkeit der Wurzeln noch weiter steigern kann. Es wird dort auch gezeigt, wie man eine Gleichung dritten Grades, die in allgemeiner Form gegeben ist, auf die für die Behandlung mit dem Rechenschieber geeignete verkürzte Form bringen kann (S. 46).

Als spezieller Fall der Gleichung dritten Grades erscheint die Aufgabe, die *dritte Wurzel aus einer Zahl* zu ziehen. In diesem Falle hat man nur $a = 0$ und die gegebene Zahl gleich $-b$ zu setzen. Die für die Gleichung dritten Grades angegebene Lösungsmethode ist dann anwendbar, wobei die oben auftretenden Zahlen $\xi^2$ und $\dfrac{b}{\xi}$ einfach gleich sein müssen, da $b < 0$ und $a = 0$ ist.

Der Leser wird leicht selbst eine entsprechende Lösungsmethode für die *quadratische Gleichung* angeben können, von der man unter Umständen Gebrauch machen wird, wenn es sich um die Lösung einer größeren Anzahl von quadratischen Gleichungen handelt, deren Koeffizienten sich nur wenig voneinander unterscheiden, so daß man die Stellung des Rechenschiebers nur wenig zu ändern braucht, nachdem man eine Lösung gefunden hat und daran anschließend die anderen berechnet.

Es mag noch bemerkt werden, daß die in vorstehendem angegebenen Stellungen des Rechenschiebers, die zur Lösung der einzelnen Aufgaben angegeben wurden, nicht die einzig möglichen sind, sondern durch andere, die durch gewisse Vertauschung der

Skalen hervorgehen, ersetzt werden können. Es wird als gute Übung empfohlen, andere als die oben angegebenen Stellungen zur Lösung derselben Aufgaben aufzusuchen.

**6. Die dritte Lage des Rechenschiebers.** Wir schieben jetzt die Zunge so in den Stab hinein, daß ihre *Unterseite* oben zu liegen kommt, und zwar so, daß die hier stehenden Ziffern aufrecht vor uns stehen. Zunächst schieben wir die Zunge ganz in den Stab hinein, so daß die Endstriche aller Skalen untereinander stehen.

Betrachten wir zuerst die obere Skala der Zunge, die auf den meisten Schiebern mit „S" bezeichnet ist. Diese Skala stellt die Funktion $\log \sin \alpha$ dar, mit einer Längeneinheit von $l$ mm. Die an den Teilstrichen stehenden Zahlen geben den in Graden und Minuten gemessenen Winkel $\alpha$ an.[1])

Der Nullpunkt dieser Skala liegt an deren rechtem Ende, da hier $\alpha = 90°$ steht, mithin $\sin \alpha = 1$ und $\log \sin \alpha = 0$ ist. Wir fassen auch die obere Stabskala zunächst so auf, daß die Ziffer 1 an ihrem rechten Ende die Zahl 1 bedeutet, die übrigen Ziffern also Dezimalbrüche von 0,01 bis 0,9. Zwischen den Zahlen $x$ und $\alpha$ besteht bei dieser Stellung der Zunge, da die Längeneinheiten beider Skalen gleich sind, folgende Gleichung:

$$\log x = \log \sin \alpha \quad \text{oder} \quad x = \sin \alpha.$$

So ersetzt der Schieber eine Tabelle der trigonometrischen Sinusfunktion.

Ziehen wir nun die Zunge ein Stück nach rechts oder links heraus, so gilt die Gleichung:

$$\log x - \log \sin \alpha = \log x_1 - \log \sin \alpha_1$$

oder
$$\frac{x}{\sin \alpha} = \frac{x_1}{\sin \alpha_1}$$

für gegenüberstehende Zahlen $x$ und $\alpha$ oder $x_1$ und $\alpha_1$.

Steht im besonderen dem Winkel $\alpha = 90°$ eine Zahl $x_1$ gegenüber, so gilt die Gleichung:

$$x = x_1 \cdot \sin \alpha,$$

d. h. der Schieber liefert auch die mit irgendeiner Konstanten $(x_1)$ multiplizierten Sinus der Winkel, und zwar entspricht einer Stellung der Zunge ein bestimmter Wert dieser Konstanten. Die Größenordnung der beiden Zahlen $x$ und $x_1$ ist dabei willkürlich.

---

1) Es wäre hier, wie überall, viel zweckmäßiger, den alten Winkelgrad dezimal zu teilen. Die Rechenschieberfabrik Dennert & Pape in Altona liefert Schieber mit solcher Teilung.

## A. 6. Die dritte Lage des Rechenschiebers

Zur *trigonometrischen Berechnung von Dreiecken* ist der Rechenschieber in dieser Lage mit Vorteil zu verwenden. Sind nämlich $\alpha_1$, $\alpha_2$ und $\alpha_3$ die drei Winkel eines Dreiecks und $x_1$, $x_2$, $x_3$ die ihnen gegenüberliegenden Seiten, so gilt die als Sinussatz bezeichnete Beziehung

$$\frac{x_1}{\sin \alpha_1} = \frac{x_2}{\sin \alpha_2} = \frac{x_3}{\sin \alpha_3}$$

zwischen den Winkeln und Seiten. Das ist aber gerade die Beziehung, die zwischen den Größen $\alpha$ und $x$ auf den oberen Skalen in der dritten Lage des Schiebers zur Darstellung gebracht wird. Sind etwa von einem Dreiecke zwei Seiten $x_1$ und $x_2$, sowie der einer von ihnen gegenüberliegende Winkel $\alpha_1$ gegeben, so hat man $x_1$ und $\alpha_1$ gegenüberzustellen und findet $x_2$ gegenüber den Winkel $\alpha_2$. Dann berechnet man $\alpha_3 = 180 - (\alpha_1 + \alpha_2)$ und findet die Seite $x_3$ dem Winkel $\alpha_3$ gegenüber. Sind zwei Seiten und der eingeschlossene Winkel gegeben, so sucht man durch Probieren eine Stellung der Zunge zu finden, bei welcher den gegebenen Seiten zwei Winkel gegenüberstehen, die mit dem gegebenen Winkel zusammen eine Summe von 180° bilden, mit dieser Stellung sind dann die unbekannten Stücke des Dreiecks gefunden.

Für *Winkel, die kleiner als 35'* sind, kann man bei der Genauigkeit des Rechenschiebers den Sinus durch den (in Bogenmaß zu messenden) Winkel ersetzen. Dabei ist nach folgender Formel umzurechnen:

$$x(\text{Bogen}) = x^0(\text{Grad}) \cdot \frac{\pi}{180} = \frac{x^0}{57{,}30}.$$

Die *untere mit „T" bezeichnete Skala der Zunge* stellt die Funktion $\log \tan \beta$ dar, mit der doppelten Längeneinheit der oberen Skala. Bei einer Zungenstellung, wo die Endstriche aller Skalen sich gegenüberstehen, besteht also zwischen den unteren beiden Skalen die Beziehung $\log \xi = \log \tan \beta$ oder $\xi = \tan \beta$.

Bei einer beliebigen Stellung der Zunge findet man

$$\xi = \xi_1 \tan \beta,$$

wenn $\xi_1$ dem rechten Endstrich der unteren Zungenskala gegenübersteht. Bei der Tangentenskala ist der rechte Endstrich der Nullpunkt, weil hier $\beta = 45^0$, mithin $\log \tan \beta = 0$ ist.

Bei Winkeln unter 6°, deren Tangenten sich nicht mehr auf dem Rechenschieber finden, kann man ohne wesentlichen Fehler die Tangente durch den Sinus ersetzen, also die obere Skala benutzen. Die *Tangenten von Winkeln, die größer sind als 45°*, kann man jedoch direkt auf der Tangentenskala ablesen durch folgenden Kunstgriff:

Wir gehen aus von der unendlich langen Skala für die Funktion $\log \tan \beta$. Da nun

$$\tan(45^0 + \varphi) = \frac{1}{\tan(45^0 - \varphi)},$$

also $\log \tan(45^0 + \varphi) = -\log \tan(45^0 - \varphi)$

ist, wird die unendliche Skala aus zwei Teilen bestehen, die spiegelbildlich zum Nullpunkte sind. Denken wir uns nämlich $45^0 + \varphi$ als Argument an die Teilstriche der Skala herangeschrieben, so finden wir $\varphi = 0$ am Nullpunkte der Skala stehen und nach rechts wachsend die positiven Werte von $\varphi$ ($\varphi < 0$ kommt überhaupt nicht in Betracht). Das zum Nullpunkt symmetrische Bild hierzu bieten die Teilstriche für $45^0 - \varphi$, die für von Null an wachsende $\varphi$ sich nach links erstrecken. Diese linke Hälfte der Skala haben wir aber auf dem Schieber vor uns, wenn wir die vorher $\beta$ genannten Zahlen dieser Skala durch $45^0 - \varphi$ ersetzen, so daß $\beta = 45^0 - \varphi$ ist. Jetzt ziehen wir die Zunge heraus und stecken sie so in den Stab, daß die Ziffern der beiden soeben betrachteten Skalen auf dem Kopfe stehen. Wir schieben dabei die Zunge ganz in den Stab hinein, so daß die Endstriche der Skalen untereinander stehen. Betrachten wir nun die untere Stabskala und die „untere" Zungenskala (die jetzt allerdings oben liegt), so bieten die Teilstriche dieser beiden Skalen das Bild der rechten Hälfte der unendlichen Tagentenskala für $\log \tan \beta$, wenn man sich als Argument $45^0 + \varphi$ an die Teilstriche herangeschrieben denkt. Wir lesen jetzt die auf dem Kopfe stehenden Zahlen unserer Tangentenskala von links nach rechts nicht $45^0, 40^0, 35^0, 30^0$ usw., sondern $45^0, 50^0, 55^0, 60^0$ usw., d. h. wir setzen $\beta = 45^0 + \varphi$. Den linken Endstrich 1 der unteren Stabskala sehen wir dabei ebenfalls als Nullpunkt an und lesen dementsprechend die Zahlen der unteren Stabskala von links nach rechts: 1, 2, 3 ... 10. Die durch den Läufer gegenübergestellten Zahlen der unteren Zungenskala, die demnach $45^0, 50^0, 55^0$ usw. gelesen werden müssen, und die Zahlen 1, 2, 3 usw. der unteren Stabskala stehen also bei dieser Stellung des Rechenschiebers in der Beziehung:

$$\xi = \tan \beta$$

und bei Verstellung der Zunge in der Beziehung:

$$\xi = \xi_1 \tan \beta,$$

wobei jetzt aber auch $\beta > 45^0$ und $\xi > 1$ sein darf.

Dies zuletzt vorgenommene Umstecken der Zunge bedeutet hier ausnahmsweise keine Änderung des Richtungssinnes, sondern nur

### A. 6. Die dritte Lage des Rechenschiebers

das Materialisieren eines anderen Teiles der unendlichen Skala, das uns auch die Tangenten von Winkeln $\beta > 45^0$ abzulesen erlaubt.

Das Bild der unendlich langen $\log\tan\beta$-Skala besteht aus zwei Hälften, die symmetrisch zum Teilstrich $\beta = 45$ liegen.

Wir überlassen es dem Leser, sich die anderen Beziehungen, die in der soeben benutzten vierten Lage des Rechenschiebers gelten, selbst abzuleiten. Nur zu der *in der Mitte liegenden Skala* wollen wir noch einiges bemerken. Diese Skala ist nichts anderes als ein Maßstab und wird in der Tat auch zu einer Längenmessung benutzt. Bisher brauchten wir uns nicht darum zu kümmern, welche Basis die auf dem Schieber dargestellten Logarithmen hatten. Jetzt nehmen wir an, es wären auf allen Skalen die Briggischen Logarithmen aufgetragen. Dann reicht die Einheitsstrecke der unteren Stabskala gerade von deren linkem bis zu ihrem rechten Endpunkte, da $\log\text{brigg}\,10 = 1$ ist. Die Einheit des Maßstabes in der Mitte der Zunge ist nun gerade gleich der Einheit der unteren Zungenskala. Schiebt man die Zunge in der vierten Lage ganz in den Stab hinein, so kann man vermittelst dieses Maßstabes den Abstand der Teilstriche der unteren Stabskala von deren Nullpunkte in der Einheit dieser Skala messen. Die so gemessenen Abstände sind dann *die Briggischen Logarithmen der auf der unteren Stabskala stehenden Zahlen.*

Anknüpfend an unsere früheren Bezeichnungen und die allgemeine Theorie des Rechenschiebers können wir auch sagen, daß die mittlere Skala die Funktion $\xi = z$ mit der Längeneinheit $2\,l$ darstellt, wenn wir die Zahlen der Skala mit $z$ bezeichnen. Für die mittlere Zungen- und untere Stabskala gilt dann bei der vierten Lage des Schiebers die Beziehung:

$$2\,l \cdot z - 2\,l\log\text{brigg}\,\xi = \text{const.}$$

Bei ganz eingeschobener Zunge ist die Konstante Null, und wir haben $z = \log\text{brigg}\,\xi$. Bei verschobener Zunge finden wir:

$$z - \log\text{brigg}\,\xi = z_1 - \log\text{brigg}\,\xi_1,$$

und, wenn wir $z_1 = 0$ annehmen,

$$z = \log\text{brigg}\left(\frac{\xi}{\xi_1}\right).$$

Die drei Skalen auf der Unterseite der Zunge des Rechenschiebers können noch in anderer Weise, nämlich in der ersten Lage des Schiebers, also ohne die Zunge umzukehren, benutzt werden. Bei den meisten Formen des Rechenschiebers, die in den Handel gebracht werden, finden sich auf der Unterseite des Stabes an beiden Enden Aussparungen, in welchen die Skalen der Zungenunterseite sichtbar werden. Am Stabe befinden sich in den Aussparungen *Strichmarken*, die genau unter den Endpunkten der Stabskalen liegen. Wir bringen den Schieber in die erste Lage und ziehen die Zunge ein Stück nach rechts heraus. Drehen wir jetzt den ganzen Rechenschieber herum, so finden wir eine Zahl $\alpha$ der Sinusskala der Strichmarke des Stabes gegenüber. Drehen wir den Stab wieder zurück, so steht die rechte 1 der oberen Stabskala einer Zahl $y_1$ der oberen Zungenskala gegenüber, die von den Enden der Zunge ebenso weit absteht, wie die vorher betrachtete Zahl $\alpha$ auf der Unterseite der Zunge, die der Strichmarke gegenübersteht. Denken wir uns die Zunge für einen Moment durchsichtig und betrachten an gleicher Stelle stehende Zahlen $\alpha$ und $y_1$ der betreffenden Zungenskalen, so besteht zwischen diesen die Gleichung $y_1 = \sin \alpha$, da zwischen diesen Skalen ja die gleiche Beziehung besteht wie zwischen der oberen Stab- und der oberen Zungenskala bei der dritten Lage des Schiebers (S. 28).

Die Zahl $y_1$ der oberen Zungenskala, die der rechten 1 der oberen Stabskala gegenübersteht, gibt also den Sinus des Winkels $\alpha$ an, auf den die Strichmarke auf der Unterseite des Stabes weist. Man kann also auch bei der ersten Lage des Rechenschiebers den Sinus ablesen. Ja noch mehr. Steht nämlich die 1 des Stabes einer Zahl $y_1$ der Zunge gegenüber, so gilt, wie wir früher gesehen haben, für alle einander gegenüberstehenden Zahlen $x$ und $y$ der beiden Skalen die Gleichung:

$$\frac{y}{x} = \frac{y_1}{1} = \sin \alpha,$$

wobei die Zahlen $x$ und $y$ stets in gleicher Größenordnung gelesen werden müssen. Diese Ablesungsmethode wird angewendet, wenn ein Sinus als echter Bruch gegeben ist und nach dem Winkel gefragt wird. Ist z. B. $\sin \alpha = \frac{3}{4}$ gegeben, so stellt man $y = 3$ auf der Zunge gegenüber $x = 4$ auf dem Stabe, dreht den Rechenschieber um und findet $\alpha = 48{,}6^0$ gegenüber der Strichmarke.

Etwas Analoges gilt für die Tangentenskala. Hier liegt jedoch die Strichmarke unter der linken 1 der unteren Stabskala, und die Zunge ist dementsprechend nach links herauszuziehen. Lesen wir die Zahlen $\xi$ der unteren Stabskala als 1, 2, 3 ... 10 und die Zahlen $\eta$ der unteren Zungenskala als 0,1, 0,2, 0,3 ... 1,0 und nennen $\beta$ den Winkel auf der Tangentenskala, so gilt die Gleichung:

$$\frac{\eta}{\xi} = \frac{\eta_1}{1} = \tan \beta$$

für die Zahl $\eta_1$ über der linken 1 der Stabskala und beliebige sich gegenüberstehende Zahlen $\xi$ und $\eta$ auf den unteren Skalen von Stab und Zunge, wenn die Strichmarke auf einen Winkel $\beta$ weist.

Den Tangens von Winkeln $\beta > 45$ kann man in dieser Lage auch leicht ablesen: Man stelle $90 - \beta$ an der Strichmarke ein, dann steht $\xi = \tan \beta$ der 1 am rechten Ende der unteren Zungenskala gegenüber, was sofort aus der Proportion $\dfrac{1}{\tan \beta} = \dfrac{\tan(90° - \beta)}{1}$ folgt.

Auf einer dritten Strichmarke, die sich auf dem rechten Ende des Stabes befindet und auf den Maßstab in der Mitte der Zunge weist, kann man ablesen, wie weit man die Zunge nach rechts aus dem Stabe herausgezogen hat, und dadurch den Logarithmus der Zahl $\xi$ finden, die auf der unteren Stabskala der linken 1 der Zungenskala gegenübersteht.

Damit schließen wir die Besprechung des Rechenschiebers und geben dem Leser den Rat, sich selbst Beispiele für die einzelnen Ablesungsmethoden zurechtzulegen. Dabei empfiehlt es sich, die mit dem Schieber gewonnenen Resultate durch Rechnungen höherer Genauigkeit zu prüfen, um sich ein Urteil über die erzielte Genauigkeit zu bilden. Diese ist von der Güte des verwendeten Schiebers und der persönlichen Geschicklichkeit des Rechners durchaus abhängig.

Wir wollen noch darauf hinweisen, daß es eine Reihe von speziellen Rechenschiebern gibt, die für Sonderzwecke konstruiert sind. Ihre Benutzung ergibt sich aus der allgemeinen Theorie des ersten Paragraphen. So hat man z. B. zur Auflösung sphärischer Dreiecke sog. *Navigationsrechenschieber* gebaut, die zwei kongruente Skalen für log sin tragen und auf die Gleichung $\dfrac{\sin \alpha}{\sin \beta} = \dfrac{\sin \alpha_1}{\sin \beta_1}$ führen.

## 7. Übungsaufgaben für den Rechenschieber.

1. 5,23 kg eines Stoffes kosten 82,70 Mk.

a) Was kosten 16,5 kg? b) Wieviel erhält man für 38,— Mk.?

In Lage I. $x = 5{,}23$ und $y = 82{,}70$ gegenüberstellen. Dann stehen allgemein auf der $x$-Skala die Gewichte und demgegenüber auf der $y$-Skala die Preise.

Antwort zu a): 261 Mk., zu b): 2,40 kg.

2. Von einer Warenmenge sind 35,9 Tonnen verfügbar. Vier Käufer A, B, C, D haben davon folgende Mengen angefordert:

A: 12,5 t;  B: 16,0 t;  C: 8,75 t;  D: 6,8 t.

II. Rechenschieber und Rechenmaschinen

Die vorhandene Menge soll den Anforderungen proportional verteilt werden. Wieviel erhalten die Käufer?

| | | |
|---|---|---|
| A | 12,5 | 10,2 |
| B | 16,0 | 13,05 |
| C | 8,75 | 7,14 |
| D | 6,8 | 5,55 |
| Summe: | 44,05 | 35,94 |

In eine Tabelle nehmen wir zuerst die Forderungen auf, bilden ihre Summe 44,05 und stellen in Lage I $x = 44,05$ gegenüber $y = 35,9$. Die $x$-Skala trägt alsdann die Forderungen und gegenüberstehend die $y$-Skala die abzugebenden Mengen. Zur Kontrolle bilden wir auch deren Summe. Die Abweichung von etwa ein pro Mille ist beim Rechenschieber zu erwarten.

3. Man weiß, daß zwischen zwei veränderlichen Größen $p$ und $v$ die Beziehung besteht: $v = \frac{c}{p}$. Die Konstante $c$ ist unbekannt, dagegen bekannt, daß zu $p = 15,3$ gehört $v = 0,36$. — Welche $v$ gehören zu $p = 1; 2; 3 \ldots 20$?

In Lage II des Rechenschiebers stellen wir $x = p = 15,3$ gegenüber $y = v = 0,36$. Dann stehen den gegebenen Zahlen auf der einen Skala die gesuchten auf der anderen gegenüber. Es ist der Reihe nach

$v = 5,50; 2,76; 1,84; 1,38 \ldots 0,306; 0,290; 0,276.$

4. Ein massiver Kreiszylinder von 0,76 m Länge und $d = 40$ mm Durchmesser wiegt $p = 23,6$ kg. Die Gewichte gleich langer Zylinder von 20; 25; 30; 50 mm Durchmesser sind anzugeben. Ferner die Durchmesser bei 10; 15; 20; 25 kg Gewicht.

Die Gewichte sind den Quadraten der Durchmesser proportional.

Also Lage I. Wir stellen gegenüber $x = p = 23,6$ und $\eta = d = 40$.

| $x = p$ | $\eta = d$ |
|---|---|
| 23,6 | 40 |
| 5,9 | 20 |
| 9,2 | 25 |
| 13,3 | 30 |
| 36,9 | 50 |
| 10 | 26,0 |
| 15 | 31,9 |
| 20 | 36,8 |
| 25 | 41,2 |

Dann sind auf der $x$-Skala die Gewichte und auf der $\eta$-Skala die Durchmesser abzulesen. Das Ergebnis setzt man in eine Tabelle.

Anmerkung: Man achte auf die Kommastellung der $x$-Skala, die durch die der $\eta$-Skala bedingt ist!

Um Durchschieben zu vermeiden, stelle man $x = 23,6$ auf der *rechten* Skalenhälfte ein!

5. Durch ein Rohr von $d = 45$ mm Durchmesser strömt Wasser mit $v = 4,2$ m/sek Geschwindigkeit. Wie schnell würde es bei gleichem Durchfluß pro Sekunde durch Rohre von 25 und 60 mm Durchmesser strömen? Welchen Durchmesser müßte ein Rohr für 10 m/sek Geschwindigkeit haben?

### B. 1. Konstruktion der Rechenmaschine

Es ist $v \cdot d^2$ konstant. Also Lage II. Gegenüberstellen von $x = v = 4,2$ und $\eta = d = 45$. Dann enthält die $x$-Skala die Geschwindigkeiten und die $\eta$-Skala die Durchmesser.

6. Berechne $e^{0,275} = u$ mit dem Rechenschieber. Es ist log nat $u = 0,275 = 2,30 \cdot \log \text{brigg } u$ und $u = 1,32$.

7. Der Leser ermittele mit einer Einstellung des Rechenschiebers $y = 1,39 \cdot \sin x$ für $x = 0,2$; 0,4; 0,6.

| $x = v$ | $\eta = d$ |
|---|---|
| 4,2 | 45 |
| 13,6 | 25 |
| 2,4 | 60 |
| 10 | 29,2 |

8. Abzulesen $y = 2,65 \cdot \tan x$ für $x = 0,5$; 0,75; 1,00.

(Um vom Bogen- zum Gradmaß zu gelangen sind die gegebenen $x$-Werte mit 57,30 zu multiplizieren.)

## B. Die Rechenmaschine.

1. **Konstruktion.** Die Anzahl der heute auf den Markt gebrachten Rechenmaschinen ist sehr groß. Statt eine Übersicht über die verschiedenen Konstruktionen zu geben, werden wir uns hier darauf beschränken, eines der gebräuchlichsten Modelle und zwar ein für mathematisch-numerische Rechnungen besonders geeignetes ausführlich zu besprechen und seine Handhabung auseinanderzusetzen. Der Leser wird dann auch in der Behandlung anderer Maschinen keine wesentlichen Schwierigkeiten finden.

Wir wählen eine Konstruktion, die im Prinzip bereits von Leibniz angegeben ist, aber erst später durch Thomas eine brauchbare konstruktive Durchbildung erfahren hat und heute von einer Reihe von Firmen gebaut wird.

In Fig. 12 ist die Maschine dargestellt. Auf der unteren Hälfte sehen wir zehn vertikale Schlitze, in denen Knöpfe auf und ab geschoben werden können. Neben den Schlitzen sind die Ziffern 0, 1, 2, ... 9 aufgedruckt. Stellen wir nun die Knöpfe irgendwie diesen Ziffern gegenüber, so können wir in diesem Teile der

Fig. 12

Maschine, der den Namen *Stellwerk* führt, eine zehnstellige Zahl, zur Darstellung bringen. Es werden auch Maschinen mit mehr oder weniger als zehn Schlitzen gebaut, in denen dann entsprechende Zahlen eingestellt werden können.

Weiter zeigt die Figur unten rechts eine Kurbel in vertikaler Stellung, ihrer Ruhestellung. Über dem Stellwerk sehen wir ein rechteckiges Lineal, das zwei Reihen von Schaulöchern zeigt. Die obere Reihe dieser Schaulöcher gehört zu einem *Zählwerk* genannten Teile des Mechanismus, während die unteren Schaulöcher zu dem *Drehwerk* gehören.[1]) Die rechts von den Schaulöchern des Lineals sichtbaren beiden Knöpfe dienen zum Löschen, d. i. Auf-Null-Stellen aller Zahlen des Lineals. Durch Drehen der unmittelbar unter bzw. über den Schaulöchern sichtbaren Knöpfe kann man im Zähl- bzw. Drehwerk irgendwelche Zahlen einstellen.

Wir denken uns zunächst alle in diesen beiden Reihen von Schaulöchern erscheinenden Zahlen als Nullen, während im Stellwerk eine von Null verschiedene Zahl eingestellt sein mag, etwa 1 323 625 769, wie in der Abbildung. Drehen wir jetzt die Kurbel einmal im Sinne des Uhrzeigers herum, so erscheint in den Schaulöchern des Zählwerks die unten eingestellte Zahl. Wäre vor der Kurbeldrehung im Zählwerk nicht Null, sondern eine andere Zahl eingestellt gewesen, so würde durch die Umdrehung der Kurbel im Zählwerk die Summe der im Stell- und Zählwerk eingestellten Zahlen erscheinen. Kurz gesagt: *Durch eine Umdrehung der Kurbel wird eine im Stellwerk eingestellte Zahl zu einer bereits im Zählwerk stehenden addiert.* Die Summe beider Zahlen erscheint ebenfalls im Zählwerk. Dies Prinzip ist fast allen Rechenmaschinen gemeinsam, diese erscheinen also zunächst als *Additionsmaschinen*. Der Mechanismus, der die Addition bewerkstelligt, ist bei den einzelnen Systemen verschieden. Wir wollen ihn für die in Fig. 12 abgebildete Rechenmaschine hier ganz kurz beschreiben. In Fig. 13 ist das Innere der Maschine dargestellt, wobei der Deutlichkeit wegen die Kurbel an einer anderen Stelle gezeichnet ist. Unter den oben erwähnten Schlitzen liegen Walzen, die durch eine Umdrehung der Kurbel einmal um ihre Achse gedreht werden. Die Walzen sind mit einer eigenartigen Verzahnung versehen. Auf dem zylindrischen Umfang derselben sind neun Metallstreifen parallel der Walzenachse und in gleichen Abständen voneinander angebracht. Jeder dieser Streifen unterscheidet sich in seiner Länge um ein gleich großes Stück von den ihm benachbarten Streifen. In Fig. 13

---

[1]) Wir bevorzugen diese Bezeichnung vor der vielfach gebräuchlichen „Quotientwerk".

## B. 1. Konstruktion der Rechenmaschine

sieht man links unten eine dieser Walzen, die ihrer Verzahnung wegen als *Staffelwalzen* bezeichnet werden. Parallel einer jeden Walze ist eine vierkantige Welle gelagert, auf der ein mit einer vierkantigen Durchbohrung versehenes Zahnrad in axialer Richtung verschoben werden kann. Der in dem Schlitz verschiebbare oben erwähnte Einstellknopf ist mit diesem Zahnrad verbunden, so daß durch Verschiebung des Knopfes das Zahnrad auf seiner vierkantigen Welle verschoben wird. Die Länge und die Verteilung der Metallstreifen auf der Walze ist so gewählt, daß bei einer Stellung des Knopfes der Ziffer Null gegenüber kein Streifen mit

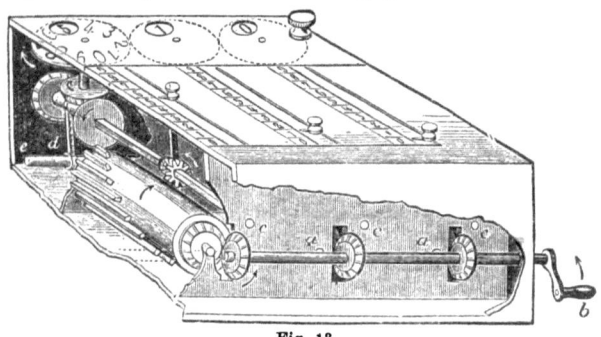

Fig. 13.

dem Zahnrade in Eingriff kommt. Schiebt man den Knopf der Ziffer 1 gegenüber, so wird das Zahnrad bei einer Umdrehung der Walze gerade von einem Streifen, dem längsten, getroffen. Steht der Einstellknopf einer anderen Ziffer gegenüber, so wird das Zahnrad gerade von der entsprechenden Anzahl von Streifen der Walze getroffen. Das Zahnrad ist mit zehn Zähnen ausgerüstet. Je nach der Stellung des Knopfes wird es also um ein bis neun Zehntel seines Umfanges gedreht, wenn die Walze einmal um ihre Achse gedreht wird. Einer Umdrehung der Kurbel entspricht gerade eine Umdrehung der Walzen.

Durch die Drehung der Zahnräder wird auch die vierkantige Welle, auf der sie sitzen, in Drehung versetzt. Diese Welle trägt nun an ihrem Ende (ganz links in der Figur) zwei Kegelräder, die gemeinschaftlich in axialer Richtung um ein bestimmtes Stück verschiebbar sind, und zwar wird diese Verschiebung durch den früher erwähnten Umschalthebel bewirkt. Unter den oberen Schaulöchern des Lineals liegen kreisförmige Scheiben mit vertikaler Achse. Die Scheiben tragen die Ziffern 0; 1 bis 9, so daß immer eine dieser Ziffern im Schauloch sichtbar ist. Die Achse einer solchen Ziffernscheibe trägt ein Kegelrad, das je nach der Stellung des Umschaltehebels mit einem der beiden Kegelräder auf der Vierkantwelle in Eingriff steht. Durch die Verstellung des Lineals kann außerdem jede Ziffernscheibe mit verschiedenen Walzen in Abhängigkeit gebracht werden.

Jetzt können wir die Wirkungsweise der Maschine übersehen: Stellt man einen der Knöpfe einer Ziffer, etwa der 7, gegenüber und dreht die Kurbel einmal herum, so wird das Zahnrad und damit auch die Vierkantwelle um sieben Zehntel einer vollen Umdrehung herumgedreht. Je nach der Stellung des Umschalthebels wird dabei durch den Eingriff der Kegelräder in das Zahnrad der Vierkantwelle die Ziffernscheibe um sieben Zehntel ihres Umfanges in dem einen oder anderen Sinne gedreht, wodurch die vor der Umdrehung im Schauloch sichtbare Zahl um sieben Einheiten vermehrt oder vermindert wird. Damit ist das Additions- und Subtraktionsprinzip der Maschine erklärt. Ein anderer Mechanismus, dessen ausführliche Erklärung hier zu weit führen würde, bewirkt die sog. Zehnerübertragung. Es ist nämlich erforderlich, daß, wenn bei einer Kurbelumdrehung in einem Schauloch die Ziffer 0 vorbeipassiert, im Schauloch weiter links eine Einheit addiert oder subtrahiert wird, je nachdem man addiert oder subtrahiert.[1])

2. **Addition und Subtraktion.** Um die Rechenmaschine zum *Addieren von Zahlen* zu verwenden, hat man diese Zahlen nacheinander vermittelst der Knöpfe im Stellwerk einzustellen und nach jeder Einstellung die Kurbel einmal zu drehen. Die Addition geht dabei im Zählwerk vor sich, und schließlich erscheint die Summe aller Zahlen im Zählwerk.

Links von den Schlitzen des Stellwerks sieht man noch zwei Druckknöpfe, die sog. *Umschalteknöpfe*. Wird der obere Knopf gedrückt, so bewirkt die Kurbelumdrehung, wie soeben geschildert, eine Addition. Drückt man den unteren, so wird durch eine Umdrehung der Kurbel, die immer im Sinne des Uhrzeigers gedreht wird, die im Stellwerk eingestellte Zahl von einer im Zählwerk stehenden Zahl subtrahiert. (Andere Maschinen lassen bei der Subtraktion statt einer Umschaltung eine Drehung der Kurbel im anderen Sinne zu.) Durch Betätigen des Umschalteknopfes lassen sich also Additionen und Subtraktionen in beliebiger Reihenfolge nacheinander ausführen.

3. **Multiplikation.** Behalten wir die Additionsstellung der Umschaltung bei, so gelangen wir zur Multiplikation, wenn wir eine Zahl im Stellwerk einstellen und die Kurbel mehrere

---

1) In dem Buche von Galle, *Mathematische Instrumente*, Leipzig 1912, findet man diese Zehnerübertragung sowie eine Reihe von anderen Maschinen beschrieben.

Male herumdrehen. Eine $n$-malige Drehung der Kurbel bewirkt eine $n$-malige Addition der eingestellten Zahl, d. h. ihre Multiplikation mit $n$.

Die *Addition der Kurbelumdrehungen wird in dem Drehwerk angezeigt*, dessen Schaulöcher unter denen des Zählwerkes sichtbar sind, und zwar wird im Drehwerk die algebraische Summe der Umdrehungen angezeigt, wenn wir die Umdrehungen bei Additionsstellung des Umschalteknopfes als positiv, die anderen als negativ bezeichnen. Negative Zahlen werden im Drehwerk durch rote Ziffern angezeigt. Das rechteckige Lineal, das Zähl- und Drehwerk aufnimmt, ist in seiner Längsrichtung verschiebbar. In der gezeichneten Stellung liegt das am weitesten rechts befindliche Schauloch des Zählwerks gerade in der Verlängerung des Schlitzes, in dem die Einer eingestellt werden. Man kann nun das Lineal um eine oder mehrere Stellen nach rechts verschieben, so daß das zweite Schauloch des Zählwerks oder eins der folgenden in die Verlängerung des Einerschlitzes zu stehen kommt. Das Lineal wird durch Rasten in diesen Stellungen fixiert. Der Übertragungsmechanismus zwischen Stell- und Zählwerk funktioniert so, daß die im Stellwerk eingestellte Zahl durch die Kurbeldrehung gerade in die Gruppe der Schaulöcher übertragen wird, die in der Verlängerung der Schlitze liegen. In der gezeichneten Stellung des Lineals korrespondiert die Einerstelle des Stellwerks mit der Einerstelle des Zählwerks. Rückt man das Lineal eine Stelle nach rechts, so korrespondieren die Einer des Stellwerks mit den Zehnern des Zählwerks, so daß eine Umdrehung der Kurbel jetzt eine Addition des zehnfachen Betrages der im Stellwerk eingestellten Zahl bewirkt. Durch weitere Verschiebung des Lineals um $m$ Stellen kann man das $10^m$-fache addieren.

Um nun eine im Stellwerk eingestellte Zahl etwa mit 5347 zu multiplizieren, verfährt man so: Die erste der Zahlen wird im Stellwerk eingestellt, während im Zähl- und Drehwerk überall Nullen stehen. Dann zieht man das Lineal ganz nach links und kurbelt siebenmal, rückt das Lineal eine Stelle nach rechts und kurbelt viermal. (Dies bedeutet eine 40malige Addition.) Nach abermaliger Verschiebung des Lineals kurbelt man dreimal und schließlich fünfmal. In jeder Stellung des Lineals weist der Pfeil links neben der Kurbel auf ein Schauloch des Drehwerks, und die in diesem Schauloch erscheinende Ziffer gibt die Anzahl der Kurbelumdrehungen an, die in dieser Stellung des Lineals ausgeführt sind. In unserem Beispiel erscheint also im Drehwerk die Zahl 5347, so daß sich als Multiplikationsregel für die Rechenmaschine folgendes ergibt: *Um ein Produkt aus zwei Fak-*

toren zu bilden, hat man den einen Faktor im Stellwerk einzustellen und den anderen durch *Kurbeln* und *Verschieben des Lineals* im Drehwerk erscheinen zu lassen. Dabei ist es gleichgültig, in welcher Reihenfolge man die einzelnen Stellen des betreffenden Faktors in das Drehwerk „hineinkurbelt".

Für die Schnelligkeit der Rechnung ist es natürlich von Vorteil, wenn man mit der Kurbel möglichst wenig Umdrehungen zu machen hat. Man wird deshalb den Faktor mit der größeren Quersumme im Stellwerk einstellen. Ferner läßt sich die Anzahl der Umdrehungen durch einen *Kunstgriff* noch erheblich vermindern. Um beispielsweise eine im Stellwerk eingestellte Zahl mit 8 zu multiplizieren, bringt man das Lineal in die gezeichnete Stellung. Statt nun aber achtmal zu kurbeln, drückt man den unteren Umschalteknopf in die Subtraktionsstellung und kurbelt zweimal, darauf schiebt man das Lineal eine Stelle weiter nach rechts, schaltet auf Addition und kurbelt einmal. Statt den Faktor achtmal zu addieren, hat man ihn auf diese Weise zweimal subtrahiert und zehnmal addiert, was zu dem gleichen Resultat führt, aber nur drei Kurbeldrehungen erfordert.[1])

Besonders bequem berechnet sich mit der Maschine ein *Produkt von der Form* $a \cdot (b + c + d + \cdots)$. Man stellt $a$ im Stellwerk ein und kurbelt zunächst $b$ in das Drehwerk, dann löscht man im Drehwerk, läßt aber das Produkt $a \cdot b$ im Zählwerk stehen. Dann kurbelt man $c$ in das Drehwerk, wodurch das Produkt $a \cdot c$ zu dem bereits im Zählwerk stehenden $a \cdot b$ addiert wird, so fortfahrend erhält man schließlich die Summe aller Produkte und damit das gewünschte Resultat im Zählwerk.

Hat man eine *Reihe von Produkten* $a \cdot b$, $a \cdot c$, $a \cdot d$, ... zu bilden, die alle einen Faktor $a$ gemeinsam haben, ohne daß ihre Addition erforderlich ist, so stellt man wieder $a$ im Stellwerk ein, kurbelt für das erste Produkt $b$ in das Drehwerk und notiert das Produkt. Um das zweite Produkt zu bilden, löscht man nirgends, sondern „verwandelt" die im Drehwerk stehende Zahl $b$ in $c$, durch Drehen der Kurbel unter gleichzeitiger Betätigung des Umschalteknopfes und Linealverschiebung. Ist z. B. $b = 28$ und $c = 54$, so dreht man beim zweiten Produkt in der Einerstelle viermal bei Subtraktionsstellung, rückt das Lineal eine Stelle weiter, schaltet auf Addition und kurbelt dreimal.

**4. Division und Quadratwurzelziehen.** Die *Division* geschieht in der Weise, daß man das Lineal ganz nach rechts schiebt

---

1) Bei dieser Art der Rechnung ist es sehr bequem, wenn die Maschine auch im Drehwerk Zehnerübertragung hat, was nicht bei allen Systemen der Fall ist.

und den Dividendus in den am weitesten links gelegenen Schaulöchern des Lineals einstellt; danach stellt man den Divisor im Stellwerk, ebenfalls von links anfangend, ein und schaltet auf Subtraktion. Dann kurbelt man so lange, bis die höchste Stelle des Dividendus einen kleineren Zahlwert hat als die darunter stehende höchste Stelle des Divisors, hierauf rückt man das Lineal weiter nach links und verfährt wie vorher. Im Drehwerk erscheint dann in roten Ziffern der Quotient.

Das *Ziehen der Quadratwurzel* können wir durch ein Näherungsverfahren auf die Division zurückführen. Soll etwa $x = \sqrt{a}$ berechnet werden, so ermitteln wir, am besten mit dem Rechenschieber, zunächst einen Näherungswert $x_1$. An diesem haben wir eine Korrektur $\xi_1$ anzubringen, für welche die Gleichung

$$(x_1 + \xi_1)^2 = a$$

gilt. Vernachlässigen wir die Glieder zweiter Ordnung in $\xi_1$, so erhalten wir statt $\xi_1$ den Wert $\xi_1' = \dfrac{a - x_1^2}{2x_1}$ und als besseren Näherungswert

$$x_2 = x_1 + \xi_1' = x_1 + \frac{a - x_1^2}{2x_1} = \frac{1}{2} \cdot \left(\frac{a}{x_1} + x_1\right).$$

Mit der Rechenmaschine berechnen wir den Quotienten $\dfrac{a}{x_1}$ und bilden das arithmetische Mittel von $\dfrac{a}{x_1}$ und dem ersten Näherungswerte $x_1$; damit ist dann ein zweiter Näherungswert $x_2$ gewonnen, dessen relativer Fehler das halbe Quadrat des relativen Fehlers der ersten Näherung $x_1$ ist.

Für $\xi_1$ gilt nämlich ohne Vernachlässigung die Gleichung:

$$\xi_1 = \frac{a - x_1^2 - \xi_1^2}{2 x_1^2}.$$

Setzen wir nun $\xi_1 = \xi_1' + \xi_2'$ und $\xi_1' = \dfrac{a - x_1^2}{2x_1}$, d. h. gleich dem oben unter Vernachlässigung des quadratischen Gliedes angenommenen Wert, so ist $\xi_2'$ der Fehler dieser Korrektur $\xi_1'$ und damit auch der des zweiten Näherungswertes. Wir erhalten aus der obigen Gleichung für diesen Fehler den Wert $\left|\xi_2'\right| = \left|\dfrac{\xi_1^2}{2x_1}\right|$.

Schreiben wir statt dessen $\left|\dfrac{\xi_2'}{x_1}\right| = \dfrac{1}{2} \dfrac{\xi_1^2}{x_1^2}$; so ist die Behauptung über die relativen Fehler der ersten beiden Näherungen bewiesen. In Kürze können wir sagen, daß die zweite Näherung auf doppelt so viele Stellen richtig ist wie die erste.

Aus der zweiten Näherung kann man in derselben Weise eine dritte ableiten usw. Die Handhabung der Rechenmaschine hierbei erläutern wir am besten an einem Beispiel.

*Es soll die Wurzel aus 227 gezogen werden.* Auf dem Rechenschieber finden wir als erste Näherung 15,1. Die Division in 227 ergibt 15,03311 und für den zweiten Näherungswert finden wir als arithmetisches Mittel 15,06655.

Um zu einer dritten Näherung zu gelangen, dividieren wir jetzt den Radikanden 227 durch 15,06655. Hierzu korrigieren wir die im Stellwerk stehende Zahl 15,1, ohne etwas zu notieren, in 15,0665. Die Division ergibt 15,06654. Mithin sind die Stellen 15,0665 richtig, und der genauere Wert der Wurzel ist 15,06652.

Da der Rechenschieber drei Stellen liefert, führt bei einer sechsstelligen Maschine bereits der zweite Schritt unseres Näherungsverfahrens zu der mit der Maschine erreichbaren Genauigkeit. Erst eine 12stellige Maschine würde die Genauigkeit eines dritten Schrittes voll auszunutzen gestatten.

5. **Andere Rechenmaschinen.** Im Anschluß an die Burkhardtsche Maschine werde noch kurz eine Verbesserung derselben besprochen, die in Fig. 14 dargestellt ist. Die Maschine führt den Namen *Millionär* und wird von W. Egli (Zürich) in den Handel gebracht.

In der Mitte der oberen Hälfte der Maschine sieht man das Stellwerk: sechs vertikale Schlitze, in denen Knöpfe auf und ab geschoben werden. Unter diesen Schlitzen befindet sich noch eine Reihe von sechs Schaulöchern. Hier erscheinen die durch die Knöpfe im Stellwerk eingestellten Ziffern der besseren Übersichtlichkeit wegen noch einmal nebeneinander.

Fig. 14.

Rechts vom Stellwerk sieht man eine Kurbel, durch deren Drehung die Multiplikation bewirkt wird. Bei dieser Maschine ist jedoch für jede Stelle des Faktors die Kurbel *nur einmal* herumzudrehen. Darin liegt der Vorteil der Konstruktion.

Statt die Kurbel so oft zu drehen, als es die betreffende Ziffer des Faktors verlangt, wird der links vom Stellwerk befindliche Hebel auf die gewünschte Zahl eingestellt und darauf die Kurbel einmal herumgedreht. Unter den Schaulöchern des Stellwerks befinden sich die des Drehwerks (in dem jetzt nicht die Anzahl der Kurbelumdrehungen erscheint, sondern die aufeinanderfolgenden Stellungen des vorerwähnten Hebels angezeigt werden). Unter dem Drehwerk sind, mit diesem zusammen horizontal verschiebbar, die Schaulöcher des Zählwerks sichtbar. Ein weiterer Vorteil dieser Maschine liegt noch darin, daß Zähl- und Drehwerk nach jeder Kurbelumdrehung automatisch eine Stelle weitergeschoben werden, so daß bei der Handhabung die linke Hand den Stellhebel, die rechte Hand die Kurbel nicht zu verlassen braucht.

Der Knopf zwischen Kurbel und Stellwerk dient zur Umschaltung von Multiplikation auf Division, so daß die Kurbel stets in demselben Sinne gedreht wird. Der Knopf hat außer den Stellungen „Multiplikation" und „Division" noch zwei für „Addition" und „Subtraktion". Bei diesen wird die automatische Weiterstellung des Zählwerks ausgeschaltet, so daß die Maschine als reine Additionsmaschine funktioniert.

Erwähnt sei noch die Rechenmaschine *„Mercedes-Euklid"*, die den großen Vorteil durchgehender Zehnerübertragung im Drehwerk hat. Außerdem erledigt sie Divisionen besonders schnell infolge einer Einrichtung zur sog. automatischen Division.

Ferner sei noch bemerkt, daß Rechenmaschinen mit elektrischem Antrieb der Kurbel gebaut werden, wobei die Anzahl der gewünschten Umdrehungen an numerierten Knöpfen eingestellt und alsdann selbsttätig vom Motor ausgeführt wird.

## III. Die ganzen rationalen Funktionen.

Als ganze rationale Funktion bezeichnet man eine solche Funktion, die aus dem Argument $x$ und konstanten Zahlen durch die Prozesse der Multiplikation und Addition in beliebiger Wiederholung entsteht. Diese in rechnerischer Beziehung dem Bildungsgesetz nach einfachste Funktion kann demnach durch einen Ausdruck von folgender Form gegeben werden:

$$g(x) \equiv a_n \cdot x^n + a_{n-1} \cdot x^{n-1} + \cdots + a_1 \cdot x + a_0.$$

III. Die ganzen rationalen Funktionen

Hierbei wollen wir unter $a_n$, $a_{n-1}\ldots a_0$ reelle Zahlen verstehen.

Man kann beim Hinschreiben der Funktion dadurch Zeit sparen, daß man nur die Koeffizienten $a_n$, $a_{n-1}\ldots a_0$ der Reihe nach (auch solche, die Null sind) in einer horizontalen Linie hinschreibt, die Potenzen von $x$ dagegen fortläßt. Es ergibt sich dann aus der Stellung jeder einzelnen Zahl auch die Potenz von $x$, mit der sie multipliziert gedacht werden muß. Um jedes Mißverständnis auszuschließen, pflegt man die höchste vorkommende Potenz von $x$ über den zugehörigen Koeffizienten zu schreiben.

Diese Anordnung findet übrigens ihr Analogon in der Schreibweise der arabischen Zahlen, wo ja auch die Stellung einer Ziffer die Potenz von 10 erkennen läßt, mit der sie zu multiplizieren ist, und die Stellung angegeben wird, indem man alle Koeffizienten der Potenzen von 10, auch solche, die 0 sind, hintereinander schreibt.

**1. Das Hornersche Schema und seine Anwendung zur numerischen Auflösung von Gleichungen höheren Grades.**

1. Es sei eine ganze rationale Funktion $g(x)$ durch die Zahlenwerte $a_n, \ldots a_0$ gegeben, so daß sie in folgender Form erscheint:

$$x^n$$
$$a_n, \quad a_{n-1}, \quad a_{n-2}, \ldots, a_1, \quad a_0.$$

Unter den Größen $a$ hat man sich also gegebene Zahlen, gegebenenfalls auch Nullen, vorzustellen (vgl. das Beispiel). *Wir stellen uns nun die Aufgabe, den Wert $g(p)$ dieser Funktion $g(x)$ zu berechnen für den Wert $p$ des Argumentes $x$.*

Statt etwa die Werte $p^n$, $p^{n-1}$ usw. zu bestimmen, diese mit dem betreffenden Koeffizienten zu multiplizieren und dann zu addieren, verfahren wir zweckmäßiger so: Wir multiplizieren $a_n$ mit $p$ und addieren $a_n \cdot p$ zu $a_{n-1}$, wobei wir $a_n \cdot p$ unter $a_{n-1}$ schreiben. Die Summe $a_n \cdot p + a_{n-1}$ sei $a'_{n-1}$ genannt und werde unter $a_{n-1}$ und $a_n \cdot p$ geschrieben. Jetzt multiplizieren wir die soeben erhaltene Zahl $a'_{n-1}$ wieder mit $p$ und bilden, wie vorher, $a'_{n-1} \cdot p + a_{n-2} = a'_{n-2}$.

Nach diesem Schema fahren wir fort, bilden weiter

$$a'_{n-3} = a'_{n-2} \cdot p + a_{n-3} \text{ usw.,}$$

bis wir zum Schluß die Zahlen $a_1' = a_2' p + a_1$ und schließlich $a_0' = a_1' p + a_0$ erhalten. So gelangen wir zu dem Schema:

| $a_n$ | $a_{n-1}$ | $a_{n-2}$ | $\ldots$ | $a_2$ | $a_1$ | $a_0$ |
|---|---|---|---|---|---|---|
|  | $a_n \cdot p$ | $a'_{n-1} \cdot p$ | $\ldots$ | $a_3' \cdot p$ | $a_2' \cdot p$ | $a_1' \cdot p$ |
| $a_n$ | $a'_{n-1}$ | $a'_{n-2}$ | $\ldots$ | $a_2'$ | $a_1'$ | $a_0'$ |

## 1. Das Hornersche Schema und seine Anwendung

Man überzeugt sich leicht, daß der so erhaltene Wert $a_0'$ der gesuchte Wert $g(p)$ der Funktion für $x = p$ ist. Es ist dazu nur nötig, die neu eingeführten Größen $a_{n-1}'$, $a_{n-2}'$, ... $a_0'$ wirklich durch die ursprünglichen Koeffizienten $a_n$, ... $a_0$ und $p$ auszudrücken. Man erhält so fortlaufend:

$$a_{n-1}' = a_{n-1} + a_n \cdot p,$$
$$a_{n-2}' = a_{n-2} + a_{n-1} \cdot p + a_n \cdot p^2,$$
$$\cdots \cdots \cdots \cdots \cdots \cdots \cdots \cdots \cdots$$
$$a_2' = a_2 + a_3 \cdot p + a_4 \cdot p^2 + \cdots + a_{n-1} \cdot p^{n-3} + a_n \cdot p^{n-2},$$
$$a_1' = a_1 + a_2 \cdot p + \cdots + a_{n-1} \cdot p^{n-2} + a_n \cdot p^{n-1},$$
$$a_0' = a_0 + a_1 \cdot p + \cdots + a_{n-1} \cdot p^{n-1} + a_n \cdot p^n = g(p).$$

Der Vorteil dieser Anordnung der Rechnung (welche die Bezeichnung „Hornersches Schema" führt) liegt erstens darin, daß stets die gleiche Operation wiederholt wird, nämlich die Multiplikation der Zahlen $a$ mit immer derselben Zahl $p$, was besonders bei Benutzung des Rechenschiebers oder der Rechenmaschine angenehm ist. Zweitens gestattet dieses Schema eine leichtere Übersicht über die Genauigkeit des Resultates $a_0'$.

2. Das soeben auseinandergesetzte Verfahren läßt noch eine Erweiterung zu. Es kann nämlich dazu verwendet werden, außer dem Werte $g(p) = a_0'$ der ganzen rationalen Funktion an der Stelle $x = p$ auch *die Entwickelung der Funktion nach Potenzen von $x - p$ anzusetzen*, also $g(x)$ in einen Ausdruck von der Form

$$a_0' + A_1 \cdot (x-p) + A_2 \cdot (x-p)^2 + \cdots + A_n \cdot (x-p)^n$$

zu verwandeln. Das Ansetzen dieser Entwickelung kann auch aufgefaßt werden als Substitution einer neuen Variablen $u = x - p$ in die ganze rationale Funktion, die damit in eine Funktion von $u$ übergeht:

$$a_0' + A_1 \cdot u + A_2 \cdot u^2 + \cdots + A_n \cdot u^n.$$

Es handelt sich nun um die Bestimmung der neuen Koeffizienten $A$. Um die volle Übersicht zu behalten, wollen wir diesen Prozeß für eine Funktion vierten Grades vollständig durchführen.

Es sei gegeben:

$$g(x) \equiv a_4 x^4 + a_3 x^3 + a_2 x^2 + a_1 x + a_0,$$

und wir sollen diese Funktion auf die Form bringen:

$$a_0' + A_1 \cdot (x-p) + A_2 \cdot (x-p)^2 + A_3 \cdot (x-p)^3 + A_4 \cdot (x-p)^4.$$

III. Die ganzen rationalen Funktionen

Wir beginnen genau wie früher, indem wir zunächst den Wert $g(p) = a_0'$ ermitteln, und bilden dann weiter das untenstehende Schema:

$$
\begin{array}{c|ccccc}
x^4 & & & & & \\
 & a_4 & a_3 & a_2 & a_1 & a_0 \\
 & & p \cdot a_4 & p \cdot a_3' & p \cdot a_2 & p \cdot a_1' \\
\hline \text{I} & & & & & \text{I} \\
 & a_4 & a_3' & a_2' & a_1' & \boxed{a_0'} \\
 & & p \cdot a_4 & p \cdot a_3'' & p \cdot a_2'' & \\
\hline \text{II} & & & & & \text{II} \\
 & a_4 & a_3'' & a_2'' & \boxed{a_1'' = A_1} & \\
 & & p \cdot a_4 & p \cdot a_3''' & & \\
\hline \text{III} & & & & & \text{III} \\
 & a_4 & a_3''' & \boxed{a_2''' = A_2} & & \\
 & & p \cdot a_4 & & & \\
\hline \text{IV} & & & & & \text{IV} \\
 & \boxed{a_4 = A_4 \quad a_3'''' = A_3} & & & & \\
\end{array}
$$

Unter dem mit I—I bezeichneten Strich erscheint hierbei die Reihe der Zahlen, die vorher mit $a_3'$, $a_2'$, ... bezeichnet wurden und deren letzte $a_0' = g(p)$ ist. Diese unter dem Strich I—I stehende Reihe behandeln wir nun genau so wie vorher die Reihe der gegebenen Koeffizienten $a_4, \ldots a_0$, nur berücksichtigen wir $a_0'$ nicht mehr. So erhalten wir unter einem Strich II—II eine neue Reihe von Zahlen, deren am weitesten links stehende wieder $a_4$ ist, während wir die übrigen mit $a_3''$, ... $a_1''$ bezeichnen wollen. Die letzte Zahl $a_1''$ dieser Reihe ist der mit $A_1$ bezeichnete Koeffizient der gesuchten Entwicklung. Wieder trennen wir diesen ab und behandeln die übrigen Zahlen $a_4, a_3'', a_2''$ wie vorher. Unter einem Strich III—III erscheinen Zahlen $a_4, a_3'''$ und $a_2'''$, und wieder ist in der letzten Zahl $a_2'''$ ein Koeffizient, $A_2$, gefunden. So führt man im allgemeinen Falle fort, bis zuletzt unter einem Strich (in unserem Beispiel ist es der mit IV—IV bezeichnete) nur noch ein Koeffizient $a_4$ und eine Zahl (in unserem Beispiel $a_3''''$) überbleibt. Dies sind dann die letzten beiden Koeffizienten der gesuchten Entwicklung.

Man kann von diesem Verfahren z. B. Gebrauch machen, um eine *vollständige Gleichung dritten Grades*:

$$g(x) = a_3 x^3 + a_2 x^2 + a_1 x + a_0 = 0$$

1. Das Hornersche Schema und seine Anwendung

in die bequemer zu behandelnde *reduzierte Form:*
$$b_3 u^3 + b_1 u + b_0 = 0$$
überzuführen. Man hat dazu nur die Funktion $g(x)$ an der Stelle $x = -\frac{1}{3} \cdot \frac{a_2}{a_3}$ zu entwickeln, also $u = x + \frac{1}{3} \cdot \frac{a_2}{a_3}$ als neue Variable einzuführen, d. h. es wird in der früheren Bezeichnung $p = -\frac{1}{3} \cdot \frac{a_2}{a_3}$.

3. Die vorstehend geschilderte Methode der Wertbestimmung und Entwicklung einer ganzen rationalen Funktion läßt sich auch zu einem *Näherungsverfahren für die Auflösung von Gleichungen höheren Grades verwenden.*
Ist eine solche Gleichung:
$$g(x) \equiv a_n \cdot x^n + a_{n-1} \cdot x^{n-1} + \cdots + a_1 \cdot x + a_0 = 0$$
mit reellen Koeffizienten $a$ vorgelegt, und man sucht eine reelle Wurzel, so kann man so vorgehen: Man sucht zunächst einen Näherungswert $p_1$ für die Wurzel zu bekommen (S. 56). Dann entwickelt man $g(x)$ an der Stelle $x = p_1$. Man erhält dabei beim ersten Schritt $a_0' = g(p_1)$ und damit eine Einsicht in die Güte der durch $p_1$ erreichten Annäherung. Man kann dann etwa so fortfahren, daß man noch den Koeffizienten $A_1$ der Entwicklung nach $u = x - p_1$ ermittelt und unter Vernachlässigung der weiteren Glieder der Entwicklung aus der Gleichung:
$$A_1 \cdot u + a_0' = 0$$
einen Wert $u$ berechnet, den man als erste Korrektur des Näherungswertes $p_1$ auffassen kann. Setzt man $x = p_1 + u = p_2$, so wird $p_2$ ein besserer Näherungswert als $p_1$ sein. Ist die Genauigkeit dieses zweiten Näherungswertes noch nicht ausreichend, so kann man das Verfahren wiederholen, so oft, bis die letzte Korrektur, die man für den gesuchten Wert der Wurzel findet, bei dem gerade gewünschten Genauigkeitsgrad vernachlässigt werden kann.

Falls jedoch die Koeffizienten der vorgelegten ganzen rationalen Funktion, um deren Nullstellen es sich handelt, Zahlen mit mehr als drei Stellen sind und die Wurzel dementsprechend auch mit dieser Genauigkeit angegeben werden soll, ist das vorstehend geschilderte Verfahren mit dem Rechenschieber nicht mehr durchführbar, und man müßte zu anderen Rechenhilfsmitteln, etwa der Rechenmaschine, greifen. Dies läßt sich aber vermeiden, wenn man das Hornersche Schema in folgender Weise zur Anwendung bringt. Ist $p_1$ ein erster Näherungswert, so bestimmt man nicht nur den Wert $a_0'$ der ganzen rationalen Funktion an der Stelle $x = p_1$, sondern man berechnet auch vollständig die Koeffizienten $A_1, A_2, \ldots A_n$ der Entwicklung an der Stelle $x = p_1$ nach Potenzen von $u = x - p_1$ (wie auf Seite 45 angegeben). Damit erhält die ganze rationale Funktion die Form:

$$A_n u^n + A_{n-1} u^{n-1} + \cdots + A_1 u + a_0',$$

worin der Wert $u = 0$, d. h. $x = p_1$ die Rolle des ersten Näherungswertes spielt. Die Korrektur $u_1 = -\dfrac{a_0'}{A_1}$ wird nun relativ klein sein und sich durch eine Zahl mit einer einzigen von Null verschiedenen Ziffer darstellen lassen. Berechnet man jetzt den Wert der ganzen rationalen Funktion an der Stelle $u_1$, so treten nur Multiplikationen auf, die im Kopf ausführbar sind. Auch beim zweiten Schritt wird man die ganze Entwicklung nach Potenzen von $u - u_1 = v$ durchführen und damit eine Entwicklung erhalten:

$$B_n v^n + B_{n-1} v^{n-1} + \cdots + B_1 v + a_0'',$$

worin $a_0''$ der sich an der Stelle $v = 0$ oder $u = u_1$ ergebende Wert der Funktion ist.

Als neue Korrektur $v_1 = -\dfrac{a_0''}{B_1}$ wird sich hieraus wieder eine kleine Zahl ergeben usw. So fährt man fort, bis die gewünschte Genauigkeit erreicht ist, und obwohl dieser zweite Weg scheinbar umständlicher ist, bietet er den oft ausschlaggebenden Vorteil, nur leicht ausführbare Multiplikationen zu benötigen. Der schließlich erreichte Wert für die Wurzel wird $x = p_1 + u_1 + v_1 + \cdots$.

Man kann die Rechnung noch durch die Berücksichtigung der Glieder höherer Ordnung erheblich abkürzen.

Hat man etwa die Entwicklung nach Potenzen von $u - u_1 = v$ durchgeführt und

$$B_n v^n + B_{n-1} v^{n-1} + \cdots + B_3 v^3 + B_2 v^2 + B_1 v + a_0'' = 0$$

erhalten, so weiß man, daß die in Betracht kommende Wurzel $v$ dieser Gleichung einen kleinen Wert hat. Mithin haben im allgemeinen die Glieder höherer Ordnung in dieser Entwicklung einen relativ geringen Wert gegenüber dem linearen Gliede $B_1 v$.

Setzt man also $v_1 = -\dfrac{a_0''}{B_1}$ als Näherungswert der Wurzel an, so wird $v_1$ von dem wahren Werte der Wurzel wenig verschieden und selbst eine kleine Größe sein.

Man kann demnach den Einfluß der Glieder höherer Ordnung abschätzen und für die Rechnung verwerten, wenn man $v_1$ einsetzt und die Summe $\quad B_2 v_1^2 + B_3 v_1^3 + \cdots$

## 1. Das Hornersche Schema und seine Anwendung

überschlägt. Dann wird man einen besseren Näherungswert $v_2$ erhalten, wenn man

$$v_2 = -\frac{a_0'' + B_2 v_1{}^2 + B_3 v_1{}^3 + \cdots}{B_1} \quad \text{setzt.}$$

Die Rechenmethode möge an einem Beispiel erläutert werden: Es soll die positive Wurzel der Gleichung:

$$x^5 + 6x^3 + 5x^2 + 10x - 18 = 0$$

auf sechs Dezimalen genau berechnet werden.

Wir beginnen mit $+1$ als erstem Näherungswert und bilden die Entwicklung nach Potenzen von $x-1$:

| 1 | 0 | 6  | 5  | 10 | $-18$ |
|---|---|----|----|----|-------|
|   | 1 | 1  | 7  | 12 | 22    |
| 1 | 1 | 7  | 12 | 22 | 4     |
|   | 1 | 2  | 9  | 21 |       |
| 1 | 2 | 9  | 21 | 43 |       |
|   | 1 | 3  | 12 |    |       |
| 1 | 3 | 12 | 33 |    |       |
|   | 1 | 4  |    |    |       |
| 1 | 4 | 16 |    |    |       |
|   | 1 |    |    |    |       |
| 1 | 5 |    |    |    |       |

d. h. die Entwicklung lautet, wenn $u = x - 1$ gesetzt wird:

$$u^5 + 5u^4 + 16u^3 + 33u^2 + 43u + 4 = 0.$$

Da $u$ als klein vermutet wird, setzen wir unter Vernachlässigung der Glieder höherer Ordnung für $u$ den aus der linearen Gleichung $43u + 4 = 0$ gewonnenen Wert $u = -0,1$ als Näherungswert dieser Gleichung fünften Grades für $u$ an und entwickeln nach Potenzen von $v = u + 0,1$:

| 1 | 5      | 16     | 33      | 43       | 4        |
|---|--------|--------|---------|----------|----------|
|   | $-0,1$ | $-0,49$| $-1,551$| $-3,1449$| $-3,98551$|
| 1 | 4,9    | 15,51  | 31,449  | 39,8551  | 0,01449  |
|   | $-0,1$ | $-0,48$| $-1,503$| $-2,9946$|          |
| 1 | 4,8    | 15,03  | 29,946  | 36,8605  |          |
|   | $-0,1$ | $-0,47$| $-1,456$|          |          |
| 1 | 4,7    | 14,56  | 28,490  |          |          |

III. Die ganzen rationalen Funktionen

Hier können wir die Rechnung abbrechen, denn für $v$ ergibt eine rohe Schätzung (nach dem linearen Glied allein)

$$v = -\frac{0{,}01}{37} < 10^{-3}.$$

Augenscheinlich ist der Koeffizient von $v^3$ aber kleiner als 1000, so daß die Glieder der dritten und höheren Potenzen auf die sechste Dezimale keinen Einfluß mehr haben können.

Berechnet man aus der linearen Gleichung den Wert von $v$ genauer, so findet man

$$v_1 = -\frac{0{,}01449}{36{,}8605} = -3{,}931 \cdot 10^{-4}.$$

Es zeigt sich, daß auch das quadratische Glied

$$28{,}49\, v_1^2$$

keinen Einfluß mehr auf die sechste Dezimale der Wurzel hat, denn es wird unter Annahme des obigen Wertes für $v_1$ rund:

$$28 \cdot 1{,}6 \cdot 10^{-7} = 4{,}5 \cdot 10^{-6}.$$

Um diesen Betrag würde bei Berücksichtigung des quadratischen Gliedes der Betrag des von $v$ freien Gliedes 0,01449 ungefähr zu ändern sein. Da aber hieraus $v$ durch Division mit 36,86 hervorgeht, ist der Einfluß dieser Korrektur ungefähr

$$\frac{4{,}5 \cdot 10^{-6}}{3{,}7 \cdot 10^{1}} = 1{,}2 \cdot 10^{-7},$$

also kleiner als eine halbe Einheit der sechsten Dezimale.

Der Wert $v_1 = -3{,}931$ (dessen Berechnung also auf vier Stellen erforderlich ist) stellt mit ausreichender Genauigkeit die Wurzel der letzten Gleichung dar.

Als erste Näherung für $x$ wählten wir 1, für $u$ als Näherung $-0{,}1$ und finden $v = -3{,}931 \cdot 10^{-4}$. Beachten wir den Zusammenhang der Größen $x$ und $v$, der durch die Gleichungen: $x - 1 = u$, $u + 0{,}1 = v$ definiert war, so finden wir für die Wurzel $x$ den Wert:

$$x = 1 - 0{,}1 - 0{,}0003\,931 = 0{,}899\,607$$

auf sechs Dezimalen genau.

2. **Berechnung ganzer rationaler Funktionen für komplexe Argumente.** Um den Wert einer ganzen rationalen Funktion für komplexe Werte ihres Argumentes zu berechnen und weiterhin komplexe Nullstellen zu ermitteln, kann man ein dem Hornerschen Schema verwandtes Verfahren benutzen.

## 2. Berechnung ganzer rationaler Funktionen

Die gegebene Funktion sei

$$g(x) \equiv a_n x^n + a_{n-1} x^{n-1} + \cdots + a_1 x + a_0.$$

$\xi = u + vi$ sei das Argument, für das der Funktionswert $g(\xi)$ ausgerechnet werden soll.

Wir bilden die ganze Funktion zweiten Grades

$$p(x) = \{x - (u + vi)\} \cdot \{x - (u - vi)\} = x^2 - 2ux + (u^2 + v^2),$$

deren Nullstellen wie ersichtlich $\xi$ und der hierzu konjugierte Wert sind.

Jetzt führen wir die Division $\frac{g(x)}{p(x)}$ so weit durch, bis der Rest eine Funktion ersten Grades oder Null ist. Dieser letzte Rest möge $r(x)$ heißen, und $q(x)$ der bei der Division herauskommende Quotient, eine ganze Funktion $(n-2)$-ten Grades. Es ist also

$$\frac{g(x)}{p(x)} = q(x) + \frac{r(x)}{p(x)} \quad \text{oder} \quad g(x) = p(x) \cdot q(x) + r(x).$$

Da nun $p(\xi) = 0$ ist, folgt aus diesen Gleichungen $g(\xi) = r(\xi)$. Weil $r(\xi)$ vom ersten Grade ist, läßt sich dies und damit auch $g(\xi)$ ohne Mühe anschreiben. Bleibt bei der Division der Rest Null, so ist $\xi$ eine Nullstelle der vorgelegten Funktion.

Bei der Durchführung der Division kommen an Multiplikationen nur solche mit $2u$ und $(u^2 + v^2)$ vor, den Koeffizienten von $p(x)$. Zur bequemen Durchführung dieser Multiplikationen benutzt man zweckmäßig *zwei* Rechenschieber, die entsprechend eingestellt werden.

Der Quotient $q(x)$ bietet eine erwünschte *Rechenkontrolle* für den letzten Rest $r(x)$. Die Gleichung $g(x) = p(x) \cdot q(x) + r(x)$ muß auch für $x = 1$ (oder auch für $x = -1$) richtig sein. Für diese Werte lassen sich die Funktionswerte aber sofort hinschreiben, wodurch $r(x)$ kontrolliert wird.

Ein *Beispiel* möge die Rechnung erläutern, wobei auch die Approximation von Nullstellen angedeutet werden wird.

Gegeben sei die Funktion

$$g(x) \equiv x^4 - 5x^3 + 15x^2 - 5x - 26.$$

Für $\xi = 2{,}2 + 2{,}8i$ soll ihr Wert berechnet werden.

Wir bilden $p(x) = x^2 - 4{,}4x + 12{,}68$ und führen die Division durch, wobei wir die ganzen Funktionen wie in 1 abgekürzt schreiben und selbstverständliche Zahlen fortlassen:

III. Die ganzen rationalen Funktionen

$$\overbrace{1\ -4{,}4\ +12{,}68}^{p} \bigg| \overbrace{\begin{array}{cccc}1 & -5 & +15 & -5 \\ & -4{,}4 & +12{,}68 & \end{array}\ -26}^{g} \bigg| \overbrace{1\ -0{,}6\ -0{,}32}^{q}$$

$$\begin{array}{rr} -0{,}6 & +2{,}32 \\ & +2{,}64 & -7{,}60 \\ \hline & -0{,}32 & +2{,}60 \\ & & +1{,}41 & -4{,}05 \\ \hline & & +1{,}19\,\xi & -21{,}95 \end{array} = r(\xi) = g(\xi).$$

Das Einsetzen von $\xi = 2{,}2 + 2{,}8\,i$ liefert

$$g(\xi) = 2{,}62 + 3{,}33\,i - 21{,}95 = -19{,}33 + 3{,}33\,i.$$

Während der Division war an einem Rechenschieber eine 1 der Zahl 4,4 gegenübergestellt und am anderen eine 1 der Zahl 12,68.
Die Probe mit $x = 1$ gibt

$$g(1) = -20;\ p(1) = 9{,}28;\ q(1) = 0{,}08;\ r(1) = -20{,}76$$

und es müßte sein $-20 = 9{,}28 \cdot 0{,}08 - 20{,}76$.

Es ergibt sich eine Abweichung von nicht ganz zwei Einheiten der zweiten Dezimale. Da $q(1) = 0{,}08$ relativ ungenau ist, macht man hier besser die Probe mit $x = -1$, die in den ersten beiden Dezimalen stimmt.

Will man eine Nullstelle von $g(x)$ ermitteln, so geht man von einem Näherungswert aus. Es sei der angenommene Wert $\xi = 2{,}2 + 2{,}8\,i$ als ein solcher Näherungswert angesehen.

Wie oben bereits ausgeführt, berechnet man

$$g(\xi) = -19{,}33 + 3{,}33\,i.$$

Ist $g'(x)$ die Ableitung von $g(x)$, so erhält man eine Korrektur des ersten Näherungswertes aus der Gleichung $\Delta\xi = -\dfrac{g(\xi)}{g'(\xi)}$. Eine zweite Näherung ist dann $\xi + \Delta\xi$.

In unserem Beispiel ist $g'(x) = 4x^3 - 15x^2 + 30x - 5$, und wir berechnen $g'(\xi)$ wie oben; wobei wir die Funktion $p(x)$ weiterbenutzen können.

$$1\ -4{,}4\ +12{,}68 \bigg| \begin{array}{cccc} 4 & -15 & +30 & -5 \\ & -17{,}6 & +50{,}6 & \\ \hline & +2{,}6 & -20{,}6 & \\ & & -11{,}4 & +32{,}9 \\ \hline & & -9{,}2 & -37{,}9 \end{array}\ \bigg|\ 4\ +2{,}6 $$

$= g'(\xi) = -58{,}1 - 25{,}8\,i.$

Damit wird $\Delta\xi = \dfrac{-19{,}3 + 3{,}3\,i}{58{,}1 + 25{,}8\,i} = -0{,}26 + 0{,}17\,i.$

## 3. Graphische Methoden 53

Als zweiten Näherungswert bekommt man also: $1,94 + 2,97\,i$. Der Leser rechne weiter. (Der richtige Wert ist $2,00 + 3,00\,i$.)

Hat man die Nullstelle mit hinreichender Genauigkeit gefunden und kommt als Rest $r = 0$ heraus, so stellt der bei dieser letzten Division gefundene Quotient $q$ diejenige ganze Funktion $(n-2)$-ten Grades dar, deren Nullstellen mit den noch nicht ermittelten Nullstellen der ursprünglich gegebenen Funktion $g(x)$ zusammenfallen.

**3. Graphische Methoden.** Das in § 1 angegebene Hornersche Schema läßt sich auch zur *graphischen Behandlung* ganzer rationaler Funktionen verwenden.

1. Um sich eine *Übersicht* über den *Verlauf* einer solchen Funktion zu verschaffen, wird man sie gerne als Kurve in einem rechtwinkligen Koordinatensysteme darstellen.

Man konstruiert dann punktweise diese Kurve in folgender Weise:

Es möge sich beispielsweise um die Funktion

$$y = a_3 x^3 + a_2 x^2 + a_1 x + a_0$$

handeln.

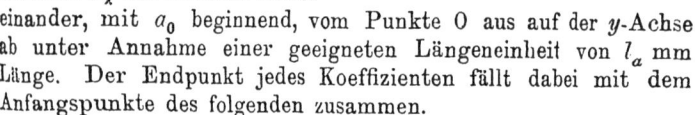

Fig. 15.

Wir tragen dann die Koeffizienten $a_\lambda$ als Strecken hintereinander, mit $a_0$ beginnend, vom Punkte O aus auf der $y$-Achse ab unter Annahme einer geeigneten Längeneinheit von $l_a$ mm Länge. Der Endpunkt jedes Koeffizienten fällt dabei mit dem Anfangspunkte des folgenden zusammen.

Sind alle $a_\lambda > 0$, wie im Beispiel angenommen wird, so erhalten wir das Bild der Figur 15. Haben die Koeffizienten verschiedene Vorzeichen, so reihe man die Koeffizienten auch dann wie oben angegeben aneinander. Die verschiedenen Vorzeichen werden durch den Richtungssinn zum Ausdruck gebracht: Ist ein Koeffizient positiv, so liegt (bei nach oben positiv gerechneter $y$-Achse) sein Endpunkt *über* seinem Anfangspunkt. Ist er negativ, so liegt der Endpunkt *unter* seinem Anfangspunkt.

Für $a_0 > 0$, $a_1 > 0$, $a_2 < 0$, $a_3 > 0$ z. B. würde man ein Bild, wie es Fig. 16 zeigt, erhalten.

Die folgende Konstruktion ist allgemein gültig, auch für den Fall verschiedener Vorzeichen der Koeffizienten, und soll der An-

54  III. Die ganzen rationalen Funktionen

schaulichkeit wegen an der Figur 15 als dem einfachsten Beispiel durchgeführt werden.

Die Einheitsstrecke $OE$ auf der $x$-Achse sei $l_x$ mm lang. (Über die Wahl von $l_a$ und $l_x$ siehe S. 13.) Durch den Endpunkt $E$ ziehen wir eine Parallele zur $y$-Achse, die wir „Einheitsgerade" nennen wollen.

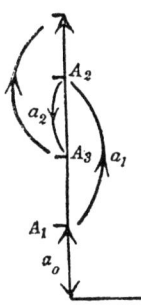

Um für einen Wert $x_1$ von $x$ den zugehörigen Punkt der Kurve, d. h. die Ordinate $y_1$, zu finden, ziehen wir zunächst die vertikale Gerade $x = x_1$. Ihr Schnittpunkt mit der $x$-Achse sei $X_1$. Durch den Endpunkt $A_4$ ziehen wir eine Parallele zur $x$-Achse, die die Einheitsgerade in $A_4'$ schneidet. Verbinden wir nun $A_4'$ mit dem Punkte $A_3$, der die Strecken $a_2$ und $a_3$ trennt, so bildet diese Gerade $A_3 A_4'$ einen Winkel $\varphi_3$ mit der $x$-Achse, dessen Tangente

$$\tan \varphi_3 = a_3 \cdot \frac{l_a}{l_x} \quad \text{ist.}$$

Fig. 16.

Ziehen wir durch $A_3$ eine Parallele zur $x$-Achse und bezeichnen deren Schnittpunkt mit der Geraden $x = x_1$ durch $C_3$, so ist die Länge $\overline{C_3 B_3} = \overline{A_3 C_3}$ $\cdot \tan \varphi_3 = x_1 \cdot a_3 \cdot l_a$ mm. Zieht man gleicherweise durch $A_2$ eine horizontale Gerade bis $C_2$, so ist $\overline{C_2 C_3} = a_2 \cdot l_a$ mm und $\overline{C_2 B_3} = (a_2 + x_1 \cdot a_3) \cdot l_a$ mm.

Durch $B_3$ ziehen wir eine Horizontale, die die Einheitsgerade in $B_3'$ schneide, und verbinden $A_2$ mit $B_3'$. Der Neigungswinkel $\varphi_2$ der Geraden $\overline{A_2 B_3'}$ hat dann die Tangente $\tan \varphi_2 = (a_2 + x_1 \cdot a_3) \cdot \frac{l_a}{l_x}$. Ist $B_2$ der Schnitt dieser Geraden mit der Vertikalen $x = x_1$, so ist

$$\overline{C_2 B_2} = \overline{A_2 C_2} \cdot \tan \varphi_3 = (a_2 \cdot x_1 + a_3 \cdot x_1^2) \cdot l_a.$$

Ferner ist $\overline{B_2 C_1} = (a_1 + a_2 x_1 + a_3 x_1^2) \cdot l_a$ mm.

Jetzt ist $B_2 B_2'$ horizontal zu ziehen und $B_2'$ mit $A_1$ zu verbinden. Für den Winkel $\varphi_1$ wird

$$\tan \varphi_1 = (a_1 + a_2 x_1 + a_3 x_1^2) \cdot \frac{l_a}{l_x}.$$

Ferner erhält man damit für $B_1 C_1$ die Länge von

$$(a_1 x + a_2 x_1^2 + a_3 x_1^3) \cdot l_a \text{ mm},$$

und schließlich findet man

$$\overline{X_1 B_1} = (a_0 + a_1 x_1 + a_2 x_1^2 + a_3 x_1^3) \cdot l_a \text{ mm}$$

lang. Diese Strecke stellt also in der Längeneinheit $l_a$ gemessen den Funktionswert $y_1$ dar: $B_1$ ist ein Punkt der gesuchten Kurve.

## 3. Graphische Methoden

Bei der Durchführung der Konstruktion für einen beliebigen Wert $x = x_\lambda$ braucht man außer der Einheitsgeraden und der Geraden $x = x_\lambda'$ keine einzige der im vorstehenden nur zur Erläuterung benutzten Geraden wirklich mit dem Bleistift zu zeichnen. Man bestimmt zuerst den Punkt $A_4'$, indem man die Reißschiene an $A_4$ anlegt. Diesen Punkt $A_4'$ fixiert man durch einen Stich der Punktiernadel und legt ein Lineal an $A_4'$ und $A_3$ an, dadurch kann man $B_3$ markieren. Mittelst der Reißschiene findet man $B_3'$ usw. Man bezeichnet also, ohne eine Linie zu ziehen, der Reihe nach die Punkte $A_4'B_3B_3'B_2B_2'B_1$ durch Stiche. $B_1$ ist der gesuchte Kurvenpunkt. Beim Zeichnen auf Millimeterpapier erübrigt sich noch der Gebrauch der Reißschiene.

Der Leser möge Kurven konstruieren für Koeffizienten verschiedenen Vorzeichens und für den Fall, daß einer oder mehrere Koeffizienten Null sind. Dann hat die betreffende Koeffizientenstrecke die Länge Null, d. h. Anfangs- und Endpunkt fallen zusammen. Die Konstruktionsregeln bleiben gültig.

2. Ein anderes graphisches Verfahren ist zweckmäßig anzuwenden, wenn es sich um die *Bestimmung der Wurzeln* einer Gleichung $g(x) \equiv a_n x^n + a_{n-1} x^{n-1} + \cdots + a_1 x + a_0 = 0$ handelt. Es liefert die Funktionswerte von $g(x)$ so schnell, daß man durch Probieren leicht die Wurzeln ermitteln kann.

Unter Annahme einer geeigneten Längeneinheit von $l_a$ mm stellt man die Koeffizienten $a_n, a_{n-1}, \ldots a_0$ der ganzen rationalen Funktion durch Strecken dar, die so aneinander gefügt werden, daß der Anfangspunkt jeder Strecke auf den Endpunkt der unmittelbar vorher gezeichneten fällt. Ferner ist jede Strecke gegen die vorhergehende um $90^0$ im Sinne des Uhrzeigers zu drehen. In Fig. 17 ist dies für eine Funktion vierten Grades ausgeführt. Und zwar ist der Einfachheit halber angenommen, daß alle Koeffizienten positiv sind. Es stellt $\overline{A_1 A_2}$ den Koeffizienten $a_4$ dar, $\overline{A_2 A_3}$ den folgenden Koeffizienten $a_3$ usw. Man erhält so einen gebrochenen Linienzug $A_1 A_2 A_3 A_4 A_5 A_6$.

Die Werte von $x$ stellt man dar mittelst einer Längeneinheit von $l_x$ mm, und zwar errichtet man auf der ersten Koeffizientenstrecke $A_1 A_2$ in einem um die Längeneinheit $l_x$ von $A_1$ entfernten Punkte $E$ ein Lot. Auf diesem Lote werden die Werte von $x$, für die wir den Wert der ganzen rationalen Funk-

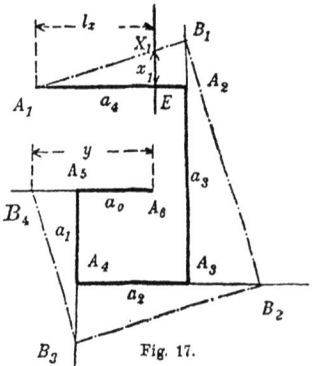

Fig. 17.

III. Die ganzen rationalen Funktionen

tion bestimmen wollen, abgetragen und zwar vom Punkte $E$ aus positiv nach oben.

Für $x = x_1$ mögen wir zu dem Punkte $X_1$ gelangen, so daß also $\overline{EX_1} = x_1 \cdot l_x$ mm sei.

Wir verbinden jetzt $X_1$ mit $A_1$. Für den Winkel $\varphi_1 = \measuredangle X_1 A_1 E$ wird dann $\tan \varphi_1 = x_1$. Die Gerade $\overline{A_1 X_1}$ möge $A_2 A_3$ in einem Punkte $B_1$ schneiden, und man sieht, daß

$$A_2 B_1 = A_1 A_2 \cdot \tan \varphi_1,$$

also $a_4 \cdot x_1 \cdot l_a$ mm lang ist. Weiter ist $\overline{B_1 A_3} = (a_4 x_1 + a_3) \cdot l_a$ mm. Errichten wir nun auf $\overline{A_1 B_1}$ in $B_1$ ein Lot und bringen dieses in $B_2$ zum Schnitt mit $A_3 A_4$, so ist $\measuredangle B_2 B_1 A_3 = \varphi_1$ und die Strecke $A_3 B_2 = (a_4 \cdot x_1^2 + a_3 \cdot x_1) \cdot l_a$ mm. Ferner ist $A_4 B_3 = (a_4 x_1^2 + a_3 x_1 + a_2) \cdot l_a$ mm. Es ist weiter $B_2 B_3 \perp B_1 B_2$ und $B_4 B_3 \perp B_2 B_3$, und man überzeugt sich leicht, daß die Strecke $\overline{B_4 A_6}$ eine Länge von

$$(a_4 x_1^4 + a_3 x_1^3 + \cdots + a_0) \cdot l_a \text{ mm}$$

hat, mithin den Wert der Funktion für $x = x_1$ mit der Einheit $l_a$ darstellt.

Um nun eine Wurzel der Gleichung $g(x) = 0$ zu finden, hat man den Wert $x_1$, also den Punkt $X_1$, auf dem Lote in $E$ auf $A_1 A_2$ so lange abzuändern, bis der Endpunkt $B_4$ des Linienzuges $A_1 B_1 B_2 B_3 B_4$ auf den Punkt $A_6$ fällt. Dann ist $\overline{B_4 A_6} = 0$, d. h. $g(x) = 0$.

Für dieses Probieren ist es von großem Vorteil, *transparentes Millimeterpapier* zu verwenden. Man befestigt dasselbe mittels einer Nadel so im Punkte $A_1$, daß es um diesen Punkt drehbar wird. Dann kann man das Papier so drehen, daß eine seiner Geraden durch $A_1$ und $X_1$ geht, und darauf den Polygonzug $A_1 B_1 B_2 B_3 B_4$ verfolgen, ohne einen Strich zu zeichnen. Man dreht nun das Papier so lange, bis man eine Lage gefunden hat, in der $B_4$ auf $A_6$ fällt. Dann markiert man den betreffenden Punkt $X$ durch einen Strich. Man tut gut, das Papier nur um kleine Winkel zu drehen und dabei auf die Lagenänderung des Punktes $B_4$ zu achten, da sich daraus Schlüsse auf die Realität der Wurzeln ziehen lassen.

Haben die Koeffizienten $a_\lambda$ verschiedene Vorzeichen, so ist bei ihrem Auftragen folgende Regel zu beachten:

Man zeichne ein Rechteck und versehe die Seiten mit Richtungspfeilen (Fig. 18). Man beginnt mit dem Koeffizienten $a_n$ der höchsten Potenz und ordnet ihm die horizontale obere Seite des Rechtecks zu, dem Koeffizienten $a_{n-1}$ ordnet man die folgende Seite zu usw., indem man das Rechteck (evtl. mehrmals, wenn $n > 3$) im Sinne des Uhrzeigers durchläuft. Bei dieser Zuordnung von Rechtecksseiten und Koeffizienten gibt die Seite des Rechtecks die Richtung und der Pfeil den positiven Sinn für das Auftragen des Koeffizienten an. Negative Koeffizienten werden entgegengesetzt der Pfeilrichtung aufgetragen.

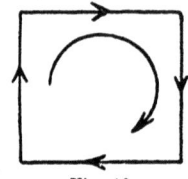

Fig. 18.

Ist ein Koeffizient Null, so fallen die Strecken der nächsthöheren und nächstniederen Koeffizienten in eine Gerade. Zur Konstruktion des Polygons $A_1 B_1 \ldots B_4$ ist jedoch auch die Gerade zu benutzen, auf der der Koeffizient läge, wenn er von Null verschieden wäre. (Man fasse den Fall, daß ein Koeffizient Null ist, als Grenzfall eines verschwindenden Koeffizienten auf.)

Fig. 19 zeigt die Lösung der Gleichung

$$4x^3 + 6x^2 - 3x - 1,9 = 0.$$

Durch den Polygonzug

$$A_1 B_1 B_2 A_5$$

ist eine Wurzel $x_1$ der genannten Gleichung gefunden. Es ist $x_1 = \tan \varphi_1 = 0{,}67$.

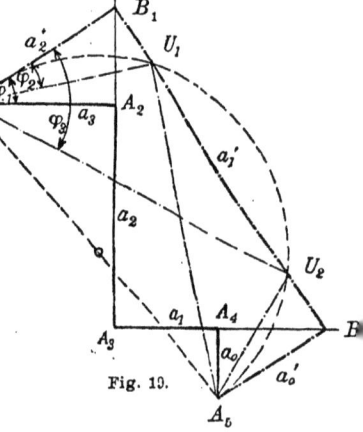

Fig. 19.

Statt nun die weiteren zwei Wurzeln auf demselben Wege zu finden, ist es vorteilhafter, sich folgende Überlegung zunutze zu machen:

Ist $x_1$ eine Wurzel der Gleichung dritten Grades, so erhält man durch Division dieser Gleichung durch $(x - x_1)$ eine Gleichung zweiten Grades, der die noch fehlenden beiden Wurzeln genügen. Führt man die Division durch, so findet man als diese Gleichung zweiten Grades:

$$a_3 x^2 + (a_3 x_1 + a_2) \cdot x + (a_3 x_1^2 + a_2 x_1 + a_1) = 0.$$

Nun hat aber nach unserer Konstruktion die Strecke $B_1 A_3$ eine Länge von $(a_3 x + a_2) \cdot l_a$ mm, ferner hat $B_2 A_4$ die Länge von $(a_3 x^2 + a_2 x + a_1) \cdot l_a$ mm.

Andererseits sind die Längen der Strecken $A_1 B_1$, $B_1 B_2$ und $B_2 A_5$ des Polygonzuges, der die erste Wurzel lieferte, den soeben genannten Längen, also auch den Koeffizienten der Gleichung zweiten Grades proportional. Die Seiten des Polygonzuges $A_1 B_1 B_2 A_5$ können mithin als Darstellung derjenigen Gleichung zweiten Grades $a_2' x^2 + a_1' x + a_0' = 0$ dienen, die die noch fehlenden Wurzeln liefert. Im allgemeinen gilt die Regel: *Hat man eine Wurzel $x_1$ einer Gleichung $n^{ten}$ Grades gefunden, so stellt der dabei benutzte Polygonzug die Gleichung $(n-1)^{ten}$ Grades für die noch fehlenden $n-1$ Wurzeln dar und ist als Grundlage einer weiteren Konstruktion anzusehen. Der Wert der Wurzel ist dabei gleich dem Tangens des Neigungswinkels zwischen der Koeffizientenstrecke der höchsten Potenz der betreffenden Gleichung und der ersten Polygonseite.*

In unserem Beispiel stellt so $A_1 B_1 B_2 A_5$ die Gleichung zweiten Grades dar, die es noch zu lösen gilt. Dies kann durch einen Kreisbogen geschehen, der über $\overline{A_1 A_5}$ als Durchmesser zu schlagen ist. Dessen Schnittpunkte $U_1$ und $U_2$ auf $\overline{B_1 B_2}$ sind mit $A_1$ und $A_5$ zu verbinden. $A_1 U_1 A_5$ und $A_1 U_2 A_5$ sind die beiden Polygone, die die Wurzeln $x_2$ und $x_3$ liefern. $\varphi_2$ und $\varphi_3$ sind die Winkel (beide $< 0$) zwischen der Koeffizientenstrecke $a_2$, d. i. $A_1 B_1$ und der ersten Polygonseite $A_1 U_1$ bzw. $A_1 U_2$, so daß

$$x_2 = \tan \varphi_2 = -0{,}40; \quad x_3 = \tan \varphi_3 = -1{,}77$$

die Werte der Wurzeln sind. Hätte der Halbkreis über $A_1 A_5$ die Strecke $B_1 B_2$ nicht geschnitten, so hätte dies auf komplexe Wurzeln gedeutet.

Dieses graphische Verfahren ist auch dann zu verwenden, wenn die Genauigkeit der Wurzeln größer als zeichnerisch erreichbar sein soll. Es liefert dann *Näherungswerte*, die durch Rechnung zu verbessern sind (S. 47).

3. Auch für komplexe Argumente läßt sich (nach einem von C. Runge angegebenen Verfahren) der Wert einer ganzen rationalen Funktion graphisch konstruieren.[1]) Das Verfahren bleibt sich gleich, ob die Koeffizienten der ganzen Funktion reell oder auch komplex sind. Es werde daher für den letzteren Fall geschildert.

Um eine bestimmte Aufgabe vor Augen zu haben, denken wir uns eine Funktion vierten Grades gegeben:

$$g(x) = a_0 x^4 + a_1 x^3 + a_2 x^2 + a_3 x + a_4.$$

Die Koeffizienten $a$ seien darin komplexe Zahlen. Wir stellen, wie üblich, komplexe Zahlen durch Vektoren in einem rechtwinkeligen Koordinatensystem dar. In Fig. 20 sei $A$ der Nullpunkt dieses Koordinatensystems $(u, v)$. Die Koeffizienten $a$ unserer ganzen Funktion sind Vektoren, wir konstruieren ihre

---
1) Göttinger Nachrichten. 1917.

## 3. Graphische Methoden

Summe $a_4 + a_3 + a_2 + a_1 + a_0$ und erhalten dadurch den gebrochenen Linienzug $ABCDEF$. Damit ist die ganze Funktion graphisch dargestellt. Für $\xi = u + iv$ soll nun ihr Wert $g(\xi)$ bestimmt werden.

$\xi$ wird als Vektor $A\Xi$ aufgetragen. Seine Länge $|\xi| = \sqrt{u^2 + v^2}$ und der Winkel $\varphi = \arctan \frac{v}{u}$ sind bekannt.

Wir bilden jetzt das Produkt $a_0 \xi$, indem wir nach den Regeln für die graphische Ausführung der komplexen Multiplikation den

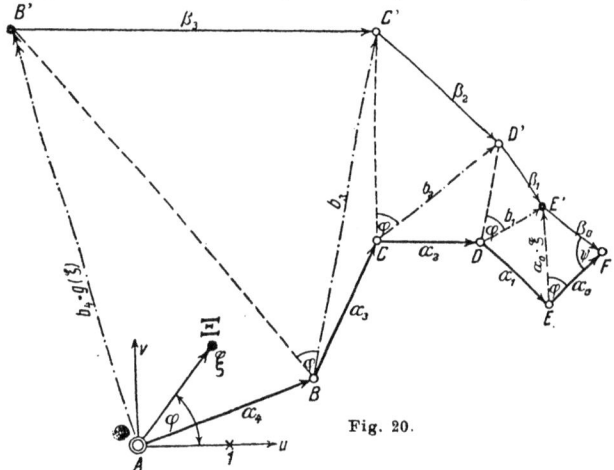

Fig. 20.

Winkel $\varphi$ an $EF$ antragen und auf dem freien Schenkel $EE' = |\xi| \cdot |a_0|$ abtragen. Verbinden wir darauf $D$ mit $E'$, so ist $DE' = b_1 = a_0 \xi + a_1$. Jetzt bilden wir das Produkt $b_1 \xi$, indem wir $\varphi$ an $DE'$ antragen und $DD' = |\xi| \cdot |b_1|$ machen. Wir haben damit $CD' = b_2 = b_1 \xi + a_2$ konstruiert.

So fortfahrend bilden wir $b_3 = b_2 \xi + a_1 = BC'$ und schließlich $b_4 = \xi b_3 + a_4 = AB'$. Drückt man die Größen $b_1, b_2 \ldots$ der Reihe nach durch $\xi$ und die Koeffizienten $a_0, a_1 \ldots$ aus, so findet man (S. 45), daß der zuletzt gewonnene Vektor $AB'$ gerade gleich $g(\xi)$ ist.

Die Zeichnung geht sehr schnell von statten. Den Winkel $\varphi$ überträgt man in der üblichen Weise, indem man um die Punkte $E, D \ldots$ Kreisbogen schlägt und den entsprechenden Bogen absticht. Die Multiplikationen $|\xi| \cdot |a_0|$; $|\xi| \cdot |b_1| \ldots$ erledigt man am schnellsten durch den Gebrauch eines Proportionalzirkels, den man so einstellt, daß zwei Zirkelspitzen die Einheitsstrecke der $u$-Achse und die anderen die Länge von $\xi$ erfassen. Greift man dann die Strecken $EF$; $DE'\ldots$ mit den ersten Zirkelspitzen ab, so geben die anderen die Längen von $EE'$; $DD'\ldots$

Weiter ergibt sich die *Konstruktion des Differentialquotienten* $g'(\xi)$ auf folgende Weise:

Die komplexen Zahlen (Vektoren) $b_1 b_2 b_3 b_4$, die bei der Konstruktion von $g(\xi)$ als Hilfsgrößen auftraten, haben eine selbständige Bedeutung.

Führen wir nämlich die Division $\dfrac{g(x)}{x-\xi}$ aus, so finden wir

$$\frac{g(x)}{x-\xi} = a_0 x^3 + b_1 x^2 + b_2 x + b_3 + \frac{b_4}{x-\xi}.$$

Es sind also $a_0 b_1 b_2 b_3$ die Koeffizienten des Quotienten $q(x)$, der bei dieser Division herauskommt, während $b_4$ der Rest ist.

Schreiben wir nun $g(x) = (x - \xi) \cdot q(x) + b_4$ und differenzieren diese Gleichung nach $x$, so kommt:

$$g'(x) = q(x) + (x - \xi) \cdot q'(x),$$

und wir sehen, daß $g'(\xi) = q(\xi) = a_0 \xi^3 + b_1 \xi^2 + b_2 \xi + b_3$ wird. Die Vektoren $a_0 b_1 b_2 b_3$ könnten also zur Bestimmung von $g'(\xi)$ benutzt werden, doch müßten sie, um die auseinandergesetzte Methode anwenden zu können, so „aneinandergeheftet" werden, wie es mit $a_0 a_1 \ldots$ geschah. Dies läßt sich indes vermeiden.

Fassen wir nämlich die Strecke $E'F$ als Vektor $\beta_0$ auf, so können wir $\beta_0 = \alpha \cdot a_0$ setzen, sofern wir unter $\alpha$ folgende komplexe Zahl verstehen:
$$\alpha = \frac{|\beta_0|}{|a_0|} \cdot e^{-i\psi};$$

der Winkel $\psi$ soll dabei der von den positiven Richtungen von $a_0$ und $\beta_0$ gebildete Winkel sein.

Bezeichnen wir nun mit $\beta_1, \beta_2, \beta_3$ der Reihe nach die Vektoren $D'E'$, $C'D'$, $B'C'$, so folgt aus der Ähnlichkeit der Dreiecke $EE'F$, $DD'E'$, $CC'D'$, $BB'C'$, daß $\beta_1 = \alpha \cdot b_1$; $\beta_2 = \alpha \cdot b_2$; $\beta_3 = \alpha \cdot b_3$ ist. Statt direkt $g'(\xi)$ zu konstruieren, bilden wir daher:
$$\alpha \cdot g'(\xi) = \beta_0 \xi^3 + \beta_1 \xi^2 + \beta_2 \xi + \beta_3.$$

Dazu liegen ja die Koeffizienten-Vektoren $\beta_0 \beta_1 \beta_2 \beta_3$ schon fertig aufgereiht da, so daß die Zeichnung von $\alpha \cdot g'(\xi)$ sofort begonnen werden kann.

Um die Abbildung übersichtlich zu erhalten, haben wir hier die Zeichnung von $\alpha \cdot g'(\xi)$ nicht durchgeführt. Die Konstruktion verläuft der vorigen von $g(\xi)$ analog. Im Punkte $E'$ wird an $E'F$ der Winkel $\varphi$ angetragen, $E'E'' = |\xi| \cdot |\beta_0|$ gemacht usw. Wir erhalten so einen Linienzug $E''D''C''$ und mit $B'C''$ den gesuchten Vektor $\alpha \cdot g'(\xi)$.

1. Extrapolation 61

Durch Antragen des Winkels $\psi$ an $B'C''$ im positiven Sinne und Änderung der Länge von $B'C''$ im Verhältnis $\frac{|\beta_0|}{|\alpha_0|}$, entsprechend der Division durch $\alpha$, würden wir $g'(\xi)$ als Vektor $B'B''$ erhalten. Die Näherungsformel $\Delta g(\xi) = \Delta \xi \cdot g'(\xi) + \cdots$ läßt nun übersehen, wie sich der Funktionswert $g(\xi)$, d. h. die Lage des Punktes $B'$, ändert, wenn man $\xi$ um einen kleinen Vektor $\Delta \xi$ ändert, d. h. den Punkt $E'$ etwas verschiebt. Man wird diese Überlegung benutzen bei der Aufsuchung von Nullstellen einer Funktion $g(x)$. Zuerst hat man zu versuchen, $E'$ (d. h. einen Näherungswert $\xi$) so zu wählen, daß $B'$ möglichst nahe an $A$ gerät. Ist dies einigermaßen gelungen, und demgemäß $|g(\xi)|$ klein, so wird man $g'(\xi)$ konstruieren und $\Delta \xi = -\frac{g(\xi)}{g'(\xi)}$ machen, um den Näherungswert $\xi$ zu verbessern.

Ob man sich nun mit der zeichnerisch erreichbaren Genauigkeit begnügt oder die weitere Approximation nach 2 rechnerisch macht, hängt von der gestellten Aufgabe ab.

Bei reellen Koeffizienten bleibt das Verfahren genau das gleiche. Der Linienzug $ABCDEF$ der Koeffizienten fällt dann in die reelle Achse. Der Leser behandele die auf Seite 51 rechnerisch behandelte Funktion $g(x) \equiv x^4 - 5x^3 + 15x^2 - 5x - 26$ graphisch.

## IV. Extrapolation und Interpolation einer ganzen rationalen Funktion.

Wir nehmen jetzt an, daß von einer ganzen rationalen Funktion nicht die Koeffizienten $a_n, \ldots a_0$ in der früher (III. Kap.) eingeführten Bezeichnungsweise gegeben sind, sondern es sollen die $n+1$ Werte gegeben sein, die die Funktion an den Stellen $x_0, x_1, \ldots x_n$ annimmt, sie seien $y_0, y_1, \ldots y_n$, und man sucht ein Verfahren, um daraus die Funktionswerte $y$ der Funktion $n^{\text{ten}}$ Grades an beliebigen Stellen $x$ zu berechnen.

1. **Extrapolation.** Der erste, am leichtesten zu erledigende Fall ist hierbei der, daß die $n+1$ Werte $x_0, x_1, \ldots x_n$ des Argumentes *äquidistant* sind und daß man nach den Werten der Funktion fragt, die diese an ebenfalls äquidistanten Stellen außerhalb des Intervalls $x_0, x_1, \ldots x_n$ der gegebenen Werte annimmt *(Extrapolation)*. Hier führt folgende Überlegung zum Ziel: Ist $g(x)$ unsere ganze rationale Funktion $n^{\text{ten}}$ Grades, die durch die $n+1$ Wertepaare $(x_0 y_0), (x_1 y_1), \ldots (x_n y_n)$ bestimmt ist, und $\Delta x$ das Intervall der äquidistanten $x$-Werte, so ist:

$$g(x + \Delta x) - g(x)$$

**62** IV. Extra- und Interpolation einer ganzen rationalen Funktion

wieder eine ganze rationale Funktion, für die wir das Zeichen $\Delta^{(1)}g(x)$ benutzen wollen und deren Grad, wie man durch Ausrechnung sofort findet, um eine Einheit niedriger ist als der von $g(x)$. Bildet man weiter eine neue ganze rationale Funktion:

$$\Delta^{(2)}g(x) \equiv \Delta^{(1)}g(x + \Delta x) - \Delta^{(1)}g(x),$$

so ist der Grad von $\Delta^{(2)}g(x)$ wieder um eine Einheit niedriger als der von $\Delta^{(1)}g(x)$. Ist nun $g(x)$ eine ganze rationale Funktion vom $n^{\text{ten}}$ Grade, so wird, wenn man in dieser Weise immer neue Funktionen, sog. *Differenzenfunktionen*, $\Delta^{(3)}g(x)$, $\Delta^{(4)}g(x)$, ... ableitet, schließlich die letzte Funktion in dieser Reihe:

$$\Delta^{(n)}g(x) = \Delta^{(n-1)}g(x + \Delta x) - \Delta^{(n-1)}g(x)$$

eine Konstante sein.

Kommen wir jetzt auf unser eigentliches Problem zurück und nehmen einmal an, es sei $g(x)$ eine Funktion vierten Grades, deren Werte an fünf äquidistanten Stellen von $x$ gegeben sind, und es sei $\Delta x$ der Abstand zweier aufeinanderfolgenden $x$-Werte, so sind die bekannten Funktionswerte:

$$y_0 = g(x_0), \quad y_1 = g(x_0 + \Delta x), \ldots y_4 = g(x_0 + 4\Delta x).$$

Hieraus lassen sich nun die entsprechenden Werte der ersten Differenzenfunktionen bilden. Es wird der Reihe nach:

$$\Delta^{(1)}g(x_0) = g(x_0 + \Delta x) - g(x),$$
$$\Delta^{(1)}g(x_0 + \Delta x) = g(x_0 + 2\Delta x) - g(x_0 + \Delta x),$$
$$\cdot \quad \cdot \quad \cdot \quad \cdot \quad \cdot \quad \cdot \quad \cdot \quad \cdot \quad \cdot \quad \cdot \quad \cdot \quad \cdot \quad \cdot$$

Aus den Werten von $\Delta^{(1)}g(x)$ lassen sich wiederum die Werte der Funktion $\Delta^{(2)}g(x)$ ermitteln usw. Der Wert von $\Delta^{(4)}g(x)$ wird schließlich, da $g(x)$ vom vierten Grade angenommen war, eine Konstante sein. Man ermittelt die Werte dieser Differenzenfunktionen zweckmäßig durch eine *Differenzentabelle* nach folgendem Schema.

| $g(x)$ | $\Delta^{(1)}g(x)$ | $\Delta^{(2)}g(x)$ | $\Delta^{(3)}g(x)$ | $\Delta^{(4)}g(x)$ |
|---|---|---|---|---|
| $g(x_0)$ | | | | |
|  | $\Delta^{(1)}g(x_0)$ | | | |
| $g(x_0 + \Delta x)$ | | $\Delta^{(2)}g(x_0)$ | | |
|  | $\Delta^{(1)}g(x_0+\Delta x)$ | | $\Delta^{(3)}g(x_0)$ | |
| $g(x_0 + 2\Delta x)$ | | $\Delta^{(2)}g(x_0+\Delta x)$ | | $\Delta^{(4)}g(x_0)$ = Const. |
|  | $\Delta^{(1)}g(x_0+2\Delta x)$ | | $\Delta^{(3)}g(x_0+\Delta x)$ | |
| $g(x_0 + 3\Delta x)$ | | $\Delta^{(2)}g(x_0+2\Delta x)$ | | |
|  | $\Delta^{(1)}g(x_0+3\Delta x)$ | | | |
| $g(x_0 + 4\Delta x)$ | | | | |

## 1. Extrapolation

Die mit $g(x)$ bezeichnete Kolonne enthält die gegebenen Funktionswerte. Die Zahlen der folgenden Spalten erhält man durch Bildung der Differenzen zweier sukzessiver Werte der links danebenstehenden Spalte, wobei die obere Zahl von der unteren abzuziehen ist. Bei einer Funktion vierten Grades erhält man aus fünf gegebenen Werten in der ersten Spalte in der fünften Kolonne die Konstante $\varDelta^{(4)}g(x)$. Diese benutzt man dann, um das Schema von rechts nach links fortschreitend beliebig weit zu vervollständigen. Dabei ist folgendes zu beachten:

Die Werte in der Spalte $\varDelta^{(3)}g(x)$ haben stets die konstante Differenz $\varDelta^{(4)}g(x)$. Man kann diese Spalte also nach oben und unten vervollständigen, indem man diese Konstante zuzählt oder abzieht und so $\varDelta^{(3)}g(x_0 + 2\varDelta x)$, $\varDelta^{(3)}g(x_0 + 3\varDelta x), \ldots, \varDelta^{(3)}g(x_0 - \varDelta x)$, $\varDelta^{(3)}g(x_0 - 2\varDelta x)\ldots$ erhält. Vermittelst der Spalte $\varDelta^{(3)}g(x)$ vervollständigt man die Werte von $\varDelta^{(2)}g(x)$ in der vorhergehenden Spalte usw. und kann schließlich die Spalte der Funktionswerte $g(x)$ nach oben und unten beliebig weit fortsetzen. Damit beherrscht man aber den Gesamtverlauf der Funktion an den um $\varDelta x$ auseinanderliegenden Stellen von $x$. Das Verfahren erfordert nur Additionen und Subtraktionen, ist also besonders bei Benutzung der Rechenmaschine bequem anwendbar.

Wollte man hiermit z. B. *eine Tabelle der Kuben der ganzen Zahlen* berechnen, so kommt das darauf hinaus, die Werte $y$ der ganzen rationalen Funktion dritten Grades $y = x^3$ für die Werte $x = 0, 1, 2, \ldots$ zu bestimmen. Man benutzt die vier Werte $y = -1$ für $x = -1$, $y = 0$ für $x = 0$, $y = +1$ für $x = +1$ und $y = 8$ für $x = +2$ und bildet damit die beliebig fortsetzbare Differenzentafel:

| $x$ | $y$ | $\varDelta^{(1)}$ | $\varDelta^{(2)}$ | $\varDelta^{(3)}$ |
|---|---|---|---|---|
| −1 | −1 | | | |
| | | 1 | | |
| 0 | 0 | | 0 | |
| | | 1 | | 6 |
| 1 | 1 | | 6 | |
| | | 7 | | 6 |
| 2 | 8 | | 12 | |
| | | 19 | | 6 |
| 3 | 27 | | 18 | . |
| | | 37 | | |
| 4 | 64 | | . | |
| . | . | | | |

## IV. Extra- und Interpolation einer ganzen rationalen Funktion

**2. Interpolation.** Die ganze rationale Funktion soll wiederum dadurch gegeben sein, daß die Werte an $n+1$ Stellen des Argumentes $x$ bekannt sind. Wir werden uns im allgemeinen auch weiterhin darauf beschränken, diese Argumentwerte als *äquidistant* anzunehmen. Gefragt ist jetzt jedoch nach den Werten, die die ganze rationale Funktion an *beliebigen* Stellen annimmt, insbesondere solchen, die *zwischen* den gegebenen Werten liegen.

1. Der einfachste Fall ist die sogenannte *lineare Interpolation*. Die ganze rationale Funktion ist hier vom ersten Grade und durch zwei Wertpaare $(x_0 y_0)$, $(x_1 y_1)$ bestimmt. Um die Werte der Funktion im Intervall $\Delta x = x_1 - x_0$ zu berechnen, ist es meistens ausreichend, dieses Intervall in 10 (oder auch 100) Teile zu teilen und die Werte der Funktion für die Enden dieser Teilintervalle $x_0 + \alpha \cdot \frac{\Delta x}{10}$ zu berechnen ($\alpha = 1, 2, \ldots, 9$) Nennen wir $\Delta y$ die Differenz $y_1 - y_0$, so ist der Wert $y$ der Funktion am Ende des $\alpha^{\text{ten}}$ Teilintervalles:

$$y_{(\alpha)} = y_0 + \alpha \cdot \frac{\Delta y}{10}.$$

Statt jedoch den Wert $y$ aus dieser Formel zu berechnen, ist es praktischer, die Werte $y$ in der Weise aufeinander aufzubauen, daß zuerst $y_{(1)}$ berechnet wird, sodann $y_{(2)}$ usw. Im allgemeinen ist also jeder Wert von $y$ aus dem vorhergehenden abzuleiten durch Addition von $\frac{\Delta y}{10}$. Als letzten Wert $y_{(10)} = y_{(9)} + \frac{\Delta y}{10}$ muß man damit den gegebenen Wert $y_1$ wieder erhalten. Darin liegt eine erwünschte Kontrolle für die Richtigkeit aller berechneten Werte. Außerdem ist diese Rechnung angenehmer, da nur Additionen auszuführen sind.

2. Einen Schritt weitergehend, kommen wir zur sogenannten *quadratischen Interpolation*. Es sind die drei Werte $y_0$, $y_1$ und $y_2$ einer Funktion zweiten Grades gegeben, die zu den Werten $x_0$, $x_1 = x_0 + \Delta x$ und $x_2 = x_0 + 2\Delta x$ der Variablen $x$ gehören. Für die Gleichung der ganzen rationalen Funktion ergibt sich dann, wie leicht zu bestätigen ist:

$$y = y_0 + \frac{\Delta^{(1)} y_0}{\Delta x} \cdot (x - x_0) - \frac{\Delta^{(2)} y_0}{2 \cdot \Delta x^2} \cdot (x - x_0)(x_1 - x).$$

Die Werte von $\Delta^{(1)} y_0$ und $\Delta^{(2)} y_0$ entnimmt man folgendem Differenzenschema:

| $x_0$ | $y_0$ | $\Delta^{(1)} y_0$ | |
|---|---|---|---|
| $x_1$ | $y_1$ | $\Delta^{(1)} y_1$ | $\Delta^{(2)} y_0$ |
| $x_2$ | $y_2$ | | |

## 2. Interpolation

(Die ganze rationale Funktion erscheint dabei in einer anderen Form, als sie bisher geschrieben wurde.)

Wollen wir aus dieser Gleichung $y$ berechnen, so ist dies natürlich ohne weiteres möglich. In vielen Fällen wird es nun nützlich sein, $y$ gerade an den Stellen $x = x_0 + \alpha \cdot \dfrac{\varDelta x}{10}$ zu berechnen ($\alpha = 1, 2, \ldots, 9$). Die ersten beiden Terme im Ausdruck für $y$ liefern dann dasselbe wie die lineare Interpolation zwischen $x_0$ und $x_1$. Der dritte Term

$$-\frac{\varDelta^{(2)} y_0}{2} \cdot \frac{(x - x_0)(x_1 - x)}{\varDelta x^2}$$

kann also aufgefaßt werden als eine Korrektur, die an den durch die lineare Interpolation erhaltenen Werten anzubringen ist.

Die zehn Werte des Quotienten $\dfrac{(x - x_0)(x_1 - x)}{\varDelta x^2}$ an den Stellen $x = x_0 + \alpha \cdot \dfrac{\varDelta x}{10}$ sind ein für allemal folgende:

| $\alpha$ | $\dfrac{(x-x_0)\cdot(x_1-x)}{(\varDelta x)^2}$ | $\alpha$ | $\dfrac{(x-x_0)\cdot(x_1-x)}{(\varDelta x)^2}$ |
|---|---|---|---|
| 1 | 0,09 | 6  | 0,24 |
| 2 | 0,16 | 7  | 0,21 |
| 3 | 0,21 | 8  | 0,16 |
| 4 | 0,24 | 9  | 0,09 |
| 5 | 0,25 | 10 | 0,00 |

3. Der *allgemeine Fall der Interpolation* ist der, daß die Werte einer ganzen rationalen Funktion $n^{\text{ten}}$ Grades an $n + 1$ Stellen $x_0, x_1, \ldots x_n$ vorgegeben sind, und die Aufgabe lautet, den Wert der ganzen rationalen Funktion für irgendeinen Wert des Argumentes $x$ zu bestimmen. Wir wollen uns hier aber wieder auf den für die Praxis besonders wichtigen Fall beschränken, daß die Werte $x_0, x_1, \ldots x_n$ äquidistant sind.

Setzt man die ganze rationale Funktion in der früher eingeführten Form an:

$$g(x) \equiv A_0 + A_1 x + A_2 x^2 + \cdots + A_{n-1} x^{n-1} + A_n x^n,$$

so liefern die $n + 1$ Werte $g(x_0), g(x_1), \ldots g(x_n)$ gerade $n + 1$ lineare Gleichungen für die Koeffizienten $A_0, \ldots A_n$, die damit eindeutig festgelegt werden. Denn die Determinante dieser $n + 1$ Gleichungen setzt sich aus den Werten $x_0, x_1, \ldots x_n$ in folgender Weise zusammen und ist daher von Null verschieden:

$$\begin{vmatrix} 1 & x_0 & x_0^2 & \ldots & x_0^n \\ 1 & x_1 & x_1^2 & \ldots & x_1^n \\ \cdot & \cdot & \cdot & & \cdot \\ 1 & x_n & x_n^2 & \ldots & x_n^n \end{vmatrix}.$$

## IV. Extra- und Interpolation einer ganzen rationalen Funktion

Falls der Grad der ganzen rationalen Funktion jedoch höher als 2 ist, würde eine Berechnung der Koeffizienten $A_0, A_1, \ldots A_n$ durch Auflösen der linearen Gleichungen sehr mühsam sein. Ferner sind ja in erster Linie nicht die Werte der Koeffizienten von Interesse, sondern man will vor allem die Werte der ganzen rationalen Funktion selbst erhalten. Es ist deshalb zweckmäßig, die Funktion von vornherein in einer anderen Form anzusetzen. Schreibt man insbesondere:

$$g(x) = a_0 + a_1 \cdot (x - x_0) + a_2 \cdot (x - x_0) \cdot (x - x_1) + \cdots$$
$$+ a_n \cdot (x - x_0) \ldots (x - x_{n-1}),$$

so ist dieser Ausdruck auch eine ganze rationale Funktion $n^{\text{ten}}$ Grades von $x$, und die Koeffizienten $a_0, a_1, \ldots a_n$ einer solchen Darstellung werden mit den Koeffizienten $A_i$ der oben stehenden Darstellung in linearer Abhängigkeit stehen. Bei dieser neuen Darstellungsform der ganzen rationalen Funktion als Summe von „Polynomen" hat man in der Weise eine große Willkür, daß man sie in sehr verschiedener Weise aus einzelnen Polynomen aufbauen kann. Man kann nämlich die Werte $x_0, x_1, \ldots x_n$ in verschiedener Reihenfolge in die Linearfaktoren der Polynome einführen. Denn es liegt kein zwingender Grund vor, irgendeine Reihenfolge, z. B. die oben gewählte $x_0, x_1, \ldots x_n$, vor anderen auszuzeichnen. Jede andere Reihenfolge muß nun zwar immer zu derselben ganzen rationalen Funktion führen, aber die Koeffizienten $a_i$ werden jedesmal andere Werte bekommen, da sie ja mit den Werten $x_0, x_1, \ldots$ in anderer Weise zusammenhängen.

Um bei einer irgendwie gewählten derartigen Polynomdarstellung der ganzen rationalen Funktion deren Werte für alle $x$ berechnen zu können, müssen die Koeffizienten $a_i$ aus den gegebenen Werten $y_0 = g(x_0), y_1 = g(x_1), \ldots y_n = g(x_n)$ der Funktion bestimmt werden. Diese Aufgabe läßt sich nun elegant lösen unter Benutzung eines *Satzes der Differenzenrechnung*. Dieser Satz ist folgender:

Ist $f(x)$ eine analytische Funktion von $x$ und $\varDelta x$ ein Intervall der Variablen $x$, so definiert man als *vorderen Differenzenquotienten* an der Stelle $x$ den Ausdruck:

$$\frac{f(x + \varDelta x) - f(x)}{\varDelta x}$$

und schreibt dafür $\frac{\varDelta f(x)}{\varDelta x}$. Es sei nun $f(x)$ eine ganze rationale Funktion $m^{\text{ten}}$ Grades, und zwar habe $f(x)$ die Eigentümlichkeit, daß alle Nullstellen $x_1, x_2, \ldots x_m$ reell sind, außerdem sollen je zwei aufeinanderfolgende Nullstellen immer denselben Abstand $\varDelta x$

haben. Wir stellen uns nun die Aufgabe, den vorderen Differenzenquotienten von $f(x)$ zu bestimmen. Wir schreiben zu diesem Zweck $f(x)$ in folgender Form:

$$f(x) \equiv C \cdot (x - x_1) \cdot (x - x_2) \ldots (x - x_m).$$

Die Bezeichnung der Nullstellen sei so gewählt, daß

$$x_1 < x_2 < \cdots < x_m$$

ist. Um den vorderen Differenzenquotienten dieser Funktion zu bilden, müssen wir zunächst $f(x + \Delta x)$ bestimmen. Wir finden:

$$f(x + \Delta x) = C \cdot (x + \Delta x - x_1) \cdot (x + \Delta x - x_2) \ldots (x + \Delta x - x_m),$$

oder, wenn wir noch $x_0 = x_1 - \Delta x$ setzen:

$$f(x + \Delta x) = C \cdot (x - x_0) \cdot (x - x_1) \ldots (x - x_{m-1}).$$

Weiter ergibt sich:

$$f(x + \Delta x) - f(x) = C \cdot (x - x_1) \cdot (x - x_2) \ldots (x - x_m)(x_m - x_0).$$

Nun ist aber $x_m - x_0 = m \cdot \Delta x$, und damit wird der Differenzenquotient:

$$\frac{\Delta f(x)}{\Delta (x)} = m \cdot C \cdot (x - x_1) \cdot (x - x_2) \ldots (x - x_{m-1}).$$

Wie ersichtlich, ist der vordere Differenzenquotient aus $f(x)$ dadurch entstanden, daß der Linearfaktor mit der größten Wurzel $x_m$ fortgefallen und $m$ als Faktor vor das Polynom getreten ist. Diese Regel verhilft nun zur Lösung der Aufgabe, die Koeffizienten $a_0$, $a_1, \ldots, a_n$ einer ganzen rationalen Funktion, die in der oben angegebenen Form

$$g(x) = a_0 + a_1(x - x_0) + \cdots + a_n \cdot (x - x_0) \cdot (x - x_1) \cdots (x - x_{n-1})$$

angesetzt ist, zu bestimmen. $g(x)$ setzt sich ja zusammen aus ganzen rationalen Funktionen immer höherer Ordnung, die in der soeben benutzten Form $f(x)$ auftreten. Bilden wir von $g(x)$ den vorderen Differenzenquotienten, so findet unser obiger Differenzensatz auf die einzelnen Polynome von $g(x)$ Anwendung, und wir erhalten:

$$\frac{\Delta g(x)}{\Delta x} = a_1 + 2 \cdot a_2 (x - x_0) + \cdots$$
$$+ n \cdot a_n \cdot (x - x_0) \cdot (x - x_1) \cdots (x - x_{n-2}),$$

also eine ganze rationale Funktion, die für $x = x_0$ den Wert $a_1$ annimmt. Bilden wir von dieser Funktion wieder den vorderen Dif-

IV. Extra- und Interpolation einer ganzen rationalen Funktion

ferenzenquotienten, so finden wir den folgenden zweiten Differenzenquotienten unserer ursprünglichen Funktion:

$$\frac{\Delta^{(2)}g(x)}{\Delta x^2} = 2 \cdot a_2 + 2 \cdot 3 \cdot a_3 \cdot (x - x_0) + \cdots$$
$$+ (n-1) \cdot n \cdot a_n \cdot (x - x_0)(x - x_1) \cdots (x - x_{n-3}).$$

In der Bildung dieser Differenzenquotienten kann man bis zum $n^{\text{ten}}$ fortfahren, und zwar finden wir für die beiden letzten in unserer Schreibweise:

$$\frac{\Delta^{(n-1)}g(x)}{\Delta x^{n-1}} = (n-1)! \, a_{n-1} + n! \, a_n \cdot (x - x_0),$$

$$\frac{\Delta^{(n)}g(x)}{\Delta x^n} = n! \, a_n.$$

Setzen wir nun überall $x = x_0$, so folgt:

$$g(x_0) = a_0, \quad \frac{\Delta g(x_0)}{\Delta x} = a_1, \quad \frac{\Delta^{(2)}g(x_0)}{\Delta x^2} = 2 a_2, \ldots$$

$$\frac{\Delta^{(n-1)}g(x_0)}{\Delta x^{n-1}} = (n-1)! \, a_{n-1}, \quad \frac{\Delta^{(n)}g(x_0)}{\Delta x_n} = n! \, a_n.$$

Es gilt also allgemein, daß jeder Differenzenquotient, sofern man darin $x = x_0$ setzt, einen der gesuchten Koeffizienten $a_i$ liefert. Liegen nun die Funktionswerte von $g(x)$ an den $n + 1$ Stellen $x_0$, $x_0 + \Delta x$, $x_0 + 2 \Delta x$, ..., $x_0 + n \Delta x$ gegeben vor, so lassen sich die Werte der Differenzenquotienten der folgenden Differenzentabelle entnehmen:

| $x$ | $g(x)$ | $\Delta^{(1)}g(x)$ | $\Delta^{(2)}g(x)$ | . |
|---|---|---|---|---|
| $x_0$ | $g(x_0)$ | | | |
| | | $\Delta g(x)$ | | |
| $x_0 + \Delta x$ | $g(x_0 + \Delta x)$ | | $\Delta^{(2)}g(x_0)$ | |
| | | $\Delta g(x_0 + \Delta x)$ | | |
| $x_0 + 2 \Delta x$ | $g(x_0 + 2 \Delta x)$ | | $\Delta^{(2)}g(x_0 + \Delta x)$ | |
| | | $\Delta g(x_0 + 2 \Delta x)$ | | |
| $x_0 + 3 \Delta x$ | $g(x_0 + 3 \Delta x)$ | | $\Delta^{(2)}g(x_0 + 2\Delta x)$ | |
| | | $\Delta g(x_0 + 3 \Delta x)$ | | . |
| $x_0 + 4 \Delta x$ | $g(x_0 + 4 \Delta x)$ | . | . | |
| . | . | | | |

Diese entsteht, wie schon früher einmal erwähnt (S. 62), wenn man zunächst die gegebenen Funktionswerte in einer vertikalen Spalte untereinander schreibt und rechts davon in weitere vertikale Spalten die Differenzen je zweier untereinanderstehenden Zahlen

## 2. Interpolation

der vorhergehenden Kolonne setzt. Die obersten Zahlen der einzelnen Kolonnen

$$g(x), \quad \Delta g(x), \quad \Delta^{(2)} g(x) \ldots$$

stellen also, wie man leicht einsieht, die Werte dieser Funktionen für den Argumentwert $x_0$, mithin die gesuchten Differenzenquotienten, dar. Die Zahlen, die darunter stehen, geben die Funktionswerte für die Argumente $(x_0 + \Delta x)$ usw.

Denkt man sich in der Tabelle durch die obersten Zahlen $g(x_0)$, $\Delta g(x_0)$, $\Delta^{(2)} g(x_0)$, ... eine gerade Linie gezogen, so trifft eine Parallele zu dieser, die durch irgendeine Zahl $g(x_0 + \alpha \cdot \Delta x)$ der Spalte $g(x)$ gezogen wird, in jeder Differenzenreihe den Funktionswert der betreffenden Differenzenfunktion, der zu diesem Argument $(x_0 + \alpha \cdot \Delta x)$ gehört. (Die Funktionswerte gleichen Arguments liegen also nicht wie bei sonstigen tabellarischen Anordnungen auf einer horizontalen, sondern auf einer nach rechts abfallenden Linie.)

Hat man die Differenzentabelle aufgeschrieben, so ist damit unsere Aufgabe in der Hauptsache erledigt. Denn um die Koeffizienten $a_i$ zu bestimmen, ist es nur nötig, die obersten Zahlen jeder Spalte durch die betreffende Fakultät und Potenz von $\Delta x$ zu dividieren. $a_0$ ist gleich $g(x_0)$ zu setzen, und unsere ganze rationale Funktion ist damit in der auf S. 66 gewünschten Form bestimmt.

Die Rechenarbeit besteht nur in der Aufstellung der Differenzentabelle. Um hierbei Versehen zu vermeiden, ist es zweckmäßig, als Kontrolle die Zahlen jeder Vertikalreihe zu addieren. Die so erhaltene Summe muß gleich der Differenz zwischen der ersten und letzten Zahl der vorhergehenden Kolonne sein.

Für die späteren Anwendungen dieser Art der Darstellung der ganzen rationalen Funktion ist jedoch noch eine andere Auswahl der Polynomreihenfolge wichtig, die jetzt besprochen werden soll.

Wieder sollen von einer ganzen rationalen Funktion $n + 1$ Werte an äquidistanten Stellen der unabhängigen Variablen $x$ vorgegeben sein. Es ist jetzt jedoch zweckmäßiger, diese Werte mit

$$\ldots x_{-4}, \quad x_{-3}, \quad x_{-2}, \quad x_{-1}, \quad x_0, \quad x_1, \quad x_2, \quad x_3, \quad x_4, \ldots$$

zu bezeichnen. Dabei soll

$$\ldots x_{-4} < x_{-3} < \cdots x_3 < x_4 \cdots$$

sein. Wir wollen nun unsere (durch diese Werte eindeutig bestimmte) ganze rationale Funktion durch folgenden Ausdruck darstellen:

$$g(x) = a_0 + a_1(x - x_0) + a_2(x - x_0)(x - x_{-1})$$
$$+ a_3(x - x_0)(x - x_{-1})(x - x_1) + \cdots$$

## IV. Extra- und Interpolation einer ganzen rationalen Funktion

Wir nehmen also in den Polynomen die Nullstellen in der Reihenfolge:

$$x_0,\ x_{-1},\ x_1,\ x_{-2},\ x_2 \ldots$$

Wie drücken sich jetzt die Koeffizienten $a_i$ durch die der Tabelle zu entnehmenden Differenzen aus?

Wie früher ist zunächst $g(x_0) = a_0$. Auch $a_1$ wird wieder gewonnen durch den vorderen Differenzenquotienten.

Denn dieser wird:

$$\frac{\Delta^{(1)} g(x)}{\Delta x} = a_1 + 2 \cdot a_2 \cdot (x - x_{-1}) + 3 \cdot a_3 \cdot (x - x_0) \cdot (x - x_{-1})$$
$$+ 4 \cdot x_4 \cdot (x - x_0) \cdot (x - x_{-1}) \cdot (x - x_{-2}) + \cdots.$$

(Man erinnere sich daran, daß bei der Bildung des vorderen Differenzenquotienten immer die größte Wurzel der Polynome wegfällt!) Um hieraus $a_1$ zu bestimmen, muß der Differenzenquotient *an der Stelle* $x = x_{-1}$ *genommen werden*. Beachtet man die Zuordnung der Funktionswerte zu dem Argument in der früher geschilderten Art durch parallele Gerade, so sieht man, daß die an der fettgedruckten Stelle der Kolonne $\Delta^{(1)}g(x)$ in der folgenden Differenzentabelle stehende Zahl zur Bildung von $a_1$ zu benutzen ist.

| | | | | | |
|---|---|---|---|---|---|
| $x_{-5}$ | $g(x_{-5})$ | | | | |
| | | $\Delta^{(1)}g(x_{-5})$ | | | |
| $x_{-4}$ | $g(x_{-4})$ | | $\Delta^{(2)}g(x_{-5})$ | | |
| | | $\Delta^{(1)}g(x_{-4})$ | | $\Delta^{(3)}g(x_{-5})$ | |
| $x_{-3}$ | $g(x_{-3})$ | | $\Delta^{(2)}g(x_{-4})$ | | . |
| | | $\Delta^{(1)}g(x_{-3})$ | | $\Delta^{(3)}g(x_{-4})$ | |
| $x_{-2}$ | $g(x_{-2})$ | | $\Delta^{(2)}g(x_{-3})$ | | . |
| | | $\Delta^{(1)}g(x_{-2})$ | | $\Delta^{(3)}g(x_{-3})$ | |
| $x_{-1}$ | $g(x_{-1})$ | | $\Delta^{(2)}g(x_{-2})$ | | . |
| | | $\Delta^{(1)}g(x_{-1})$ | | $\Delta^{(3)}g(x_{-2})$ | |
| $x_0$ | $g(x_0)$ | | $\Delta^{(2)}g(x_{-1})$ | | . |
| | | $\Delta^{(1)}g(x_0)$ | | $\Delta^{(3)}g(x_{-1})$ | |
| $x_{+1}$ | $g(x_1)$ | | $\Delta^{(2)}g(x_0)$ | | . |
| | | $\Delta^{(1)}g(x_1)$ | | $\Delta^{(3)}g(x_0)$ | |
| $x_2$ | $g(x_2)$ | | $\Delta^{(2)}g(x_1)$ | | . |
| | | $\Delta^{(1)}g(x_2)$ | | $\Delta^{(3)}g(x_1)$ | |
| $x_3$ | $g(x_3)$ | | $\Delta^{(2)}g(x_2)$ | | . |
| | | $\Delta^{(1)}g(x_3)$ | | $\Delta^{(3)}g(x_2)$ | |
| $x_4$ | $g(x_4)$ | | $\Delta^{(2)}g(x_3)$ | | . |
| | | $\Delta^{(1)}g(x_4)$ | | | |
| $x_5$ | $g(x_5)$ | | . | | |

Fahren wir in der Bildung der weiteren Differenzenquotienten fort, so gibt der nächste Schritt:

$$\frac{\Delta^{(2)} g(x)}{\Delta x^2} = 2 \cdot a_2 + 2 \cdot 3 \cdot a_3 \cdot (x - x_{-1})$$
$$+ 3 \cdot 4 \cdot a_4 \cdot (x - x_{-1}) \cdot (x - x_{-2}) + \cdots$$

## 2. Interpolation

Um $a_2$ zu erhalten, ist also wieder $\varDelta^{(2)}g(x)$ an der Stelle $x = x_{-1}$ zu nehmen (s. die fettgedruckte Zahl in der Kolonne $\varDelta^{(2)}g(x)$).
Der nächste Schritt bringt:

$$\frac{\varDelta^{(3)} g(x)}{\varDelta x^3} = 2 \cdot 3 \cdot a_3 + 2 \cdot 3 \cdot 4 \cdot a_4 \cdot (x - x_{-2})$$
$$+ 3 \cdot 4 \cdot 5\, a_5 \cdot (x - x_{-1}) \cdot (x - x_{-2}) + \cdots.$$

Hier ist $\varDelta^{(3)}g(x)$ an der Stelle $x = x_{-2}$ zu nehmen.

Verfolgt man diese Entwicklung weiter, so findet man, daß man die fettgedruckten Zahlen im Differenzenschema auf dem begonnenen Zickzackwege weiter zu durchlaufen hat, um die Koeffizienten der gewählten Polynomdarstellung zu finden.

Es gilt nun für alle Polynomdarstellungen unserer ganzen rationalen Funktion überhaupt folgende, bequem zu merkende Vorschrift: Man kann mit irgendeinem Funktionswert $g(x_i)$ beginnen, der $a_0$ liefert. Das nächste Polynom wird dann $a_1 \cdot (x - x_i)$. Man legt nun in dem Schema einen beliebigen Zickzackweg oder auch eine Gerade fest, indem man von $g(x_i)$ ausgehend von Kolonne zu Kolonne nach rechts weiterschreitet und jedesmal eine Stufe auf- oder abwärts steigt. Das Auf- oder Abwärtssteigen dieses Weges bestimmt die Auswahl der Polynome, die auf das erste $a_1 \cdot (x - x_i)$ folgen.

Geht man von $g(x_i)$ abwärts (also nach $\varDelta^{(1)}g(x_i)$), so tritt beim zweiten Polynom ein Linearfaktor hinzu, der den nächsthöheren Wert $x_{i+1}$ enthält, das zweite Polynom wird also $a_2 \cdot (x - x_i) \cdot (x - x_{i+1})$. Geht man dagegen von $g(x_i)$ aufwärts, so tritt der nächstniedere Wert $x_{i-1}$ hinzu, das zweite Polynom würde dann $a_2 \cdot (x - x_i) \cdot (x - x_{i-1})$ werden.

Das gilt ebenso für die folgenden Polynome und man hat die Regel: *Vor dem $m^{ten}$ Polynom, das $m$ Linearfaktoren enthält, steht als Faktor $a_m$. Dieser wird bestimmt aus einer Differenz $\varDelta^{(m)}g(x)$ der $m^{ten}$ Kolonne. Ob man bei der Bildung des $m^{ten}$ Polynoms einen nächsthöheren oder nächstniederen Wert aus der Reihe der $x_i$ hinzuzunehmen hat, wird dadurch entschieden, ob man beim Übergang von der $(m-2)^{ten}$ zur $(m-1)^{ten}$ Kolonne ab- oder aufwärts gegangen ist.*

Dies scheinbar etwas schwerfällige Prinzip führt bei einiger Übung sehr bequem zum Ziele.

4. Wir wollen jetzt zwei *spezielle Entwickelungen* aufstellen, die vielfach Verwendung finden. Zugrunde gelegt sei die Differenzentabelle von S. 70. Der bequemeren Schreibweise wegen soll jedoch als neue Variable $u = \dfrac{x - x_0}{\varDelta x}$ eingeführt werden. Die Null-

72 IV. Extra- und Interpolation einer ganzen rationalen Funktion

stellen der Polynome werden dann einfach die positiven und negativen ganzen Zahlen mit Einschluß der Null.

Ferner wollen wir die Differenzen selbst kürzer bezeichnen, nämlich durch ein Symbol $\varDelta_\mu^\lambda$, wobei die obere Indexziffer $\lambda$ die Ordnung der Differenz, der untere Index $\mu$ den Argumentwert $x_\mu$ bezeichnen soll, zu dem die betreffende Differenz gehört (vgl das Schema S. 70). Wir schreiben also z. B. $\varDelta^{(3)} g(x_{-2})$ jetzt kürzer $\varDelta^3_{-2}$.

Wir suchen zunächst eine Entwickelung, die für *eine Berechnung unserer ganzen rationalen Funktion im Intervalle zwischen* $x_0$ *und* $x_1$ vorteilhaft ist.

Zwei Wege bieten sich dabei dar. Man kann entweder schreiben:

1. $g(u) = g(x_0) + \varDelta_0^1 \cdot u + \varDelta_0^2 \dfrac{u \cdot (u-1)}{2!} + \varDelta_{-1}^3 \dfrac{u \cdot (u-1) \cdot (u-2)}{3!}$

$\qquad + \varDelta_{-1}^4 \cdot \dfrac{u \cdot (u-1) \cdot (u-2) \cdot (u+1)}{4!}$

$\qquad + \varDelta_{-2}^5 \cdot \dfrac{u \cdot (u-1) \cdot (u-2) \cdot (u+1) \cdot (u-3)}{5!} + \cdots$

oder:

2. $g(u) = g(x_0) + \varDelta_0^1 \cdot u + \varDelta_{-1}^2 \dfrac{u \cdot (u-1)}{2!} + \varDelta_{-1}^3 \dfrac{u \cdot (u-1) \cdot (u+1)}{3!}$

$\qquad + \varDelta_{-2}^4 \cdot \dfrac{u \cdot (u-1) \cdot (u+1) \cdot (u-2)}{4!}$

$\qquad + \varDelta_{-2}^5 \cdot \dfrac{u \cdot (u-1) \cdot (u+1) \cdot (u-2) \cdot (u+2)}{5!} + \cdots$

(Man vergleiche das Differenzenschema und zeichne die zugehörigen Wege in dasselbe ein!)

Beide Wege empfehlen sich vor allen anderen, weil die Nullstellen der Polynome möglichst nahe an $x_0$ (oder $u = 0$) liegen. Mithin behalten die Polynome kleinere Werte und sind bequemer zu berechnen. Durch die Fakultät im Nenner werden die höheren Glieder immer weniger einflußreich, und man kann die Berechnung, falls man nur eine bestimmte Genauigkeit erreichen will, früher abbrechen als bei anderen Entwickelungen.

Würde man jede Entwickelung bis zum letzten Gliede durchrechnen, so würden beide Entwickelungen dieselben Werte liefern, denn sie stellen ja dieselbe, durch die vorgegebenen Funktionswerte eindeutig bestimmte ganze rationale Funktion dar. Begnügt man sich jedoch bei der praktischen Rechnung mit einer Approximation, indem man die letzten Glieder fortläßt, so werden die aus beiden Entwickelungen erhaltenen Resultate etwas voneinander ab-

## 2. Interpolation

weichen, und es liegt nahe, bei einer approximativen Rechnung, das arithmetische Mittel aus beiden zu bilden.

Addiert man die einzelnen, aus Polynomen gleicher Ordnung gebildeten Mittel, so erhält man als „**Formel I**" (auch **Besselsche Formel** genannt) zur Interpolation für Werte des Arguments, die zwischen zwei Stellen $x_0$ und $x_1$ liegen:

$$g(x) = g(u) = g(x_0) + \Delta_0^1 \cdot u + \frac{\Delta_0^2 + \Delta_{-1}^2}{2} \cdot \frac{u \cdot (u-1)}{2!}$$

$$+ \Delta_{-1}^3 \cdot \frac{u \cdot (u-1) \cdot (u-0{,}5)}{3!}$$

$$+ \frac{\Delta_{-1}^4 + \Delta_{-2}^4}{2} \cdot \frac{u \cdot (u-1) \cdot (u+1) \cdot (u-2)}{4!}$$

$$+ \Delta_{-2}^5 \cdot \frac{u \cdot (u-1) \cdot (u+1) \cdot (u-2) \cdot (u-0{,}5)}{5!} + \cdots$$

$$(0 \leq u \leq 1).$$

Die Differenzentafel ist dabei nach folgendem Schema zu benutzen: Die Zeichen # sollen die Werte der Funktion und der Differenzen bezeichnen. Von diesen sind die durch einen Kreis umgebenen ⊕ in der Entwicklung zu benutzen und zwar ist von zwei in einer Kolonne untereinanderstehenden, durch einen Strich verbundenen Zahlen ⊕ das Mittel zu bilden.

### I.

| $x$ | $g(x)$ | $\Delta^1$ | $\Delta^2$ | $\Delta^3$ | $\Delta^4$ | $\Delta^5$ |
|---|---|---|---|---|---|---|
| $x_{-3}$ | # | | | | | |
| | | # | | | | |
| $x_{-2}$ | # | | # | | | |
| | | # | | # | | |
| $x_{-1}$ | # | | # | | # | |
| | | # | | # | | # |
| $x_0$ | ⊕ | | ⊕ | | ⊕ | |
| | | ⊕ | | ⊕ | | ⊕ |
| $x_{+1}$ | # | | ⊕ | | ⊕ | |
| | | # | | # | | # |
| $x_{+2}$ | # | | # | | # | |
| | | # | | | | |
| $x_{+3}$ | # | | | | | |

Für die Werte $u = 0;\ 0{,}1;\ 0{,}2;\ \ldots;\ 1$ sind die Werte der durch die Fakultäten dividierten Polynome in folgender Tabelle zusammengestellt.

## IV. Extra- und Interpolation einer ganzen rationalen Funktion

| $u$ | $\dfrac{u\cdot(u-1)}{2!}$ | $\dfrac{u\cdot(u-\tfrac{1}{2})(u-0,5)}{3!}$ | $\dfrac{u\cdot(u-1)\cdot(u-2)\cdot(u+1)}{4!}$ | $\dfrac{u\cdot(u-1)\cdot(u+1)\cdot(u-2)\cdot(u-0,5)}{5!}$ |
|---|---|---|---|---|
| 0,0 | 0 | 0 | 0 | 0 |
| 0,1 | — 0,045 | 0,0060 | 0,007837 | — 0,0006270 |
| 0,2 | — 0.080 | 0,0080 | 0,014405 | — 0,0008640 |
| 0,3 | — 0,105 | 0,0070 | 0,019338 | — 0,0007735 |
| 0,4 | — 0,120 | 0,0040 | 0,022400 | — 0,0004480 |
| 0,5 | — 0,125 | 0 | 0,023437 | 0 |
| 0,6 | — 0,120 | — 0,0040 | 0,022400 | + 0,0004480 |
| 0,7 | — 0,105 | — 0,0070 | 0,019338 | + 0,0007735 |
| 0,8 | — 0,080 | — 0,0080 | 0,014405 | + 0,0008640 |
| 0,9 | — 0,045 | — 0,0060 | 0,007837 | + 0,0006270 |
| 1,0 | 0 | 0 | 0 | 0 |

Eine andere Entwickelung der ganzen rationalen Funktion dient der bequemsten *Berechnung in der Umgebung einer bestimmten Stelle* $x_0$. Dabei ist das Mittel zu bilden aus folgenden beiden Entwickelungen: 1. $g(x) = g(x_0) + \varDelta^1_{-1} \cdot u + \varDelta^2_{-1} \cdot u \cdot (u+1) + \varDelta^3_{-2} \cdot u \cdot (u+1) \cdot (u-1) + \varDelta^4_{-2} \cdot u \cdot (u+1) \cdot (u-1) \cdot (u+2) + \cdots$ (der Weg im Differenzschema geht hierbei durch die fettgedruckten Symbole), 2. der zweiten Entwickelung des vorigen Falles. Man erhält so durch Mittelbildung die „**Formel II**" (auch Stirlingsche Formel genannt) zur Interpolation für Werte des Argumentes, die in der Umgebung einer Stelle $x_0$ liegen:

$$g(x) = g(u) = g(x_0) + \frac{\varDelta^1_{-1} + \varDelta^1_0}{2} \cdot u + \varDelta^2_{-1} \cdot \frac{u^2}{2!}$$
$$+ \frac{\varDelta^3_{-2} + \varDelta^3_{-1}}{2} \cdot \frac{u\cdot(u-1)\cdot(u+1)}{3!} + \varDelta^4_{-2} \cdot \frac{u^2\cdot(u-1)\cdot(u+1)}{4!}$$
$$+ \frac{\varDelta^5_{-3} + \varDelta^5_{-2}}{2} \cdot \frac{u\cdot(u-1)\cdot(u+1)\cdot(u-2)\cdot(u+2)}{5!} + \cdots$$
$$(-0,5 \leq u \leq +0,5).$$

Die Werte der Polynome sind:

| $u$ | $\dfrac{u^2}{2!}$ | $\dfrac{u\cdot(u-1)\cdot(u+1)}{3!}$ | $\dfrac{u^2\cdot(u-1)\cdot(u+1)}{4!}$ | $\dfrac{u\cdot(u-1)\cdot(u+1)\cdot(u-2)\cdot(u+2)}{5!}$ |
|---|---|---|---|---|
| 0 | 0,0 | 0,0 | 0,0 | 0,00 |
| 0,1 | 0,0050 | — 0,0165 | — 0,0004 | 0,0033 |
| 0,2 | 0,0200 | — 0,0320 | — 0,0016 | 0,0063 |
| 0,3 | 0,0450 | — 0,0455 | — 0,0034 | 0,0089 |
| 0,4 | 0,0800 | — 0,0560 | — 0,0056 | 0,0108 |
| 0,5 | 0,1250 | — 0,0625 | — 0,0078 | 0,0117 |

Für negative $u$ sind die Polynome dritter und fünfter Ordnung mit entgegengesetztem Vorzeichen zu nehmen.

## 3. Differentiation und Integration durch die Interpolationsformeln

II.

| $x$ | $g(x)$ | $\Delta^1$ | $\Delta^2$ | $\Delta^3$ | $\Delta^4$ | $\Delta^5$ |
|---|---|---|---|---|---|---|
| $x_{-3}$ | # | | | | | |
| | | # | | | | |
| $x_{-2}$ | # | | # | | | |
| | | # | | # | | |
| $x_{-1}$ | # | | # | | # | |
| | | ⊕ | | ⊕ | | ⊕ |
| $x_0$ | ⊕ | | ⊕ | | ⊕ | |
| | | ⊕ | | ⊕ | | ⊕ |
| $x_1$ | # | | # | | # | |
| | | # | | # | | |
| $x_2$ | # | | # | | | |
| | | # | | | | |
| $x_3$ | # | | | | | |

In der Differenzentabelle sind bei Formel II alle mit ein oder zwei Kreisen umgebenen Zahlen zu benutzen. Von den durch einen Vertikalstrich verbundenen sind die Mittel zu nehmen.[1]

**3. Differentiation und Integration durch die Interpolationsformeln.** Durch Differentiation der Formel II nach $u$ erhält man für den Differentialquotienten an der Stelle $u = 0$ bzw. $x = x_0$:

$$\left(\frac{dg}{du}\right)_{u=0} = \frac{\Delta^1_{-1} + \Delta^1_0}{2} + \frac{\Delta^3_{-2} + \Delta^3_{-1}}{2} \cdot \frac{(-1) \cdot (+1)}{3!}$$

$$+ \frac{\Delta^5_{-3} + \Delta^5_{-2}}{2} \cdot \frac{(-1) \cdot (+1) \cdot (-2) \cdot (+2)}{5!} + \cdots$$

oder $\left(\dfrac{dg}{du}\right)_{u=0} = \dfrac{\Delta^1_{-1} + \Delta^1_0}{2} - \dfrac{\Delta^3_{-2} + \Delta^3_{-1}}{2} \cdot 0{,}1666 \cdots +$

$$+ \frac{\Delta^5_{-3} + \Delta^5_{-2}}{2} \cdot 0{,}0333 \cdots.$$

Im Differenzenschema sind, wie ersichtlich, die arithmetischen Mittel der durch einen senkrechten Strich verbundenen, mit zwei Kreisen umgebenen Differenzen zu benutzen.

---

[1] Vgl. Bruns, *Grundlinien des wissenschaftlichen Rechnens*, S. 37. Daselbst sind die Polynomwerte bis zur 6. Ordnung angegeben Auf S. 66 findet sich dort unsere Differentiationsformel nebst einer entsprechenden für den zweiten Differentialquotienten.

Aus dem Differentialquotienten $\frac{dg}{du}$ folgt $\frac{dg}{dx} = \frac{dg}{du} \cdot \frac{1}{\Delta x}$ wegen $u = \frac{x - x_0}{\Delta x}$.

Aus der Formel I folgt durch *Integration* über ein Intervall $\Delta x$

(Ia) $\quad \int\limits_{x_0}^{x_0 + \Delta x} g(x)\, dx = \Delta x \cdot \Big\{ g(x_0) + \frac{\Delta_0^1}{2} - \frac{\Delta_0^2 + \Delta_{-1}^2}{2} \cdot \frac{1}{12} +$

$\qquad + \frac{\Delta_{-1}^4 + \Delta_{-2}^4}{2} \cdot \frac{11}{720} - \cdots \Big\}.$

Aus der Formel II folgt durch Integration über ein Intervall der Breite $2\Delta x$

(IIa) $\quad \int\limits_{x_0 - \Delta x}^{x_0 + \Delta x} g(x)\, dx = 2\Delta x \cdot \Big\{ g(x_0) + \frac{\Delta_{-1}^2}{6} - \frac{\Delta_{-2}^4}{180} + \cdots \Big\}.$

Im nächsten Kapitel wird die weitreichende Bedeutung dieser Formeln durch ihre Anwendung auf allgemeinere und vor allem auf empirische Funktionen gezeigt werden.

# V. Interpolation, numerische Differentiation und Integration beliebiger Funktionen.

Die im vierten Kapitel auseinandergesetzten Interpolationsformeln der ganzen rationalen Funktionen können angewandt werden zur rechnerischen Behandlung der meisten Funktionen, mit denen es der Praktiker zu tun hat. Der Grundgedanke ist dabei der: Die gerade vorliegende Funktion wird *ersetzt* durch eine geeignete ganze rationale Funktion, an der dann die Rechnungen vorgenommen werden.

Eine ganze rationale Funktion $n$-ten Grades wird dabei so bestimmt, daß sie an $(n + 1)$ aufeinanderfolgenden äquidistanten Stellen die gleichen Werte wie die gegebene Funktion annimmt. Diese Aufgabe verlangt nichts weiter als die Aufstellung der Differenzentabelle der gegebenen Funktion. Die Formeln I oder II können dann angeschrieben werden und stellen die ganze Funktion dar, welche die verlangte Eigenschaft hat.

1. **Fehlerabschätzung.** Es entsteht die Frage, wie genau diese Approximation der gegebenen Funktion, die $y = f(x)$ heißen möge, durch die ganze Funktion $g(x)$ ist. Man wird als Fehler

## 1. Fehlerabschätzung

den absoluten Betrag der Differenz $f(x) - g(x)$ bezeichnen und von vornherein vermuten, daß dieser einerseits von der Größe des Tabellenintervalls $\delta = \Delta x$ abhängt, andererseits davon, bis zu welcher Ordnung man die Differenzen benutzt, d. h. vom Grade der approximierenden ganzen Funktion. Es läßt sich nun zeigen, daß dieser Fehler die Größe $f^{(n+1)}(\xi) \cdot \delta^{n+1}$ hat[1]), wenn $n$ der Grad der ganzen Funktion, $f^{(n+1)}$ ihre $(n+1)$-te Ableitung ist und $\xi$ eine Zahl, die zwischen denjenigen Werten von $x$ liegt, deren zugehörige Funktionswerte an den Differenzen der aufgebauten interpolierenden ganzen Funktion beteiligt sind.

Eine andere Überlegung zeigt[2]), daß im allgemeinen die Differenzen $n$-ter Ordnung die Größenordnung $f^{(n)}(x) \cdot \delta^n$ haben.

Die Fehlerabschätzung erledigt sich demnach durch Aufstellung der Differenzentabelle von selbst. Man hat nur zu überlegen, wie groß der Einfluß der ersten nicht mehr mitgenommenen Differenzen in der Rechnung ist, um eine Schätzung des Fehlers der Approximation zu erhalten.

Eine Verkleinerung des Fehlers kann man zu erreichen suchen entweder durch Verkleinerung des Intervalls $\delta$ der Tabulierung oder durch Mitnehmen von Differenzen höherer Ordnung. Ob der Fehler überhaupt beliebig klein gemacht werden kann, hängt davon ab, ob die gegebenen Funktionen und ihre Ableitungen in dem bei Aufstellung der Differenzentabelle in Frage kommenden Bereich stetig sind oder nicht. Im letzteren Fall erhält man eine semikonvergente Approximation, die rechnerisch durchaus brauchbar sein kann. Je nach der Art, wie die Funktion $f(x)$ definiert ist, wird man zwei Hauptfälle zu unterscheiden haben:

1. Die Funktion $f(x)$ ist durch einen analytischen Ausdruck oder irgend eine Rechenvorschrift innerhalb eines Intervalls für *alle* Werte von $x$ mit beliebiger Genauigkeit berechenbar. Dann steht die Wahl des Tabulationsintervalls $\delta = \Delta x$ völlig frei, man kann den Verlauf von $f(x)$ vor der Tabulierung übersehen, ihre Differentialquotienten bilden und somit *vor* der Interpolation deren Genauigkeit kalkulieren. Daß die Interpolation in einem solchen Fall überhaupt angewandt wird, könnte wundernehmen, da die Funktionswerte ja ohnehin berechnet werden können. Die Fälle sind aber gar nicht selten, wo die Berechnung der Funktionswerte

---

[1] Über die Konvergenz der oben auseinandergesetzten Polynomdarstellung bei beliebigen Funktionen s. Runge, *Theorie und Praxis der Reihen*, Leipzig 1904, S. 126.

[2] H. Bruns, *Grundlinien des wissenschaftlichen Rechnens*, Leipzig 1903, S. 20.

78 V. Interpolation, Differentiation und Integration bel. Funktionen

aus dem analytischen Ausdruck derart umständlich ist, daß es erheblich vorteilhafter ist, nur wenig Werte auf diese Weise zu berechnen und im übrigen zu interpolieren. Soll die vorgelegte Funktion gar integriert werden, so leuchtet ein, daß dies in sog. geschlossener Form oder durch Reihen keineswegs immer tunlich ist, und man ist dann auf die aus der Interpolation folgenden Integrationsformeln Ia oder IIa angewiesen (s. S. 76). Die Differentiation wird man allerdings am besten direkt erledigen.

2. Von der Funktion $f(x)$ sind nur einzelne — wie wir hier annehmen wollen — äquidistante Funktionswerte gegeben. Z. B. liefern Messungen zur Festlegung einer Funktion fast stets derartige Einzelwerte.

An sich hat es bei diesen nur tabuliert gegebenen Funktionen gar keinen Sinn, von einem Fehler bei ihrer Interpolation zu reden, da über die wahren Funktionswerte an den nicht gegebenen Stellen ja gar nichts bekannt ist. Man pflegt nun aber in diesen Fällen — meist stillschweigend — die Voraussetzung zu machen, daß der Verlauf der wahren Funktion zwischen den tabulierten Werten „vernünftig" sei, entsprechend dem Prinzip „Natura non facit saltus". Ob man zu dieser Annahme gekommen ist, weil unsere Meßmethoden nur Mittelwerte liefern, oder lediglich aus Denkbequemlichkeit — darüber kann man sich lange den Kopf zerbrechen. Unter dem „vernünftigen" Verlauf versteht man, mathematisch gesprochen, daß die wahre Funktion in hinreichend engen Intervallen durch ganze Funktionen approximierbar ist, mit anderen Worten, daß gerade die im IV. Kap. besprochenen Interpolationsformeln anwendbar sind.

Man behandelt demnach diese sog. *empirischen* Funktionen in der Weise, daß man zu den tabulierten Werten das Differenzenschema aufstellt und darnach mit den angegebenen Formeln rechnet. Das Intervall $\Delta x$ ist hier gegeben, und man nimmt soviel Differenzen mit, als es die Genauigkeit erfordert. Hier kommt noch ein wichtiger Umstand hinzu. Sind die gegebenen Funktionswerte Messungsresultate, so sind sie mit *Meßfehlern* behaftet, und dadurch ist die Genauigkeit von vornherein begrenzt. Differenzen zu hoher Ordnung in der Rechnung mitzuschleppen, wäre Zeitverschwendung.

Überlegen wir einmal den Einfluß der Meßfehler auf das Aussehen unserer Differenzentabelle. Als einfachsten Fall nehmen wir an, die wahren Werte aller Funktionswerte seien genau Null. Die Messung hätte auch überall Null ergeben, bis auf eine Stelle, wo $y = \varepsilon$ herausgekommen ist. Dann wird die Tabelle so aussehen:

| | | | | | | |
|---|---|---|---|---|---|---|
| 0 | | | | | | . |
| 0 | 0 | | | | | . |
| 0 | 0 | 0 | | 0 | $+\ \varepsilon$ | . |
| 0 | 0 | 0 | 0 | $+\ \varepsilon$ | $-\ 6\varepsilon$ | . |
| 0 | 0 | $+\ \varepsilon$ | $+\ \varepsilon$ | $-\ 5\varepsilon$ | | . |
| 0 | $+\ \varepsilon$ | $+\ \varepsilon$ | $-\ 3\varepsilon$ | $-\ 4\varepsilon$ | $+10\varepsilon$ | $+15\varepsilon$ | . |
| $\varepsilon$ | | $-\ 2\varepsilon$ | | $+\ 6\varepsilon$ | | $-20\varepsilon$ | . |
| $-\ \varepsilon$ | | $+\ 3\varepsilon$ | | $-10\varepsilon$ | | | . |
| 0 | $+\ \varepsilon$ | | $-\ 4\varepsilon$ | | $+15\varepsilon$ | . |
| 0 | 0 | $-\ \varepsilon$ | | $+\ 5\varepsilon$ | | . |
| 0 | 0 | $+\ \varepsilon$ | | $-\ 6\varepsilon$ | . |
| 0 | 0 | 0 | $-\ \varepsilon$ | | . |
| 0 | 0 | 0 | 0 | $+\ \varepsilon$ | . |
| 0 | 0 | 0 | 0 | 0 | . |

Der Meßfehler beeinflußt also die höheren Differenzen immer mehr.[1]

Aus der Annahme des vernünftigen Funktionsverlaufs folgt andererseits, daß die Differenzen höherer Ordnung immer kleiner werden. Der Meßfehler wird die eigentlichen Differenzen also „verdecken", und es wird sich dies im allgemeinen in einem unregelmäßigen Verlauf der Differenzen von einer Spalte ab bemerkbar machen. Zeigen also beim Anschreiben des Differenzenschemas die Differenzen von einer gewissen Ordnung ab einen unregelmäßigen Verlauf in ihren Spalten, so hat es keinen Zweck, diese Spalten noch mitzuführen, da hier der Einfluß der Meßfehler überwiegt. Es wird somit in der Differenzentabelle selbst ein Kriterium gewonnen für die bei der jeweilig gegebenen Funktion erreichbare und erforderliche Genauigkeit der Rechnung. Bei Benutzung der aus der Formel II folgenden Differentiationsformel hat man übrigens zu beachten, daß die Kleinheit des Fehlers der Approximation, d.h. $f(x) - g(x)$, nicht ohne weiteres die gleiche Güte der Annäherung auch für den Differentialquotienten verbürgt.[2]

**2. Integration.** Die Integralformeln benutzt man zur Bildung der Integralfunktion $\eta = \int_{x_k}^{x} f(x)\,dx + \eta_0$ folgendermaßen.

---

1) Die Koeffizienten von $\varepsilon$ sind Binomialkoeffizienten.
2) Es empfiehlt sich vielmehr, *vor* der Differentiation einer empirischen Funktion eine „Ausgleichung" der gemessenen Werte vorzunehmen (vgl. S. 117).

80  V. Interpolation, numerische Differentiation und Integration

Bei Benutzung der Formel Ia bildet man nach Aufstellung der Differenzentabelle die Teilintegrale

$$\int_{x_k}^{x_k+1} f(x)\,dx;\quad \int_{x_k+1}^{x_k+2} f(x)\,dx;\ \cdots\cdots$$

und addiert diese dann fortlaufend zum (gegebenen) Anfangswerte $\eta_0$, wobei man die Werte der Teilintegrale zweckmäßig auf die Zeilen zwischen die gegebenen Funktionswerte setzt. Man erhält schließlich die Integralfunktion im gleichen Intervall $\delta = \varDelta x$ tabuliert wie die Funktion $f(x)$. Um die höheren Differenzen bilden zu können, müssen allerdings über das ganze Integrationsintervall hinausreichend noch genügend viele Funktionswerte von $f(x)$ gegeben sein.

Rechnet man nach Formel IIa, so umfassen die Teilintegrale Intervalle von der Breite $2\cdot \varDelta x$ und man bildet der Reihe nach

$$\int_{x_{k-1}}^{x_k+1} f(x)\,dx;\quad \int_{x_k+1}^{x_k+3} f(x)\,dx\ \cdots\cdots$$

Man erhält in diesem Falle die Integralfunktion mit dem doppelten Intervall $2\varDelta x$ tabuliert, hat dafür aber auch weniger Rechenarbeit. Bei der Fehlerabschätzung dieser Integration sind zunächst die Fehler der Teilintegrale abzuschätzen und darauf ihre Summe.

$\eta = \int_7^x y\,dx$

| $x$ | $y$ |
|---|---|
| 5 | 31,3 |
| 6 | 29,0 |
| 7 | 27,2 |
| 8 | 25,6 |
| 9 | 24,3 |
| 10 | 23,2 |
| 11 | 22,2 |
| 12 | 21,3 |
| 13 | 20,6 |
| 14 | 19,8 |

Der Leser integriere die durch vorstehende Tabelle gegebene Funktion.

Als Beispiel wurde nach Formel IIa das Integral $\int_1^x \dfrac{dx}{x}$ für $x = 1{,}0;\ 1{,}2;\ \ldots 1{,}8;\ 2{,}0$ auf fünf Stellen berechnet. Die Werte von $\dfrac{\varDelta^2_{-1}}{6}$ und $\dfrac{\varDelta^4_{-2}}{180}$ sind zur bequemeren Addition in kleinen Ziffern direkt unter den Integranden $\dfrac{1}{x}$ geschrieben.

Die kleinen Ziffern unter den Werten der Integralfunktion geben die genauen Logarithmen auf sieben Stellen. Die Integration liefert also die fünfte Stelle mit völliger Sicherheit.

3. **Formeln ohne Differenzen.** Es mag manchem willkommen sein, die Formeln für die Differentiation und Integration auch

## 3. Formeln ohne Differenzen

| $x$ | $\dfrac{1}{x}$ | $\Delta^1$ | $\Delta^2$ | $\Delta^3$ | $\Delta^4$ | Teilintegrale | Integralfunktion |
|---|---|---|---|---|---|---|---|
| 0,9 | 1,111111 | | | | | | |
| | | −0,111111 | | | | | |
| 1,0 | 1,000000 | | +0,020202 | | | | 0,000000 |
| | | −0,090909 | | −0,005051 | | | |
| 1,1 | 0,909091 | | 0,015151 | | +0,001556 | 0,1823214 | |
| | 2520 / −9 | −0,075758 | | −0,003495 | | | |
| 1,2 | 0,833333 | | 0,011656 | | 0,000996 | | 0,1823214 |
| | | −0,064102 | | −0,002499 | | | (214) |
| 1,3 | 0,769231 | | 0,009157 | | 0,000668 | 0,1541506 | |
| | 1526 / −4 | −0,054945 | | −0,001831 | | | |
| 1,4 | 0,714286 | | 0,007326 | | 0,000457 | | 0,3364720 |
| | | −0,047619 | | −0,001374 | | | (721) |
| 1,5 | 0,666667 | | 0,005952 | | 0,000324 | 0,1335314 | |
| | 992 / −2 | −0,041667 | | −0,001050 | | | |
| 1,6 | 0,625000 | | 0,004902 | | 0,000234 | | 0,4700034 |
| | | −0,036765 | | −0,000816 | | | (036) |
| 1,7 | 0,588235 | | 0,004086 | | 0,000169 | 0,1177830 | |
| | 681 / −1 | −0,032679 | | −0,000647 | | | |
| 1,8 | 0,555556 | | 0,003439 | | 0,000132 | | 0,5877864 |
| | | −0,029240 | | −0,000515 | | | (867) |
| 1,9 | 0,526316 | | 0,002924 | | 0,000102 | 0,1053604 | |
| | 487 / −1 | −0,026316 | | −0,000413 | | | |
| 2,0 | 0,500000 | | 0,002511 | | | | 0,6931468 |
| | | −0,023805 | | | | | (472) |
| 2,1 | 0,476195 | | | | | | |

so geschrieben zur Hand zu haben, daß darin statt der Differenzen die gegebenen Funktionswerte selbst auftreten. Die Fehlerabschätzung ist dabei allerdings nicht so einfach, aber der Gebrauch dieser Formeln läßt sich dafür ohne Eingehen auf den Differenzenbegriff auseinandersetzen.

Die nur die ersten Differenzen enthaltende Näherungsformel $\dfrac{dy}{du} = \dfrac{\Delta^1_{-1} + \Delta^1_0}{2}$ liefert — sofern ihre Genauigkeit ausreicht — ein sehr bequemes und daher häufig benutztes Hilfsmittel zur *Differentiation* empirischer Funktionen.[1]) In anderer Schreibweise sei dies Verfahren an einem Zahlenbeispiel auseinandergesetzt.

---

[1]) Es ist auch bei einer graphisch als Kurve gegebenen Funktion weit vorteilhafter als die graphische Differentiation.

82 V. Interpolation, numerische Differentiation und Integration

In der nebenstehenden Tabelle enthält die mit $x$ überschriebene erste Spalte die (äquidistanten) Werte der unabhängigen Variabeln und die zweite, mit $y$ überschriebene Spalte die (etwa aus einer Beobachtung stammenden) Werte $y$.

Ersetzt man die Differenzen durch die entsprechenden $y$-Werte, so erhält man als Näherungswert für den Differentialquotienten $\frac{dy}{dx}$ an der Stelle $x_n$ den Ausdruck $\frac{y_{n+1} - y_{n-1}}{2 \cdot \varDelta x}$. Der Zähler dieses Bruches ist in die dritte Spalte unserer Tabelle aufgenommen, und die vierte Spalte enthält die Werte von $y'$, die aus denen der dritten Spalte durch Division mit $\frac{1}{0,4}$ hervorgehen, da $\varDelta x$ hier 0,2 ist.

| $x$ | $y$ | | $y'$ |
|---|---|---|---|
| — 0,6 | 28,2 | | |
| — 0,4 | 29,4 | + 1,8 | + 4,5 |
| — 0,2 | 30,0 | — 0,0 | 0,0 |
| 0,0 | 29,4 | — 1,8 | — 4,5 |
| + 0,2 | 28,2 | — 3,3 | — 8,3 |
| + 0,4 | 26,1 | — 5,1 | — 12,8 |
| + 0,6 | 23,1 | — 6,9 | — 17,2 |
| + 0,8 | 19,2 | — 8,1 | — 20,2 |
| + 1,0 | 15,0 | | |

Um die Genauigkeit der so erhaltenen Werte von $y'$ zu übersehen, denke man sich $y_{n+1}$ und $y_{n-1}$ durch den Taylorschen Satz nach Potenzen von $\varDelta x$ mit $y_n$ als Ausgangsstelle entwickelt und damit $\frac{y_{n+1} - y_{n-1}}{2 \cdot \varDelta x}$ gebildet. Man findet so, daß die Abweichung zwischen dem hier angegebenen Näherungswert und dem wahren Werte $y_n'$ des Differentialquotienten gleich $y_n''' \cdot \frac{\varDelta x^2}{6} + \cdots$ ist.[1])

Die *Integralformeln* Ia und IIa ergeben folgende Rechenmethoden und -schemata. Wir beschränken uns dabei auf die Differenzen zweiter Ordnung und geben als erste Näherungen auch Formeln, die nur auf die ersten Differenzen zurückgehen, trotzdem aber in Fällen geringer Genauigkeit gut anwendbar sind.

Entsprechend der Formel Ia für einen Streifen von der Breite $\delta$ zwischen den Stellen $x_k$ und $x_{k+1}$ erhalten wir:

$$\int_{x_k}^{x_{k+1}} y\, dx = \delta \cdot \{\tfrac{13}{24} \cdot (y_k + y_{k+1}) - \tfrac{1}{24} \cdot (y_{k-1} + y_{k+2})\}\,^2) \quad \text{I'a}$$

und bilden wie vorher die Integralfunktion $\eta = \int_{x_1}^{x} y\, dx$ durch fortlaufende Summierung der einzelnen Streifen. Wie ersichtlich, muß über Anfang und Ende des Intervalls hinaus, in dem man integrieren will, die zu integrierende Funktion $y$ um Streifenbreite weiter gegeben sein.

Das Nähere sei an einem Zahlenbeispiel erläutert.

---

1) Vgl. Anmerkung auf S. 120.
2) Es ist $\tfrac{13}{24} = 0{,}54166 \cdots$ und $\tfrac{1}{24} = 0{,}04166 \cdots$

### 3. Formeln ohne Differenzen

In nebenstehendem Schema enthält die erste Spalte die Werte $x_k$ und die zweite die gegebenen Funktionswerte $y_k$.

| 0 | 1 | 2 | 3 | 4 | 5 | 6 | 7 | 8 |
|---|---|---|---|---|---|---|---|---|
| $k$ | $x_k$ | $y_k$ | $y_k+y_{k+1}$ | $y_{k-1}+y_{k+2}$ | $\frac{13}{24}\cdot(3)$ | $\frac{1}{24}\cdot(4)$ | $\eta=\int_{3,7}^{x}y\,dx$ | Erste Näherung |
| 0 | 3,6 | 3,420 | | | | | | |
| 1 | 3,7 | 5,000 | | | | | 0,000 | 0,000 |
| | | | 11,428 | 11,08 | 0,619 | 0,046 | 573 | 571 |
| 2 | 3,8 | 6,428 | | | | | 0,573 | 0,571 |
| | | | 14,088 | 13,66 | 0,763 | 0,057 | 706 | 704 |
| 3 | 3,9 | 7,660 | | | | | 1,279 | 1,275 |
| | | | 16,320 | 15,83 | 0,884 | 0,066 | 818 | 816 |
| 4 | 4,0 | 8,660 | | | | | 2,097 | 2,091 |
| | | | 18,057 | 17,51 | 0,978 | 0,073 | 905 | 903 |
| 5 | 4,1 | 9,397 | | | | | 3,002 | 2,994 |
| | | | 19,245 | 18,66 | 1,043 | 0,078 | 965 | 962 |
| 6 | 4,2 | 9,848 | | | | | 3,967 | 3,956 |
| | | | 19,848 | 19,24 | 1,075 | 0,080 | 995 | 992 |
| 7 | 4,3 | 10,000 | | | | | 4,962 | 4,948 |
| 8 | 4,4 | 9,848 | | | . | . | . | . |
| . | | | | | | | | |

Es soll die Integralfunktion $\eta = \int_{3,7}^{x} y\,dx$ gebildet werden.

Der erste Streifen (ihre Breite ist $\delta = 0,1$) reicht von $x_1$ bis $x_2$. Wir setzen in die dritte Spalte die Summen $y_k + y_{k+1}$, von $k=1$ beginnend, und zwar auf die Zeilen zwischen $k$ und $(k+1)$. In die vierte Spalte nehmen wir die Summen $y_{k-1} + y_{k+2}$ auf, also für den ersten Streifen mit $k=1$ die Summe $y_0 + y_3 = 3,420 + 7,660 = 11,08$. Es genügt, in dieser Spalte eine Dezimalstelle weniger zu schreiben, da diese Zahlen ja noch durch 24 dividiert werden. Spalte 5 entsteht aus Spalte 3 durch Multiplikation mit $\frac{13\cdot\delta}{24}$ und ebenso Spalte 6 aus der vierten durch Multiplikation mit $\frac{\delta}{24}$.

Die Differenzen zwischen den Zahlen der fünften und sechsten Spalte (die Zahlen der sechsten sind abzuziehen) gibt die Integralwerte für die einzelnen Streifen $k, k+1$. Diese sind — klein gedruckt — in die siebente Spalte aufgenommen und werden hier fortlaufend addiert, wodurch die groß gedruckten Zahlen der siebenten Spalte entstehen, die somit die gesuchten Werte der Integralfunktion $\eta$ darstellen.

84 V. Interpolation, numerische Differentiation und Integration

Begnügte man sich mit den ersten Differenzen, so erhielt man aus der Integralformel Ia eine erste Näherung

$$\int_{x_k}^{x_{k+1}} y\,dx = \frac{\delta}{2} \cdot (y_k + y_{k+1}) \qquad \text{I}''\text{a}$$

und ein Rechenschema, das aus dem vorigen durch Fortfall der Spalten 4, 5 und 6 hervorgeht.[1]) Aus der Spalte 3 erhält man durch Multiplikation mit $\frac{\delta}{2}$ sogleich die Integrale über die einzelnen Streifen und damit die Zuwächse der Integralfunktion. Um Platz zu sparen, haben wir die sich so ergebenden Zahlen als achte Spalte dem schon vorhandenen Schema angeschlossen. Man erkennt die Abweichung in der zweiten Dezimalstelle.

Entsprechend der Integralformel IIa erhalten wir

$$\int_{x_{k-1}}^{x_{k+1}} y\,dx = \frac{\delta}{3} \cdot \{ y_{k-1} + 4y_k + y_{k+1} \} \qquad \text{II}'\text{a}$$

zur Berechnung der Teilintegrale, die jetzt aber einen Doppelstreifen, von $x_{k-1}$ bis $x_{k+1}$ reichend, umfassen.[2]) Die Werte der gesuchten Integralfunktion erscheinen hier für um $2\delta$ auseinanderliegende $x$-Werte. Dafür ist die Rechenarbeit auch wesentlich geringer.

| 0 | 1 | 2 | 3 | 4 | 5 |
|---|---|---|---|---|---|
| $k$ | $x_k$ | $y_k$ | $y_{k-1} + 4y_k + y_{k+1}$ | $\eta = \int_{3,7}^{x} y\,dx$ | Erste Näherung |
| 1 | 3,7 | 5,000 |  | 0,000 | 0,000 |
|   |     |       |  | 1,279 | 1,286 |
| 2 | 3,8 | 6,428 | 38,372 |  |  |
|   |     | 25,712 |  |  |  |
| 3 | 3,9 | 7,660 |  | 1,279 | 1,286 |
|   |     |       |  | 1,723 | 1,732 |
| 4 | 4,0 | 8,660 | 51,697 |  |  |
|   |     | 34,640 |  |  |  |
| 5 | 4,1 | 9,397 |  | 3,002 | 3,018 |
|   |     |       |  | 1,960 | 1,970 |
| 6 | 4,2 | 9,848 | 58,789 |  |  |
|   |     | 39,892 |  |  |  |
| 7 | 4,3 | 10,000 |  | 4,962 | 4,988 |
|   | . | . | . | . | . |

Das Rechenschema enthält nur vier Spalten und dürfte ohne Erklärung verständlich sein.

---

1) Die sog. Trapezformel.   2) Die sog. Simpsonsche Regel.

## 4. Interpolation und Differentiation

Als erste Näherung wird man hier die Formel

$$\int_{x_{k-1}}^{x_{k+1}} y\,dx = 2\cdot\delta\cdot y_k \qquad\qquad \text{II}''\text{a}$$

bezeichnen, deren Ergebnis in die fünfte Spalte aufgenommen ist. Auch liegt hier die Abweichung in der zweiten Dezimalstelle. Um den Fehler der Teilintegrale unserer Formeln I′a und II′a abzuschätzen, sehen wir zu, was durch die fortgelassenen Differenzen vierter Ordnung hinzugekommen wäre.

Bei Formel Ia war dies $\dfrac{\varDelta_{k-1}^4 + \varDelta_{k-2}^4}{2}\cdot\dfrac{11}{720}$.

Es ist nun allgemein

$$\varDelta_k^n = y_{n+k} - \tbinom{n}{1}y_{n+k-1} + \tbinom{n}{2}y_{n+k-2} - \cdots + (-1)^n y_k,$$

so daß wir bei I′a für den Fehler $f$ im Streifen $x_k\,x_{k+1}$ erhalten

$$f = \tfrac{11}{1440}\cdot\delta\cdot\{y_{k+3} - 3y_{k+2} + 2y_{k+1} + 2y_k - 3y_{k-1} + y_{k-2}\}.$$

Rechnen wir dies in unserem Beispiel für $k=2$ und $k=5$ aus, so erhalten wir $10^{-5}$ und $1{,}4\cdot 10^{-5}$. Der Wert der Integralfunktion für $x=4{,}3$ enthält sechs Streifen, sein Fehler hat also die Größenordnung $10^{-4}$, beeinflußt demnach erst die vierte Dezimalstelle um eine Einheit.

Bei Formel II′a ist der Fehler des Doppelstreifens $x_{k-1}\,x_{k+1}$

$$f = 2\delta\cdot\frac{\varDelta_{k-2}^4}{180} = \frac{\delta}{90}\cdot\{y_{k+2} - 4y_{k+1} + 6y_k - 4y_{k-1} + y_{k-2}\}.$$

Im Zahlenbeispiel würde auch hier allenfalls die vierte Dezimalstelle um eine Einheit beeinflußt werden.[1])

**4. Interpolation und Differentiation bei nicht äquidistanten Funktionswerten.** Alle bisher geschilderten Interpolationsmethoden setzten voraus, daß die Funktionswerte für äquidistante Werte der unabhängigen Variabelen gegeben seien. Beim allgemeinen Falle nicht äquidistanter Funktionswerte be-

---

[1]) Die Fehler von I″a und II″a erhält man durch Vergleich mit I′a und II′a, nämlich bei I″a:

$$\tfrac{\delta}{24}\cdot(y_k + y_{k+1} - y_{k-1} - y_{k-2}) \quad\text{und bei II″a:}\quad \tfrac{\delta}{3}\cdot(y_{k+1} - 2y_k + y_{k-1}).$$

Will man die Fehler durch die Differentialquotienten von $y$ ausdrücken, so erhält man, da $\varDelta^n = \delta^n\cdot\dfrac{d^n y}{dx^n}$, bei

I′a: $\dfrac{11}{720}\cdot\delta^5\cdot y^{\mathrm{IV}}$ \qquad II′a: $\dfrac{\delta^5}{90}\cdot y^{\mathrm{IV}}$

und bei

I″a: $\dfrac{\delta^3}{12}\cdot y''$ \qquad II″a: $\dfrac{\delta^3}{3}\cdot y''$.

86  V. Interpolation, numerische Differentiation und Integration

schränken wir uns auf Interpolation durch eine ganze Funktion
zweiten Grades und die zugehörige Differentiationsmethode und
behandeln sogleich ein Zahlenbeispiel. Zu den Werten $x_1 = 2{,}2$;
$x_2 = 3{,}4$ und $x_3 = 6{,}5$ seien die Funktionswerte $y_1 = 9{,}7$; $y_2 = 23{,}1$
und $y_3 = 84{,}6$ gegeben. Die Funktionswerte und die Werte des
Differentialquotienten seien für $x = 3{,}0$; $4{,}0$; $5{,}0$ gesucht.

Die lineare Interpolation zwischen $y_1$ und $y_3$ ergibt

$$y_l = y_1 + \frac{y_3 - y_1}{x_3 - x_1} \cdot (x - x_1).$$

Bei der quadratischen Interpolation tritt nun hierzu ein Produkt
$c \cdot (x - x_1) \cdot (x - x_3)$, wobei die Konstante $c$ so zu wählen ist,
daß die ganze Formel

$$y = y_1 + \frac{y_3 - y_1}{x_3 - x_1} \cdot (x - x_1) + c \cdot (x - x_1) \cdot (x - x_3)$$

für $x = x_2$ gerade den gegebenen Funktionswert $y_2$ ergibt.
$c$ ist also aus der Gleichung

$$y_2 = y_1 + \frac{y_3 - y_1}{x_3 - x_1} \cdot (x_2 - x_1) + c \cdot (x_2 - x_1) \cdot (x_2 - x_3)$$

zu berechnen.

Weiterhin erhält man bei der Differentiation

$$y' = \frac{y_3 - y_1}{x_3 - x_1} + c \cdot (x - x_1 + x - x_3).$$

Man rechnet zweckmäßig nach folgendem Schema, das wir für
unser Beispiel ausfüllen.

| | 1 | 2 | 3 | 4 | 5 | 6 | 7 | 8 | 9 | 10 | 11 |
|---|---|---|---|---|---|---|---|---|---|---|---|
| | $x$ | $y$ | $x-x_1$ | $x-x_3$ | 3 · 4 | 3 + 4 | $y_l - y_1$ | $y_l$ | $c \cdot 5$ | $c \cdot 6$ | $y'$ |
| 1. | 2,2 | 9,7 | 0,0 | −4,3 | 0,0 | −4,3 | 0,0 | 9,7 | 0,0 | −8,7 | 8,7 |
|    | 3,0 | 17,9 | 0,8 | −3,5 | −2,8 | −2,7 | 13,9 | 23,6 | −5,7 | −5,5 | 11,9 |
| 2. | 3,4 | 23,1 | 1,2 | −3,1 | −3,7 | −1,9 | 20,9 | 30,6 | −7,5 | −3,8 | 13,6 |
|    | 4,0 | 31,9 | 1,8 | −2,5 | −4,5 | −0,7 | 31,3 | 41,0 | −9,1 | −1,4 | 16,0 |
|    | 5,0 | 49,8 | 2,8 | −1,5 | −4,2 | +1,3 | 48,6 | 58,3 | −8,5 | +2,6 | 20,0 |
| 3. | 6,5 | 84,6 | 4,3 | 0,0 | 0,0 | +4,3 | 74,9 | 84,6 | 0,0 | +8,7 | 26,1 |

$$\frac{y_3 - y_1}{x_3 - x_1} = \frac{74{,}9}{4{,}3} = 17{,}4 \qquad c = \frac{-7{,}5}{-3{,}7} = 2{,}02$$

Die ersten beiden Spalten enthalten die Werte $x$ und $y$. Die gegebenen Werte werden zuerst eingetragen. (Sie sind im Schema
fett gedruckt.) Die interpolierten $y$-Werte werden später in die
zweite Spalte eingetragen.

Die folgenden beiden Spalten enthalten die Differenzen $(x - x_1)$
und $(x - x_3)$. Deren Produkt wird in die fünfte, ihre Summe in

die sechste Spalte aufgenommen. Wir bilden $\frac{y_3 - y_1}{x_3 - x_1} = 17{,}4$ und setzen in die siebente Spalte $\frac{y_3 - y_1}{x_3 - x_1} \cdot (x - x_1) = y_l - y_1$. Wird zu diesen Zahlen $y_1$ addiert, so erhält man die linear interpolierten Werte $y_l$, die in die achte Spalte kommen.

Es ist nun $(x_2 - x_1) \cdot (x_2 - x_3) = -3{,}7$ und daher

$$c = \frac{y_2 - y_l(x_2)}{-3{,}7} = \frac{-7{,}5}{-3{,}7} = 2{,}02.$$

Jetzt tragen wir in die neunte Spalte $c \cdot (x - x_1) \cdot (x - x_3)$, d. h. die Produkte von 2,02 und den Zahlen der fünften Spalte ein.

Die Addition der sich so ergebenden Zahlen zu denen der achten Spalte liefert die quadratisch interpolierten Werte $y$, die wir in die zweite Spalte setzen. Die Interpolation ist damit erledigt.

Die Werte des Differentialquotienten erhalten wir, indem wir zunächst in die zehnte Spalte die Produkte $c \cdot (x - x_1 + x - x_3)$, d. h. die Produkte von $c = 2{,}02$ mit den Zahlen der sechsten Spalte, setzen. Zu diesen Zahlen der zehnten Spalte ist noch überall $\frac{y_3 - y_1}{x_3 - x_1} = 17{,}4$ zu addieren, um die in der elften Spalte stehenden Werte von $y'$ zu bekommen.

Es mag überflüssig erscheinen, all die angegebenen Zahlen in das Schema aufzunehmen. Wer viel gerechnet hat, weiß jedoch, daß eine geringe Mehrarbeit an Schreiberei reichlich aufgewogen wird, wenn dadurch die Übersicht erleichtert und Nachdenken vermieden wird.

## VI. Mechanische Quadratur.

Man wird häufig vor die Aufgabe gestellt, den numerischen Wert eines bestimmten Integrals $\int_a^b f(x)\,dx$ zu bestimmen.

In den meisten Fällen sind die Grenzen $a$ und $b$ endlich. Sollte dies nicht der Fall sein, so ist eine besondere Untersuchung über die Konvergenz des Integrals erforderlich. Wir lassen diese hier jedoch beiseite und verweisen deswegen auf die Lehrbücher der Integralrechnung.

Die Methoden, die dazu dienen, den numerischen Wert eines bestimmten Integrals $\int_a^b f(x)\,dx$ zu berechnen, werden davon abhängig sein, wie der Integrand $f(x)$ gegeben ist. Davon wird es auch abhängen, welche Genauigkeit sich bei der Lösung der Aufgabe erreichen läßt.

VI. Mechanische Quadratur

Liegt $f(x)$ vor als analytisch gegebener Ausdruck, sei es in geschlossener Form, sei es als unendliche Reihe oder durch sonst einen Algorithmus definiert, so erledigen sich die Fälle von selbst, in denen es gelingt, das unbestimmte Integral in einer Form anzugeben, die eine Berechnung des bestimmten Integrals ohne allzu großen Arbeitsaufwand ermöglicht. Ist diese Integration jedoch nicht in handlicher Form zu erreichen, führt sie z. B. zu schlecht konvergierenden Reihen, so müssen die eigentlichen numerischen Verfahren zur Anwendung kommen. Hierbei wird der Wert des Integranden $f(x)$ für einzelne zweckmäßig gewählte Werte von $x$ innerhalb des Intervalls berechnet und daraus ein Näherungswert für das Integral abgeleitet.

**1. Die Simpsonsche Regel und die Trapezformel.** Nehmen wir als einfachsten Fall an, der Integrand $f(x)$ werde für eine Reihe *äquidistanter* Werte von $x$ berechnet oder liege von vornherein derart tabuliert vor, so ist die Aufgabe die gleiche, wie wenn $f(x)$ eine *empirische Funktion* ist, deren Werte für eine Reihe äquidistanter Abszissen numerisch gegeben sind. Hier bieten sich die Integrationsformeln des § 2 im fünften Kapitel dar. Die Aufstellung der Differenzentabelle gibt, wie dort gezeigt wurde, eine Einsicht in die Genauigkeit der gegebenen Funktionswerte (sofern es sich um empirische Funktionen handelt), sie ermöglicht die Fehlerabschätzung des Resultats und führt von selbst auf die zweckmäßig anzuwendende Rechengenauigkeit.

Bringt man hingegen die auf Seite 84 angegebene Formel II′a, bei der, unter Beschränkung auf die Differenzen zweiter Ordnung, die Funktionswerte $y$ selbst auftreten, bei der Auswertung des bestimmten Integrals zur Anwendung und führt die Summation der Doppelstreifen innerhalb der Grenzen des Integrals durch, so erhält man die als Simpsonsche Regel bezeichnete Formel

$$S_1 = \int_{x_0}^{x_n} y\,dx = \frac{\delta}{3} \cdot \{y_0 + 4y_1 + 2y_2 + 4y_3 + \cdots + 4y_{n-1} + y_n\}.$$

Zu ihrer Anwendung muß eine ungerade Anzahl von Funktionswerten gegeben sein. Der Klammerausdruck ist mit der Rechenmaschine bequem zu berechnen. Ist eine solche nicht zur Hand, so bildet man die Summen der mit gleichen Faktoren versehenen $y$-Werte einzeln und addiert nach Multiplikation mit den zugehörigen Faktoren. Die Fehlerabschätzung wurde auf Seite 85 gezeigt.

Man bildet $\{y_{k+2} - 4y_{k+1} + 6y_k - 4y_{k-1} + y_{k-2}\}$ für mehrere

## 1. Die Simpsonsche Regel und die Trapezformel

$k$, um sich einen Anhalt für die Größe dieses Ausdrucks (der den vernachlässigten Differenzen vierter Ordnung proportional ist) im Integrationsintervall zu verschaffen. Ist $m$ ein Mittelwert dieser Klammer, so hat man als Größenordnung des Fehlers $F = \frac{n}{2} \cdot \frac{\delta}{90} \cdot m$ anzusehen, weil die Anzahl der summierten Doppelstreifen $n/2$ ist.

Ist $n$ durch vier teilbar, so kann man auch folgende Abschätzung des Fehlers von $S_1$ vornehmen:

Außer $S_1$ berechnet man noch einen Näherungswert $S_1'$ mit der Streifenbreite $2\delta$ und unter Weglassung der Ordinaten mit ungeradem Index:

$$S_1' = \frac{2\delta}{3} \cdot \{y_0 + 4y_2 + 2y_4 + \cdots + 4y_{n-2} + y_n\}.$$

Der Fehler des ersten (natürlich genaueren) Näherungswerts $S_1$ ist dann, absolut genommen, ungefähr:

$$|f_1| = \frac{|S_1 - S_1'|}{15}.$$

Es ist nämlich bei Weglassung Glieder höherer Ordnung:

$$f_1 = \tfrac{1}{180} \cdot y_m^{\mathrm{IV}} \cdot (x_n - x_0) \cdot \delta^4 + \cdots.$$

Folglich der Fehler von $S_1'$:

$$f_1' = \tfrac{1}{180} \cdot y_m^{\mathrm{IV}} \cdot (x_n - x_0) \cdot 16 \cdot \delta^4.$$

Unter $y_m^{\mathrm{IV}}$ ist dabei ein Mittelwert des vierten Differentialquotienten im Integrationsintervall zu verstehen.

Also ist $\quad S_1 - S_1' = f_1 - f_1' = -15 \cdot f_1.$

Der Ansatz I'a von Seite 83 gibt keine handliche Formel für das bestimmte Integral. Dagegen liefern die im § 3, Kapitel V als „erste Näherungen" bezeichneten Ausdrücke folgende Summenformeln: „Trapezformel"

$$S_2 = \frac{\delta}{2} \cdot \{y_0 + 2(y_1 + y_2 + \cdots + y_{n-1}) + y_n\}$$

und $\quad S_3 = 2\delta \cdot \{y_1 + y_3 + \cdots + y_{n-1}\}$

die bei geringerer Genauigkeit Anwendung finden können. Man benutzt dann beide zugleich und sieht die übereinstimmenden Dezimalstellen als richtig an.

VI. Mechanische Quadratur

Der Fehler von $S_2$ ist nämlich angenähert:
$$f_2 = y_m'' \cdot (x_n - x_0) \cdot \frac{\delta^2}{12} + \cdots$$
und der von $S_3$ etwa
$$f_3 = y_m'' \cdot (x_n - x_0) \cdot \frac{\delta^2}{6} + \cdots.$$
Also ist $\quad S_2 - S_3 = f_2 - f_3 = -f_2$.

Bei analytisch gegebenem Integranden lassen sich die Formeln für $f_1$ und $f_2$ unmittelbar zur Fehlerabschätzung benutzen und bei vorgeschriebenem Fehler die erforderliche Streifenbreite $\delta$ vorherbestimmen.

Man gewinnt die angegebenen Ausdrücke für $f_1$; $f_2$ und $f_3$, aus der Entwicklung von $y$.
$$y = y_k + y_k' \cdot \xi + y_k'' \cdot \frac{\xi^2}{2!} + y_k''' \cdot \frac{\xi^3}{3!} + y_k^{\text{IV}} \cdot \frac{\xi^4}{4!} + \cdots.$$

Setzt man $\xi = \pm \delta$, so entsteht $y_{k\pm 1}$, und man kann die Näherungsausdrücke für einen Streifen bzw. Doppelstreifen anschreiben und mit den richtigen Integralwerten:
$$\int_{-\delta}^{+\delta} y\, dx = 2 \cdot \delta \cdot y_k + y_k'' \cdot \frac{\delta^2}{3} + \cdots \quad \text{bzw.} \int_0^{\delta} y \cdot dx = \delta \cdot y_k + y_k' \cdot \frac{\delta^2}{2} + \cdots$$

vergleichen und die Abweichungen angeben.

Beispiel: Mit welchem Intervall $\delta$ hat man $y = \sin(x^2)$ zu tabulieren, wenn der Fehler des Integrals $\int_0^1 \sin(x^2) \cdot dx$ den Betrag von $5 \cdot 10^{-4}$ nicht übersteigen darf?
(Antwort: $\delta = 0{,}25$.)

Der Leser überzeuge sich noch, daß bei der Integration einer periodischen Funktion über ihre Periode die Trapezformel ($S_2$) die gleiche Genauigkeit wie die Simpsonsche Regel hat.

Die soeben beschriebenen Integrationsmethoden finden auch Anwendung, wenn der Integrand $f(x)$ graphisch, als Kurve gezeichnet vorliegt. Man hat dann das Integrationsintervall in gleich breite Streifen einzuteilen, und es handelt sich nur um die Addition der der Zeichnung zu entnehmenden Ordinaten. Hierbei leistet vortreffliche Dienste ein sog. *Meßrädchen*, auch Kurvimeter genannt. Es ist eine scharfrandige Rolle mit einem Zählwerk, das

## 1. Die Simpsonsche Regel und die Trapezformel 91

die Umdrehung der Rolle zählt. Man läßt die Rolle der Reihe nach über die zu addierenden Ordinaten laufen und kann die Summe am Zählwerk ablesen. Eine kleine Modifikation des Meßrädchens erlaubt auch die *Ausmessung krummer Oberflächen*. Man bringt dazu auf der Achse des Meßrädchens noch eine zweite, gleich große Rolle an, die den Abstand $d$ von der ersten haben möge. Außerdem ist eine Vorrichtung anzubringen, welche ein Färben der Rollen und somit eine Kenntlichmachung der von den Rollen des Instrumentes durchlaufenen Kurven ermöglicht. Man kann auf diese Weise die zu messende Oberfläche mit Streifen von der Breite $d$ überdecken und deren Länge $l$ am Zählwerk ablesen. Die Größe $l \cdot d$ gibt dann den Flächeninhalt.

Liegt $f(x)$ als Kurve auf Millimeterpapier gezeichnet vor, so kann man den Flächeninhalt direkt durch *Auszählen* der Quadratmillimeter ermitteln. Dies Verfahren hat den Vorzug, unabhängig zu sein von der bisweilen beträchtlichen Verzerrung des Papiers. Auch bei Kurven mit sehr starken Schwankungen, wie sie manche Registrierinstrumente liefern, bleibt es das einzig brauchbare. — Es sind auch verschiedene Instrumente, sog. *Planimeter*, ersonnen, die eine mechanische Ermittlung des Flächeninhaltes ermöglichen. Von ihrer Beschreibung sehen wir hier ab, man findet sie z. B. bei Galle, *Die mathematischen Instrumente* (Leipzig 1912).

Beim Auszählen oder Planimetrieren des Flächenstücks, das das Integral $\int_a^b f(x)\,dx$ geometrisch darstellt, erhält man zunächst eine Zahl, die jenen Flächeninhalt in qmm angibt. Sind die Längeneinheiten des Koordinatensystems $l_x$ und $l_y$ mm lang, d. h. sind die Zahlen $x$ und $y$ durch die Längen $x \cdot l_x$ mm und $y \cdot l_y$ mm dargestellt, so hat man den beim Auszählen usw. herauskommenden Zahlwert durch das „Einheitsrechteck" $l_x \cdot l_y$ qmm zu dividieren, um den Zahlwert des Integrals zu erhalten.

Die oben geschilderten Methoden der Simpsonschen Regel und des Tangententrapezes, die eine Summation der Ordinaten erfordern, gelangen bei graphisch gegebenen Integranden auch in folgendem Falle vorteilhaft zur Anwendung:

Wenn der Integrand aus einem *Produkt von zwei Funktionen* von $x$ besteht, so kann es vorkommen, daß der eine seiner Faktoren durch eine bekannte Funktion integrierbar ist.

Sei z. B. $\int_a^b f(x) \cdot g(x)\,dx$ vorgelegt und ferner $\int g(x)\,dx = G(x)$, wo $G(x)$ eine bekannte Funktion von $x$ ist. Der Teil $f(x)$ des Integranden sei als Kurve zur Abszisse $x$ graphisch gegeben.[1]) Man führt dann eine neue Variable $t$ ein durch die Gleichung $dt = g(x)dx$, so daß $t = G(x)$ wird. Dadurch wird auch $x$ eine Funktion von $t$, etwa $x = \varphi[t]$. Substituiert man diese neue Variable in die Funktion $f(x)$, so geht das Integral über in ein anderes mit der Variablen $t$:

$$\int_{a'}^{b'} f(\varphi[t])\,dt = \int_{a'}^{b'} F(t)\,dt,$$

wo die Grenzen $a'$ und $b'$ auch durch $t$ auszudrücken sind.

Dieser analytische Substitutionsprozeß läßt sich nun graphisch einfach durchführen, wenn man die Einführung der neuen Variablen $t$ durch eine sog. Skala (s. S. 14) bewerkstelligt. Man berechnet für eine Reihe äquidistanter Werte von $t$ die zugehörigen Werte von $x$. Hat man $f(x)$ zur Abszisse $x$ gezeichnet vor sich, so markiert man diese Werte von $x$ bzw. $t$ durch (etwa nach unten weisende) Striche auf der $x$-Achse. Für äquidistante Werte von $t$ erhält man somit eine Reihe von nicht äquidistanten Markierungsstrichen (Fig. 21). Die $x$-Achse trägt jetzt eine doppelte Teilung: oben eine für äquidistante Werte von $x$, unten eine für äquidistante Zahlwerte von $t$. Damit ist der Zusammenhang der beiden Variablen $x$ und $t$ festgelegt. Dieselbe Kurve, die $f(x)$ zur Abszisse $x$ darstellt, gibt jetzt auch die Werte, die diese Funktion annimmt, sofern man $t$ als unabhängige Variable

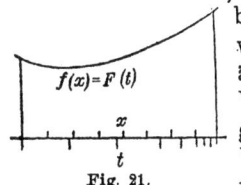

Fig. 21.

einführt. Um das Integral $\int_{a'}^{b'} f(x)\,dx = \int_{a'}^{b'} F(t)\,dt$ zu berechnen,

hat man nur die Ordinaten zu addieren, die zu den auf der Unterseite der $x$-Achse markierten Werten von $t$ gehören.

Für wiederholt vorkommende Substitutionen dieser Art kann man die Skalen auf Papierstreifen vorrätig halten und diese

---

[1]) Solch ein Fall kommt beispielsweise vor bei der Approximation einer empirischen Funktion $f(x)$ durch ganze rationale Funktionen (s. S. 114). Es handelt sich dann um die Auswertung von Integralen der Form $\int_{a}^{b} f(x) \cdot x^n\,dx$.

Streifen an die $x$-Achse heranschieben, um dann mit der Integration durch das Meßrädchen zu beginnen.[1])

Gerade bei diesen Substitutionen sind die Planimeter unvorteilhaft zu verwenden, da sie für jede Substitution eine Umzeichnung der Kurve verlangen.[2])

**2. Die Integrationsmethode von Gauß.** Es sei die Auswertung eines bestimmten Integrals $\int f(x)\,dx$ gefordert. $f(x)$ sei analytisch gegeben und nicht durch eine bekannte Funktion integrierbar. Außerdem soll die Funktion $f(x)$ einen derart komplizierten Bau besitzen, daß auch die Berechnung einzelner Funktionswerte einen erheblichen Arbeitsaufwand bedeutet. Oder $f(x)$ soll erst durch mühsame Messungen, deren Auswahl noch freisteht, gewonnen werden. Dann entsteht die Aufgabe, wie *man einen guten Näherungswert für das Integral bekommt mit möglichst wenig Funktionswerten des Integranden.*

Man kann die Fragestellung auch so formulieren: Der Integrand $y = f(x)$ soll für $n$ Werte von $x$ berechnet werden. Als Näherungswert für das Integral soll dann ein Ausdruck von folgender Form dienen:

$$N = R_1 \cdot y_1 + R_2 \cdot y_2 + \cdots + R_n \cdot y_n,$$

worin $y_\lambda = f(x_\lambda)$ die berechneten Werte und die $R_\lambda$ noch passend zu bestimmende Zahlkoeffizienten sein sollen.

Die Frage ist nun die: An welchen Stellen $x_\lambda$ des Integrationsintervalles sind die Werte $y_\lambda$ zu berechnen, und welches sind die

---

[1]) Zur Approximation durch ganze rationale Funktionen nach Kap. VIII wird man Streifen benutzen, welche die Funktion $t = \dfrac{u^{n+1}}{n+1}$ für $n = 1, 2, \ldots$ darstellen und die Integration in zwei Schritten durchführen, indem man zweimal von Null bis $+1$ oder bis $-1$ integriert. Die Skalen sind dann für die Intervalle $t = 0$ bis $t = \dfrac{1}{n+1}$ bzw. $u = 0$ bis $u = 1$ herzustellen.

[2]) Auch die Berechnung der Koeffizienten $a_\lambda$ einer Fourierschen Reihe ließe sich nach dieser Methode durchführen. Es ist nämlich:

$$a_\lambda = \frac{1}{2\pi} \cdot \int_0^{2\pi} f(x) \cos \lambda x \, dx.$$

Man hätte also eine neue Variable $t$ einzuführen durch die Gleichungen:

$$dt = \cos \lambda x \cdot dx = d\frac{\sin \lambda x}{\lambda}.$$

Werte der Größen $R_\lambda$, damit bei einer von vornherein fest angenommenen Anzahl $n$ der berechneten Werte $y_\lambda$ eine möglichst gute Approximation durch den Näherungswert $N$ erzielt wird.

Bei der Simpsonschen Regel verteilt man die Werte $x_\lambda$ gleichmäßig über das Intervall und nimmt $R_1 = 1$, $R_2 = 4$, $R_3 = 2$, $R_4 = 4\ldots$ an. Es ist aber durchaus wahrscheinlich, daß sich durch eine andere Anordnung der $R_\lambda$ und $x_\lambda$ mit $n$ Funktionswerten eine bessere Approximation erzielen läßt.

Die Erledigung dieser Aufgabe ist auch für die messende Physik durchaus von Bedeutung. Wenn der Integrand eine Funktion ist, deren Werte durch Messungen zu gewinnen sind, so wird, vielleicht in den meisten Fällen, die Frage sehr wesentlich sein, wie mit möglichst wenig Messungen ein Maximum der Genauigkeit zu erzielen ist.

Die Lösung hat Gauß gegeben. In das Integral

$$\int_a^b f(x)\,dx$$

führen wir durch die Substitution

$$x = \frac{a+b}{2} + \frac{b-a}{2} \cdot u$$

eine neue Variable $u$ ein, dadurch werden die Grenzen des Integrals $-1$ und $+1$. Bezeichnen wir jetzt den Integranden als Funktion von $u$ mit $y$, so heißt das Integral jetzt

$$\int_{-1}^{+1} y\,du.$$

Zur Vereinfachung der Schreibbarkeit empfiehlt es sich, statt dieses Integrals die Hälfte davon, also den Mittelwert des Integranden $y$ im Intervall $-1$ bis $+1$ zu berechnen.

Den wahren Wert dieses halben Integrals bezeichnen wir mit $W$. Wir setzen also

$$W = \tfrac{1}{2} \cdot \int_{-1}^{+1} y\,du.$$

Wir nehmen nun an, daß sich die Funktion $y$ von $u$ durch eine im abgeschlossenen Intervall $-1$ bis $+1$ konvergente Potenzreihe darstellen lasse. Sollte dies nicht der Fall sein, so muß man das ursprüngliche Integrationsintervall $a$ bis $b$ in kleinere Teile zerlegen und diese einzeln berechnen.

## 2. Die Integrationsmethode von Gauß

Die Potenzreihe laute:
$$y = a_0 + a_1 u + a_2 u^2 + a_3 u^3 + \cdots.$$

Durch gliedweise Integration dieser Reihe erhalten wir den wahren Wert $W$. Es wird
$$W = a_0 + \frac{a_2}{3} + \frac{a_4}{5} + \frac{a_6}{7} + \cdots.$$

Dieser Wert soll nun approximiert werden durch einen Näherungswert von folgender Form:
$$N = R_1 \cdot y_1 + R_2 \cdot y_2 + R_3 \cdot y_3 + \cdots + R_n \cdot y_n.$$

Die Werte $y_1, y_2, y_3, \ldots y_n$ lassen sich vermöge der Potenzreihe, die $y$ als Funktion von $u$ darstellt, durch die entsprechenden Werte $u_1, u_2, u_3, \ldots u_n$ der Variablen $u$ ausdrücken, so daß wir für $N$ erhalten:
$$\begin{aligned} N = &\; R_1 \cdot (a_0 + a_1 u_1 + a_2 u_1^2 + \cdots) \\ &+ R_2 \cdot (a_0 + a_1 u_2 + a_2 u_2^2 + \cdots) \\ &+ R_3 \cdot (a_0 + a_1 u_3 + a_2 u_3^2 + \cdots) + \cdots. \end{aligned}$$

Die Werte von $u_1, u_2, \ldots$ und $R_1, R_2, \ldots$ haben wir nun zur Verfügung, um diesen Näherungswert $N$ in möglichst gute Übereinstimmung mit dem wahren Werte $W$ des Integrals zu bringen. Ordnen wir den Näherungsausdruck nach der Reihenfolge der Koeffizienten $a_0, a_1, a_2, \ldots$, so finden wir folgende Form:
$$\begin{aligned} N = &\; a_0 \cdot (R_1 + R_2 + R_3 + \cdots) \\ &+ a_1 \cdot (R_1 u_1 + R_1 u_2 + R_3 u_3 + \cdots) \\ &+ a_2 \cdot (R_1 u_1^2 + R_2 u_2^2 + R_3 u_3^2 + \cdots) \\ &+ a_3 \cdot (R_1 u_1^3 + R_2 u_2^3 + R_3 u_3^3 + \cdots) + \cdots. \end{aligned}$$

Vergleichen wir diesen Ausdruck für $N$ mit dem obigen Ausdruck für $W$, so sehen wir, daß die einzelnen Terme der beiden Ausdrücke der Reihe nach vollständig in Übereinstimmung gebracht werden können, wenn wir die Werte der Größen $R_\lambda$ und $u_\lambda$ folgenden Bedingungen unterwerfen:

(1) $\quad R_1 + R_2 + R_3 + R_4 + \cdots = 1,$

(2) $\quad R_1 u_1 + R_2 u_2 + R_3 u_3 + R_4 u_4 + \cdots = 0,$

(3) $\quad R_1 u_1^2 + R_2 u_2^2 + R_3 u_3^2 + R_4 u_4^2 + \cdots = \frac{1}{3},$

(4) $\quad R_1 u_1^3 + R_2 u_2^3 + R_3 u_3^3 + R_4 u_4^3 + \cdots = 0.$

*Dies sind aber Gleichungen für die Größen $R_\lambda$ und $u_\lambda$, die von den Koeffizienten $a_\mu$, also von der jeweilig zu integrierenden Funktion, unabhängig sind.*

Es besteht natürlich ein Zusammenhang zwischen der Anzahl der Terme $R_\lambda \cdot y_\lambda$, aus denen man den Näherungswert

$$N = R_1 y_1 + R_2 y_2 + \cdots + R_n y_n$$

aufbauen will, und der *Genauigkeit der so erreichten Annäherung*. Diese läßt sich zunächst danach beurteilen, in wieviel Termen der (nach Koeffizienten $a_\mu$ geordnete) Näherungsausdruck mit dem Ausdruck $W$ übereinstimmt. Sie ist also für ein bestimmtes $n$ durchaus abhängig von der Güte der Konvergenz der Potenzentwicklung der Funktion.

Nehmen wir z. B. drei Terme in den Näherungsausdruck auf,

$$N = R_1 \cdot y_1 + R_2 \cdot y_2 + R_3 \cdot y_3,$$

so haben wir es mit sechs Unbekannten $R_1, R_2, R_3, u_1, u_2, u_3$ zu tun. Zu deren Bestimmung finden wir die sechs Gleichungen:

(1) $\qquad R_1 \;+ R_2 \;+ R_3 \;= 1,$

(2) $\qquad R_1 u_1 + R_2 u_2 + R_3 u_3 = 0,$

(3) $\qquad R_1 u_1^2 + R_2 u_2^2 + R_3 u_3^2 = \tfrac{1}{3},$

(4) $\qquad R_1 u_1^3 + R_2 u_2^3 + R_3 u_3^3 = 0,$

(5) $\qquad R_1 u_1^4 + R_2 u_2^4 + R_3 u_3^4 = \tfrac{1}{5},$

(6) $\qquad R_1 u_1^5 + R_2 u_2^5 + R_3 u_3^5 = 0.$

Diese Gleichungen werden befriedigt durch die Werte:

$$R_1 = \tfrac{5}{18}, \quad u_1 = -\sqrt{\tfrac{3}{5}},$$
$$R_2 = \tfrac{4}{9}, \quad u_2 = 0,$$
$$R_3 = \tfrac{5}{18}, \quad u_3 = +\sqrt{\tfrac{3}{5}}.$$

Bildet man also $N$ mit diesen Werten, so stimmen $N$ und $W$ überein in den Termen, die zu den Koeffizienten $a_0$ bis $a_5$ gehören. Man kann auch so sagen: Ist der Integrand $y$ irgendeine ganze rationale Funktion fünften (oder niedrigeren) Grades, so gibt der dreigliedrige Näherungsausdruck $N$ den wahren Wert $W$ des Integrals exakt wieder. In der Tat bricht in diesem Falle die Potenzreihe mit dem Gliede $a_5 u^5$ ab, und die Ausdrücke $N$ und $W$ stimmen völlig überein.

## 2. Die Integrationsmethode von Gauß

Allgemein gilt der Satz: *Der $n$-gliedrige Näherungsausdruck* $\sum_{1}^{n} R_\lambda \cdot y_\lambda$ *gibt den genauen Integralwert, wenn $y$ eine ganze Funktion von nicht höherem als* $(2n-1)^{tem}$ *Grade ist.*
Bricht in unserem Falle des dreigliederigen Näherungsausdrucks die Potenzreihe für $y$ nicht mit dem Gliede $a_5 u^5$ ab, so können wir eine in den meisten Fällen genügende *Abschätzung der durch N erzielten Genauigkeit* dadurch erhalten, daß wir noch die nächstfolgende Gleichung (7) hinzunehmen:

$$(7) \qquad R_1 u_1^6 + R_2 u_2^6 + R_3 u_3^6 = \tfrac{1}{7}.$$

Sie wird durch die aus den ersten sechs Gleichungen folgenden Werte von $R_\lambda$ und $u_\lambda$ nicht befriedigt, sondern es ergibt sich beim Einsetzen auf der rechten Seite nicht $\tfrac{1}{7}$, sondern davon abweichend: $\tfrac{1}{7} + \tfrac{4}{175}$. Unser Näherungsausdruck liefert also nicht den Wert $\tfrac{a_6}{7}$ des betreffenden Terms in $W$, sondern $a_6 \cdot (\tfrac{1}{7} + \tfrac{4}{175})$. Während sonach die ersten Terme von $N$ und $W$ übereinstimmen, weichen die siebenten Terme um $\tfrac{4}{175} \cdot a_6$ voneinander ab. Auch die folgenden Terme weichen voneinander ab, aber da die Koeffizienten $a_\mu$ unserer Potenzreihe der Konvergenz wegen mit wachsendem $\mu$ abnehmen, wird die Abweichung der ersten verschiedenen Terme für den Fehler $N-W$ ausschlaggebend sein und seine Größenordnung bestimmen.

Die gleichen Überlegungen hat man allgemein bei einem Näherungsausdruck von $n$ Gliedern zu machen.

Man erhält $2n$ Gleichungen für $R_\lambda$ und $u_\lambda$ ($\lambda = 1, 2, \ldots, n$). Wenn diese Werte $R_\lambda$ und $u_\lambda$ in die $(2n+1)^{te}$ Gleichung eingesetzt, eine Abweichung $A$ ergeben, so läßt sich aus $a_{2n} A$ der Fehler leicht abschätzen.

In der folgenden Tabelle sind die Werte von $R_\lambda$, $u_\lambda$ und $A$ für $n = 1, 2, 3$ und $4$ zusammengestellt:

| $n=1$ | $n=2$ | $n=3$ | $n=4$ |
|---|---|---|---|
| $R_1 = 1$ | $R_1 = \tfrac{1}{2}$ | $R_1 = \tfrac{5}{18}$ | $R_1 = R_4 = 0{,}173\,927\,422$ |
| $u_1 = 0$ | $R_2 = \tfrac{1}{2}$ | $R_2 = \tfrac{4}{9}$ | $R_2 = R_3 = 0{,}326\,072\,577$ |
| $A = \tfrac{1}{3}$ | $u_1 = +\sqrt{\tfrac{1}{3}}$ | $R_3 = \tfrac{5}{18}$ | $u_1 = -0{,}430\,568\,156$ |
| | $u_2 = -\sqrt{\tfrac{1}{3}}$ | $u_1 = -\sqrt{\tfrac{3}{5}}$ | $u_2 = -0{,}169\,990\,522$ |
| | $A = \tfrac{4}{15}$ | $u_2 = 0$ | $u_3 = +0{,}169\,990\,522$ |
| | | $u_3 = +\sqrt{\tfrac{3}{5}}$ | $u_4 = +0{,}430\,568\,156$ |
| | | $A = \tfrac{4}{175}$ | $A = 0{,}005\,805$ |

## VI. Mechanische Quadratur

Für höhere Grade $n$ findet man die Werte bei Gauß, *Ges. Werke*, Bd. III, S. 193.

Bei der praktischen Rechnung hat man also nur, unter Benutzung dieser Tabelle, für die $n$ Werte $u_\lambda$ den Integranden $y_\lambda$ zu berechnen und die Summe $\sum_{1}^{n} y_\lambda \cdot R_\lambda$ zu bilden. Ist $y$ als analytische Funktion gegeben, so wird die Berechnung des Integrals nach dieser Gaußschen Methode immer vorzuziehen sein, wenn $y$ durch eine Potenzreihe darstellbar ist, deren Restglied schon bei einem Abbrechen der Reihe nach wenigen Gliedern vernachlässigt werden kann. Kann man die Potenzentwicklung von $y$ leicht angeben, so kann man, unter Benutzung der Werte $A$ der Tabelle, *vor* der Rechnung die Genauigkeit abschätzen und damit die Anzahl $n$ der Glieder des Näherungsausdruckes, die man zu wählen hat, bestimmen.

Ist der Integrand eine erst aus physikalischen Messungen zu gewinnende Funktion, so kann man in vielen Fällen die Anzahl $n$ der Glieder des Näherungsausdruckes dadurch festlegen, daß man überlegt, wie hoch der Grad einer ganzen rationalen Funktion sein müßte, wenn diese die zu beobachtende Funktion mit ihren Schwankungen annähernd wiedergeben soll.

Da nun ein $n$-gliedriger Näherungsausdruck den exakten Wert für das Integral über eine ganze Funktion $(2n-1)^{\text{ten}}$ Grades darstellt, kann man so zu einer Bestimmung von $n$ gelangen.

Als Beispiel für die verschiedenen Methoden des 6. Kapitels wollen wir das Integral $\int_0^{\pi/2} \cos x\, dx = 1$ auf mehrfache Weise behandeln.

| $k$ | $x$ | $y$ |
|---|---|---|
| 0 | 0,00000 | 1,00000 |
| 1 | 0,15708 | 0,98769 |
| 2 | 0,31416 | 0,95106 |
| 3 | 0,47124 | 0,89101 |
| 4 | 0,62832 | 0,80902 |
| 5 | 0,78540 | 0,70711 |
| 6 | 0,94248 | 0,58779 |
| 7 | 1,09956 | 0,45399 |
| 8 | 1,25664 | 0,30902 |
| 9 | 1,41372 | 0,15643 |
| 10 | 1,57080 | 0,00000 |

1. Wir nehmen an, eine empirische Funktion sei wie folgt tabuliert gegeben.[1]

Von der so gegebenen Funktion soll das Integral $\int_0^{1,57080} y\, dx$ berechnet werden.

Wie genau die vorgelegten $y$-Werte sind, sei uns auch nicht bekannt.

Wir bilden daher den Ausdruck

$$m = \{y_{k+2} - 4y_{k+1} + 6y_k - 4y_{k-1} + y_{k-2}\},$$

---

[1] Es sind die Werte von $\cos x$ für $x_k = k \cdot 9 \cdot \dfrac{\pi}{180}$ ($k = 0; 1; 2; \ldots 10$). Doch nehmen wir jetzt an, diese Herkunft der Tabellenwerte wäre uns nicht bekannt.

der ja den Differenzen vierter Ordnung proportional ist, für $k=2$; $3; \ldots 8$ und sehen zu, ob die gefundenen Zahlen einen regelmäßigen Gang zeigen. Für $k=2$ ist $m = 5{,}8 \cdot 10^{-4}$ und für $k=8$ ist $m = 2{,}3 \cdot 10^{-4}$. Die übrigen Werte möge der Leser selbst rechnen. Er wird einen regelmäßigen Gang finden. Alle Ziffern der gegebenen $y$-Werte verdienen daher Vertrauen.

Wir rechnen das Integral nach der Simpsonschen Regel und finden
$$S_1 = 1{,}000008.$$

Da wir nicht wissen, daß Eins der genaue Wert ist, müssen wir den Fehler unseres Resultats abschätzen.

Er ist annähernd $F = \dfrac{n}{2} \cdot \dfrac{\delta}{90} \cdot m$ nach Seite 89.

Nun ist hier $n = 10$; $\delta = 0{,}157$, und für $m$ nehmen wir der Sicherheit halber den größten Wert $5{,}8 \cdot 10^{-4}$.

Somit finden wir $F = 5 \cdot 10^{-6}$ und müssen daher in unserem Ergebnis $S_1$ allenfalls mit einem Abrundungsfehler von einer Einheit der fünften Dezimale rechnen.

2. Wir rechnen bei der gleichen Aufgabe nach den Formeln der „ersten Näherung" und finden

$$S_2 = 0{,}9979 \quad \text{und} \quad S_3 = 1{,}0041.$$

Danach wäre $1{,}00$ als richtig anzusetzen.

Natürlich entspricht dieser primitive Rechenapparat hier keineswegs der Genauigkeit der gegebenen $y$-Werte!

3. Die Aufgabe laute: Es soll das Integral $\int\limits_0^{\pi/2} \cos x\, dx$ nach der Simpsonschen Regel auf fünf Dezimalstellen genau berechnet werden.

Zunächst fragen wir nach der Anzahl der bei dieser Genauigkeit nötigen Funktionswerte, deren Ausrechnung jetzt als noch bevorstehend anzusehen ist.

Für den Fehler $F$ haben wir nach Seite 85 bei $(n+1)$ Funktionswerten und dem Intervall $\delta$ den Näherungswert

$$F = \frac{n}{2} \cdot \frac{\delta}{90} \cdot f^{\text{IV}} \cdot \delta^4.$$

Denn die Differenzen vierter Ordnung sind nach Seite 77 ungefähr $f^{\text{IV}} \cdot \delta^4$.

Nun ist für $n$ stets $n \cdot \delta = \dfrac{\pi}{2}$ oder $\delta = \dfrac{\pi}{2n}$. Für $f^{\text{IV}}$ setzen wir den größtmöglichen Wert 1. Da die fünfte Dezimale richtig sein soll, setzen wir an $F < 5 \cdot 10^{-6}$. Drücken wir in $F$ die

VI. Mechanische Quadratur

Streifenbreite $\delta$ durch $n$ aus, so haben wir die gesuchte Bedingung für $n$, nämlich:

$$\frac{\pi^5}{180 \cdot 2^5 \cdot n^4} \leq 5 \cdot 10^{-6}, \quad \text{oder} \quad n^4 \geq \frac{\pi^5 \cdot 10^6}{180 \cdot 2^5 \cdot 5}.$$

Mit logarithmischer Rechnung finden wir hieraus $n \geq 10{,}09$. Man würde demnach mit $n = 10$ rechnen, wie unter 1. geschehen.

4. Die gleiche Aufgabe sei mit der Gaußschen Methode zu lösen. Die Einführung der dort (S. 94) gebrauchten Integrationsvariablen $u$ geschieht durch

$$x = \frac{\pi}{4} \cdot (1 + u), \quad dx = \frac{\pi}{4} \cdot du, \quad \text{und es ist} \quad \frac{d^\lambda y}{du^\lambda} = \frac{d^\lambda y}{dx^\lambda} \cdot \left(\frac{\pi}{4}\right)^\lambda.$$

Auch hier handelt es sich zunächst um die Wahl von $n$. Wir versuchen, ob $n = 2$ ausreichende Genauigkeit sichert. Der Fehler ist (s. S. 97) damit näherungsweise

$$\frac{4}{45} \cdot \frac{d^4 y}{du^4} \cdot \frac{1}{4!} = \frac{4}{45} \cdot \frac{d^4 y}{dx^4} \cdot \left(\frac{\pi}{4}\right)^4 \cdot \frac{1}{4!}.$$

Wieder setzen wir den Differentialquotienten gleich Eins und finden damit für den Faktor $1{,}6 \cdot 10^{-3}$.

Zwei Funktionswerte genügen also leider nicht. Versuchen wir es mit $n = 3$. Der Fehler wird dann

$$\frac{4}{175} \cdot \frac{d^6 y}{dx^6} \cdot \left(\frac{\pi}{4}\right)^6 \cdot \frac{1}{6!} = 7{,}4 \cdot 10^{-6}.$$

Wir müssen also bei $n = 3$ mit einem Abrundungsfehler in der fünften Dezimale rechnen.

Wir führen die Rechnung mit $n = 3$ durch.

Mit $u_1 = -\sqrt{3/5}$; $u_2 = 0$ und $u_3 = +\sqrt{3/5}$ erhalten wir folgende Werte $x$, die wir in Graden angeben.

$$x_1^0 = \frac{\pi}{4} \cdot (1 - \sqrt{3/5}) \cdot \frac{180}{\pi} = 10{,}143^0 \qquad \cos x_1 = 0{,}98437 = y_1$$

$$x_2^0 = \frac{\pi}{4} \cdot \frac{180}{\pi} \qquad\qquad = 45^0 \qquad \cos x_2 = 0{,}70711 = y_2$$

$$x_3^0 = \frac{\pi}{4} \cdot (1 + \sqrt{3/5}) \cdot \frac{180}{\pi} = 79{,}857^0 \qquad \cos x_3 = 0{,}17610 = y_3.$$

Die Koeffizienten $R_\lambda$ sind: $R_1 = R_3 = \frac{5}{18}$ und $R_2 = \frac{8}{18}$. Es ist nun schließlich

$$\int_0^{\pi/2} \cos x \, dx = \frac{\pi}{4} \cdot \int_{-1}^{+1} \cos\left\{\frac{\pi}{4} \cdot (1+u)\right\} du =$$

$$\frac{\pi}{2} \cdot \{R_1 y_1 + R_2 y_2 + R_3 y_3\} = 1{,}000006.$$

5. Der Leser zeichne auf Millimeterpapier die Kurve $y = \cos x$ und bestimme den Integralwert durch Auszählen, Planimetrieren und Ordinatensummation.

## VII. Graphische Integration und Differentiation.

### A. Integration.

Liegt eine Funktion $f(x)$ graphisch gegeben vor, so wendet man zur Lösung der Aufgabe, die Integralfunktion $F(x) = \int f(x)\,dx$ zu bestimmen, mit Vorteil graphische Hilfsmittel an.

Für die mechanische Lösung dieser Aufgabe sind besondere Apparate, sog. Integraphen, konstruiert worden. Von einer Beschreibung dieser Apparate wird hier abgesehen, weil ihr Prinzip sehr einfach und in vielen Lehrbüchern auseinandergesetzt ist, z. B. bei Galle, *Die mathematischen Instrumente*. Der hohe Preis dieser Instrumente rechtfertigt aber den Ausbau von Methoden, die mit gewöhnlichen zeichnerischen Hilfsmitteln durchführbar sind.

**1. Integration einer „Stufenkurve".** Zunächst stellen wir uns eine besonders einfache Aufgabe: Die zu integrierende Funktion $y = f(x)$ soll im kartesischen Koordinatensystem durch einen treppenförmigen Linienzug, der aus geradlinigen, den Achsen parallelen Stücken zusammengesetzt ist, dargestellt sein, und die Längeneinheiten, auf die $x$, $f(x)$ und die Ordinaten $\eta$ der Integralkurve bezogen werden, sollen gleich lang gewählt werden (Fig. 22).

Betrachten wir zunächst das erste horizontale Stück von $f(x)$ zwischen $x_1$ und $x_2$. Sein Abstand von der $x$-Achse sei $y_1$. Da der Differentialquotient $\dfrac{dF(x)}{dx}$ der Integralfunktion gleich dem

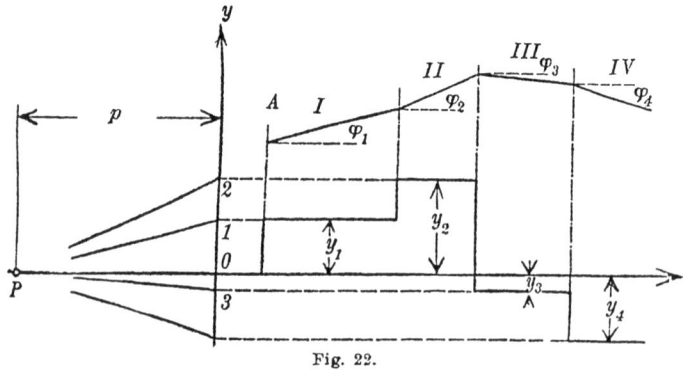

Fig. 22.

VII. Graphische Integration und Differentiation

Integranden $f(x)$ sein muß, ist $F(x)$ zwischen $x_1$ und $x_2$ geradlinig, und zwar ist die Neigung $\varphi_1$ dieses Geradenstückes gegen die $x$-Achse so zu bemessen, daß $\tan \varphi_1 = \dfrac{dF(x)}{dx} = y_1$ wird. Die Richtung des ersten Stückes I der integrierenden Funktion ist somit bestimmt, der Anfangspunkt $A$ der Integralkurve, d. h. der zur Abszisse $x_1$ gehörende Wert $F(x)$, ist willkürlich und muß irgendwie aus der Problemstellung bekannt sein.

Die Integration des zweiten horizontalen Stückes von $f(x)$ zwischen $x_2$ und $x_3$ gibt wieder ein geradliniges Stück (II) der Integralkurve, dessen Neigung $\varphi_2$ der Gleichung $\tan \varphi_2 = \dfrac{dF(x)}{dx} = y_2$ genügt. Das Stück II der Integralkurve ist damit vollständig bestimmt, da es sich ja an das Stück I anschließen muß. So wird die Integration fortgesetzt. Die Konstruktion bleibt auch für negative Werte des Integranden anwendbar. In diesem Falle wird $\varphi$ negativ, und das entsprechende geradlinige Stück ist abwärts gerichtet.

Zur Bestimmung der Neigungswinkel $\varphi_\lambda$ der Integralkurvenstücke ist folgendes Verfahren üblich: Man nimmt links vom Koordinatenanfangspunkt auf der Abszissenachse einen „Pol" $P$ an. Den Abstand $\overline{PO} = p$ mm wollen wir zunächst gleich der Einheitslänge machen, mit der $x$ und $f(x)$ aufgetragen sind. Verlängert man die horizontalen Linienstücke von $f(x)$ bis zur $y$-Achse, so wird diese in Punkten getroffen, die wir der Reihe nach mit den Ziffern 1, 2 ... bezeichnen, es ist also $\overline{O1} = y_1$, $\overline{O2} = y_2, \ldots$ Verbindet man nun den Pol $P$ mit diesen Punkten 1, 2, ... auf der $y$-Achse, so bilden die Strahlen $\overline{P1}, \overline{P2}, \overline{P\lambda}, \ldots$ gerade die Winkel $\varphi_\lambda$ mit der $x$-Achse, und die Linienstücke der Integralkurve sind diesen Strahlen parallel zu ziehen.

Es ist nun in den meisten Fällen vorteilhaft, den *Polabstand* $\overline{OP}$ anders zu wählen als gerade gleich der Längeneinheit der $x$-Achse. Desgleichen wollen wir uns vorbehalten, die Maßstäbe auf der $x$- und $y$-Achse verschieden anzunehmen.

Dann ergibt sich, wie wir sogleich sehen werden, ein *ganz bestimmter Maßstab, in dem die Ordinaten $\eta = F(x)$ der Integralkurve zu messen sind.*

Es sei die Einheitslänge der $x$-Achse $e_x$ mm lang und $e_y$ mm die der $y$-Achse, dann bedeutet unsere Kurve $y = f(x)$, präzise ausgesprochen, daß die *Zahlen* $x$ und $y$ durch *Längen* $x \cdot e_x$ mm und $y \cdot e_y$ mm dargestellt werden.

Machen wir nun den Polabstand $\overline{PO}$ etwa $p$ mm lang, be-

2. Integration allgemeiner Funktionen 103

halten aber sonst die Konstruktion bei, so werden die Winkel zwischen den Polstrahlen und der $x$-Achse durch die Gleichung bestimmt:
$$\tan \varphi_\lambda = y_\lambda \cdot \frac{e_y}{p}.$$

Ist andererseits die Längeneinheit, mit der die Ordinaten $\eta = F(x)$ der Integralkurve zu messen sind, $e_\eta$ mm lang, so bilden ihre Tangenten einen Winkel mit der $x$-Achse, dessen trigonometrische Tangente die Größe
$$\frac{e_\eta}{e_x} \cdot \frac{d F(x)}{d x}$$

hat. Damit unsere Konstruktion die richtige Integralkurve liefert, muß also
$$\tan \varphi = y \cdot \frac{e_y}{p} = \frac{e_\eta}{e_x} \cdot \frac{d F(x)}{d x}$$

sein. Nun soll andererseits, unabhängig von der Wahl der Längeneinheiten, die Gleichung bestehen:
$$\frac{d F(x)}{d x} = y = f(x).$$

Daraus folgt also *die Bedingungsgleichung zwischen den drei Längeneinheiten $e_x$, $e_y$, $e_\eta$ und dem Polabstand $p$:*
$$e_\eta = \frac{e_x \cdot e_y}{p}.$$

In dieser freien Verfügung über die Maßeinheiten liegt ein großer Vorzug der graphischen Methode gegenüber dem Gebrauch des Integraphen. Nach der erforderten Genauigkeit, mit der man die Größen ablesen will, bemißt man die Längeneinheiten und bestimmt dann den Polabstand.

**2. Integration allgemeiner Funktionen.** Auf die in § 1 erledigte Integration einer Stufenkurve wird nun der allgemeine Fall einer beliebigen Kurve dadurch zurückgeführt, daß man die zu integrierende Kurve $y = f(x)$ durch eine Stufenkurve ersetzt.

Dies kann auf zweierlei Art geschehen, so daß wir zwei Methoden zu unterscheiden haben, die wir einfach als erste und zweite bezeichnen wollen.

Erste Methode: Die Funktion $f(x)$, die im Intervall $x_1$ bis $x_2$ zu integrieren ist, sei dargestellt durch die vom Punkte $T_1$ bis zum Punkte $T_8$ gezogene Kurve (Fig. 23). Wir ersetzen $f(x)$ durch die Stufenkurve $T_1 T_2 \ldots T_8$, die aus abwechselnd der $x$- und $y$-Achse parallelen geraden Stücken besteht. Wir denken uns zuerst diejenigen Strecken der Stufenkurve gezogen, die der $x$-Achse parallel sind, also $T_1 T_2$, $T_3 T_4$, $T_5 T_6$ und $T_7 T_8$. Die erste und letzte dieser

VII. Graphische Integration und Differentiation

Strecken sind dadurch bestimmt, daß sie durch Anfangs- und Endpunkte $T_1$ und $T_8$ der Kurve $f(x)$ im Integrationsintervall gehen müssen. Die der $y$-Achse parallelen Stücke $T_2 T_3$ und $T_4 T_5$ der Stufenkurve sind nun so zu ziehen, *daß die durch Schraffen gleicher Richtung bezeichneten Segmente, die zu beiden Seiten eines der $y$-Achse parallelen Linienstückes liegen, flächengleich werden.* Wie genau das nach Augenmaß ausführbar ist, hängt von der persönlichen Geschicklichkeit ab. Wir nehmen die Bedingung als streng erfüllt an und integrieren die Stufenkurve nach der Methode des § 1. Wir erhalten dann als Integralkurve für die Stufenkurve

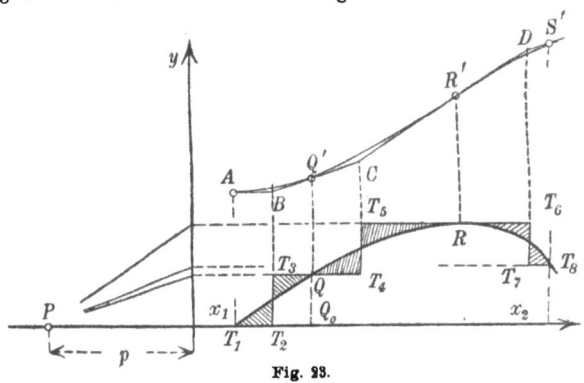

Fig. 23.

den Polygonzug $ABCD$, wobei die Annahme des Anfangspunktes $A$ unwesentlich ist.

Von der Integralkurve $\eta = F(x)$, die $f(x)$ integriert, wissen wir nun folgendes:

1. Sie geht durch den Punkt $A$.
2. Sie geht durch einen Punkt $Q'$, der auf dem Stück $BC$ des die Stufenkurve integrierenden Polygons liegt, senkrecht über dem Punkte $Q$, in dem das horizontale Stück $T_3 T_4$ der Stufenkurve die Kurve $f(x)$ durchschneidet. Bezieht man nämlich die Ordinaten der beiden Integralkurven, sowohl der zur Stufenkurve als der zu $f(x)$ gehörigen, auf eine durch $A$ parallel zur $x$-Achse gezogene Abszissenachse, so geben sie durch ihre Länge die Fläche an, die links von der betreffenden Ordinate unter der zu integrierenden Kurve liegt $\left(\text{weil } \eta = \int_{x_1}^{x} f(x)\, dx \text{ ist}\right)$.

Aus der Gleichheit der schraffierten Segmente folgt aber, daß die links von $QQ'$ unter der Stufenkurve liegende Fläche *gleich* ist der unter der Kurve $f(x)$ liegenden Fläche. Die auf $QQ'$ liegen-

## 2. Integration allgemeiner Funktionen 105

den Ordinaten beider Integralkurven haben also gleiche Größe, und beide Integralkurven haben den Punkt $Q'$ gemein.

Ebenso sieht man, daß beide Integralkurven durch den Punkt $R'$ und den Punkt $S'$ gehen müssen. Allgemein gilt, daß beide Integralkurven die Punkte gemein haben, die zu den gleichen Abszissen wie die Schnittpunkte der Kurve $f(x)$ mit einem der $x$-Achse parallelen Teil der Stufenkurve gehören.

3. Die Seiten des die Stufenkurve integrierenden Polygons sind *Tangenten* der gesuchten Integralkurve $\eta = F(x) = \int\limits_{x_1}^{x} f(x)\,dx$.

Wir haben uns soeben überzeugt, daß der Punkt $Q'$ auf $\overline{BC}$ auch ein Punkt von $F(x)$ ist. Die Tangente an die Kurve $\eta = F(x)$ im Punkte $Q'$ bildet mit der $x$-Achse einen Winkel $\varphi$, für den bei überall gleichen Längeneinheiten[1]) $\tan\varphi = \dfrac{dF(x)}{dx} f(x) = \overline{Q_0 Q}$ ist. Gerade diesen Winkel $\varphi$ bildet aber die Polygonseite $BC$ mit der $x$-Achse, denn $\overline{BC}$ ist die Integralkurve zu $T_3 T_4$.

Ebenso überzeugt man sich, daß $AB$ die Tangente an $F(x)$ im Punkte $A$ und $CD$ die Tangente im Punkte $R'$, sowie $DS'$ die Tangente im Punkte $S'$ ist.

Wir erhalten also durch die Integration der Stufenkurve nach § 1 von der gesuchten Integralkurve eine *Reihe von Punkten samt den zugehörigen Tangenten*. Dann ist es aber leicht, die Kurve selbst in dieses Tangentenpolygon einzuzeichnen, womit die Aufgabe gelöst ist.

Was die Genauigkeit des Verfahrens anbetrifft, so können wir, statt irgendwelcher analytischen Abschätzung, dem Leser den Rat geben, selbst nach dieser Methode zu integrieren, er wird über die Genauigkeit erstaunt sein.[2]) Eine *Kontrolle* kann man sich nämlich durch Planimetrieren des Integranden $f(x)$ bis zur Endordinate der Integration verschaffen, da die Endordinate der Integralkurve den planimetrierten Flächeninhalt unter der Kurve $f(x)$ darstellt.

Bei dem Ersetzen des Integranden $f(x)$ durch die Stufenkurve muß man diese von Fall zu Fall geeignet anordnen. Hat z. B. $f(x)$ ein Maximum oder Minimum, so wird man die der $x$-Achse parallele Tangente daselbst für die Stufenkurve verwerten.

Statt die Stufen sehr klein zu machen, empfiehlt es sich, mehrere verschiedene Einteilungen nebeneinander heranzuziehen und bei

---

1) Die Abänderung der Gleichungen bei Annahme verschiedener Längeneinheiten ergibt sich leicht.
2) Sie erreicht mindestens die des Integraphen.

der schließlichen Einzeichnung der Integralkurve alle sich daraus ergebenden Punkte und Tangenten zu benutzen.

Zweite Methode: Die zweite Methode weicht von der eben besprochenen durch eine andere Anordnung der Stufenkurfe ab (Fig. 24). Hier sind die der $x$-Achse parallelen Teile $T_1 T_2$, $T_3 T_4 \ldots$ der Stufenkurve so orientiert, daß die gleich schraffierten Segmente *ober- und unterhalb* derselben gleichen Flächeninhalt bekommen. Die Stufenkurve wird durch den Polygonzug $AB \ldots E$ integriert, und man sieht, daß die gesuchte Integralkurve

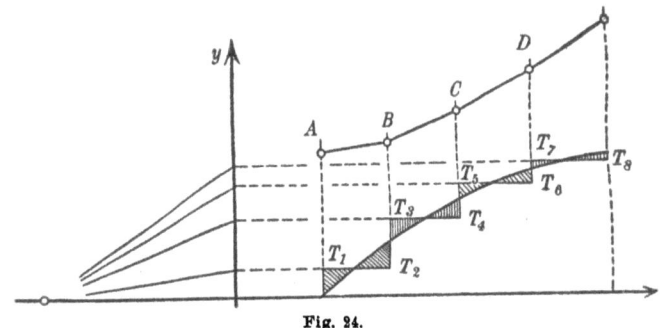

Fig. 24.

$F(x) = \int_{x_1}^{x} f(x)\,dx$ mit diesem Polygon die Eckpunkte $A, B, \ldots E, F,$ gemeinsam hat. Die Tangenten in diesen Punkten müßte man erst durch eine besondere Hilfskonstruktion ermitteln.[1])

Man kann die beiden Integrationsmethoden so charakterisieren: Die erste Methode liefert für die gesuchte Integralkurve ein Tangentenpolygon, die zweite nur ein Sehnenpolygon. Im allgemeinen verdient daher die erste Methode den Vorzug.

Die zweite Methode kommt aber zweckmäßig zur Anwendung, wenn nicht der ganze Verlauf der Integralkurve $F(x)$ von Bedeutung ist, sondern nur einzelne Werte $F(x_\lambda)$ derselben für vorgegebene (z. B. äquidistante) Werte von $x$ gesucht werden sollen. Dann legt man die vertikalen Stufen durch diese Werte $x_\lambda$ und erhält auch die zu diesen Abszissen gehörigen Punkte der Integralkurve.

Die Integration der von einer geschlossenen Kurve umgrenzten

---

1) Um z. B. die Tangente im Punkte $B$ zu ermitteln, hätte man durch den Schnittpunkt der vertikalen Stufe $T_2 T_3$ mit $f(x)$ eine Parallele zur $x$-Achse zu ziehen. Diese schneidet die $y$-Achse im Punkte $\sigma$, und der Polstrahl $\overline{O\sigma}$ bestimmt die Richtung der Tangente in $B$.

Fläche läßt sich auf die Integration eines eindeutigen Integranden zurückführen.

**3. Anwendung der graphischen Integration auf die Bestimmung des Restgliedes der Taylor-Entwickelung einer analytischen Funktion.** Wenn man eine analytisch gegebene Funktion in eine Potenzreihe entwickelt, so ist es in allen Fällen von Wichtigkeit, sich Rechenschaft über den Fehler zu geben, den man bei einem Abbrechen der Entwickelung begeht. Man kann nun in den meisten Fällen den Fehler zwar abschätzen, es leuchtet jedoch ein, daß es von Vorteil ist, statt einer Abschätzung des Fehlers eine *Darstellung des Fehlers selbst* zu erhalten. Der Fehler wird eine Funktion der unabhängigen Variablen sein, und wir werden zeigen, wie durch eine mehrmalige Integration, die sich graphisch leicht durchführen läßt, eine Kurve entsteht, die den Verlauf jener „Restglied" genannten Fehlerfunktion abzulesen gestattet.

Nehmen wir an, eine Funktion $f(x)$ sei an der Stelle $x = 0$ in eine Potenzreihe entwickelt und die Entwickelung sei mit dem Gliede $n^{\text{ter}}$ Ordnung abgebrochen, so besteht folgende Gleichung:

$$f(x) = a_0 + a_1 x + a_2 x^2 + \cdots + a_n x^n + R(x),$$

wenn $R(x)$ das Restglied bedeutet. (Soll $f(x)$ nicht an der Stelle $x = 0$ entwickelt werden, sondern an einer anderen Stelle $x = p$, so denke man sich $x - p$ als neue Variable eingeführt.)

Zwischen den Koeffizienten $a_\lambda$ und den Ableitungen der Funktion $f(x)$ bestehen dann bekanntlich folgende Gleichungen:

$$a_0 = f(0),$$
$$a_1 = \left(\frac{df(x)}{dx}\right)_{x=0},$$
$$a_2 = \frac{1}{2!}\left(\frac{d^2f(x)}{dx^2}\right)_{x=0},$$
$$\cdots\cdots\cdots\cdots$$
$$a_n = \frac{1}{n!}\left(\frac{d^n f(x)}{dx^n}\right)_{x=0}.$$

Für die als „Restglied" bezeichnete Funktion $R(x)$ und deren Ableitungen gelten folgende Beziehungen:

$$R(0) = 0,$$
$$\left(\frac{dR(x)}{dx}\right)_{x=0} = 0,$$
$$\left(\frac{d^2R(x)}{dx^2}\right)_{x=0} = 0,$$
$$\cdots\cdots\cdots\cdots$$
$$\left(\frac{d^n R(x)}{dx^n}\right)_{x=0} = 0.$$

VII. Graphische Integration und Differentiation

D. h. die Funktion $R(x)$ verschwindet für $x = 0$ mit ihren ersten $n$ Ableitungen. Es folgt dies unmittelbar aus der Definition der Koeffizienten $a_\lambda$ und $n$-maliger Differentiation der Gleichung:

$$f(x) = a_0 + a_1 x + a_2 x^2 + \cdots + a_n x^n + R(x).$$

Differentiiert man $(n + 1)$ mal, so erhält man die Gleichung:

$$\frac{d^{n+1} f(x)}{dx^{n+1}} = \frac{d^{n+1} R(x)}{dx^{n+1}},$$

die für alle Werte von $x$ gilt.

Von der Funktion $R(x)$ kennt man also die $(n+1)^{te}$ Ableitung, die wir uns durch eine Konstruktion aus einzelnen Punkten als Kurve dargestellt denken. Ferner wissen wir, daß die Funktion $R(x)$ sowie ihre $n$ ersten Ableitungen für $x = 0$ verschwinden. Dadurch ist aber die Funktion $R(x)$ bestimmt und kann durch graphische Integration gefunden werden.

Integrieren wir nämlich die $\dfrac{d^{n+1} R(x)}{dx^{n+1}} = \dfrac{d^{n+1} f(x)}{dx^{n+1}}$ darstellende Kurve so, daß die Integralkurve für $x = 0$ den Wert Null annimmt, so erhalten wir eine Funktion, die dieselbe Ableitung hat wie $\dfrac{d^n R(x)}{dx^n}$. Da sie außerdem für $x = 0$ verschwindet, stellt sie die $n^{te}$ Ableitung von $R(x)$ dar. Durch eine erneute Integration der soeben erhaltenen Kurve mit der gleichen Anfangsbedingung, daß auch diese Integralkurve für $x = 0$ den Wert Null annimmt, erhalten wir eine die $(n-1)^{te}$ Ableitung von $R(x)$ darstellende Kurve. Auch diese wird unter derselben Bedingung integriert und liefert die $(n-2)^{te}$ Ableitung von $R(x)$. So fährt man in diesen Integrationen fort und erhält durch die $(n+1)^{te}$ Integration eine Kurve, die den Verlauf des Restgliedes darstellt. Man kann also kurz sagen: Um das Restglied der mit dem Gliede $n^{ter}$ Ordnung abbrechenden Taylor-Entwickelung einer Funktion zu erhalten, hat man zuerst die $(n+1)^{te}$ Ableitung als Kurve darzustellen. Diese Kurve muß dann $(n+1)$ mal integriert werden, und zwar so, daß die Anfangswerte bei jeder Integration gleich Null angenommen werden. Die letzte Integralkurve stellt dann das Restglied als Funktion der unabhängigen Variablen dar.

Für die praktische Ausführung ist noch folgendes zu bemerken: Um eine übersichtliche Zeichnung zu erhalten, empfiehlt es sich, die einzelnen durch die Integrationen erzeugten Kurven nicht in ein und dasselbe Koordinatensystem einzuzeichnen, sondern jeder Kurve ein eignes zuzuweisen (s. Beispiel). Ferner hat man bei jeder Integration auf eine zweckmäßige Wahl des Polabstandes

3. Das Restglied der Taylor-Entwicklung 109

zu achten, um die Kurve des Restgliedes in brauchbaren Einheiten zu erhalten.

In Fig. 25 ist ein Beispiel durchgeführt, und zwar ist die Funktion
$$y = \log(1+x)$$

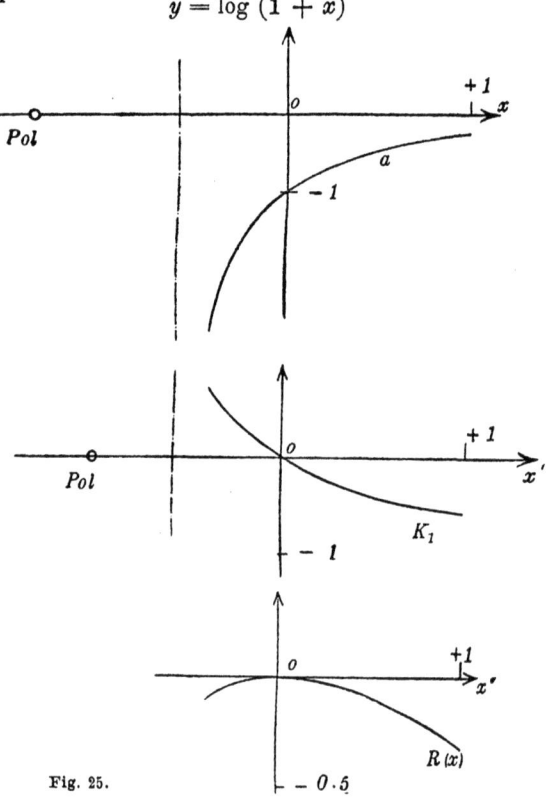

Fig. 25.

an der Stelle $x = 0$ in eine Reihe entwickelt, die bereits mit den Gliedern erster Ordnung abgebrochen ist, so daß wir für das Restglied den Ansatz erhalten:
$$y = x + R(x).$$

Die zweite Ableitung, welche als Kurve aufzutragen ist, lautet:
$$y'' = -\frac{1}{(1+x)^2},$$

und in Fig. 25 ist diese Kurve ganz oben gezeichnet und mit $a$ bezeichnet. Eine erste Integration gibt die darunter liegende, mit

VII. Graphische Integration und Differentiation

$K_1$ bezeichnete Kurve. Diese ist auf die $x'$ genannte Abszissenachse bezogen. Diese Kurve $K_1$ ist wieder integriert, und die dabei entstehende Integralkurve ist das gewünschte Restglied $R(x)$. Diese Kurve ist auf die $x''$ genannte Abszissenachse bezogen. An der auf der zugehörigen Ordinatenachse angebrachten Maßskala kann man die Werte des Restgliedes für verschiedene Werte von $x$ ablesen.

## B. Differentiation.

Liegt eine Funktion $y = f(x)$ im kartesischen Koordinatensystem als Kurve gezeichnet vor, so ist die Aufgabe, den Differentialquotienten dieser Funktion für einen *bestimmten* Wert $x$ graphisch zu bestimmen, nur mit sehr beschränkter Genauigkeit lösbar, weil die Tangente in einem Punkte einer Kurve nur ungenau bestimmt ist.

Erheblich leichter ist es, den *Berührungspunkt* einer Tangente zu bestimmen, wenn deren *Richtung* vorgegeben ist. Hiervon wird bei der graphischen Differentiation Gebrauch gemacht.

Es sei $\overparen{AB}$ ein Stück der gegebenen Kurve $f(x)$ und $r$ die Richtung, in der an $\overparen{AB}$ eine Tangente gelegt werden soll (Fig. 26). Um sich nicht nur auf das Augenmaß bei der Bestimmung des Berührungspunktes zu verlassen, kann man sich des folgenden Hilfsmittels bedienen: Nimmt man zunächst an, das Stück $\overparen{AB}$ der Kurve $f(x)$ unterscheide sich unmerklich von dem Bogenstücke eines Kegelschnittes, so kann man für diesen die verlangte Konstruktion an die Sätze über konjugierte Durchmesser anknüpfend in der Weise durchführen, daß man zwei zu $r$ parallele Sehnen im Bogen $\overparen{AB}$ zieht und diese halbiert. Die Verbindungsgerade der Sehnenmittelpunkte schneidet $\overparen{AB}$ in dem gesuchten Berührungspunkte.

Fig. 26.

Inwieweit das Ersetzen des Kurvenbogens $\overparen{AB}$ durch einen Kegelschnitt zulässig ist, merkt man sogleich, wenn man nicht nur zwei parallele Sehnen, sondern eine größere Anzahl zeichnet und halbiert. Die Mittelpunkte liegen dann auf einer Kurve, die in der Nähe des Kurvenstückes nahezu geradlinig wird. Der mit ziemlicher Sicherheit zu extrapolierende Schnitt dieser Mittelpunktskurve mit der gegebenen Kurve liefert den gesuchten Berührungspunkt.

Bestimmt man auf diese Weise für eine Reihe von passend gewählten Tangentenrichtungen die Berührungspunkte, so kann

## 3. Das Restglied der Taylor-Entwicklung 111

man zweckmäßig damit eine *punktweise Konstruktion der Differentialkurve* $y' = \dfrac{df(x)}{dx}$ verbinden. Man nimmt auf der $x$-Achse einen Pol $P$ an und zieht von demselben Strahlen in solchen Richtungen, def für die Tangenten der zu differenzierenden Kurve $f(x)$ in Frage kommen (Fig. 27). Darauf ermittelt man die Berührungspunkte $B_1$, $B_2$, $B_3$, $B_4$, ... der Tangenten, die in diesen Richtungen verlaufen. Es ist überflüssig, die Tangenten selbst einzuzeichnen. Durch die Berührungspunkte zieht man Parallelen zur $y$-Achse und trägt auf diesen als Ordinaten die betreffenden

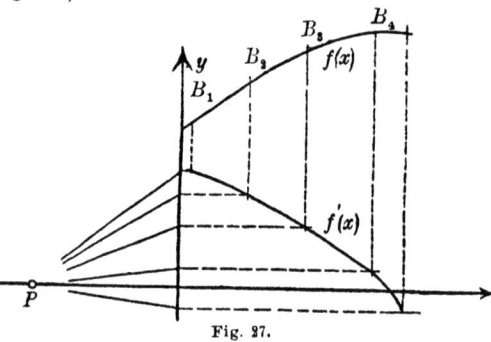

Fig. 27.

Werte von $f'(x)$ auf. Da $f'(x_\lambda) = \tan \varphi_\lambda$ ist, wenn $\varphi_\lambda$ den Winkel zwischen Tangente und $x$-Achse bedeutet, so schneiden die vom Pol auslaufenden Strahlen, die ja den Tangenten parallel und um die Winkel $\varphi_\lambda$ gegen die $x$-Achse geneigt sind, auf der $y$-Achse Punkte aus, deren Abstände von der $x$-Achse $\tan \varphi_\lambda = f'(x_\lambda)$ sind. Durch Parallele zur $x$-Achse überträgt man diese auf die betreffenden Ordinaten und erhält damit Punkte der Differentialkurve $f'(x)$, die durch einen geschlossenen Kurvenzug zu verbinden sind.[1])

Dieses Verfahren empfiehlt sich auch in dem Falle, wo der Differentialquotient für einen bestimmten Wert von $x$ ermittelt werden soll. Dieser ist dann der auf die angegebene Weise konstruierten $f'(x)$-Kurve zu entnehmen. Eine Kontrolle läßt sich auch hier durch Planimetrieren der gefundenen Differentialkurve gewinnen. Sehr genau sind die Methoden der graphischen Differentiation alle nicht. Es liegt das weniger an der Methode selbst, als daran, daß bei einer durch eine gezeichnete Kurve gegebenen Funktion die Richtung und damit der Differentialquotient nur ungenau bestimmt sein können.

Man kommt im allgemeinen am besten weg, wenn man der gezeichneten Kurve für äquidistante Abszissen die Ordinatenwerte

---

1) Für den Zusammenhang der Längeneinheiten mit dem Polabstande gilt die Gleichung S. 103.

entnimmt, in eine Tabelle einträgt und diese tabulierte Funktion, so wie auf Seite 81 gezeigt, numerisch differentiiert. Auf diesem Wege ist die Abschätzung der Genauigkeit auch einfacher. Natürlich kann man die berechneten Werte des Differentialquotienten wieder als Kurve auftragen.

# VIII. Analytische Approximation empirischer Funktionen.

**1. Approximation durch ganze rationale Funktionen.** Im fünften Kapitel ist eine Methode auseinandergesetzt, um eine Funktion, deren Werte für äquidistante Werte der unabhängigen Variablen gegeben sind, durch eine ganze rationale Funktion in der Weise zu ersetzen, daß diese die vorgegebenen Funktionswerte *wirklich annimmt*. Weisen die vorgelegten Funktionswerte nun sehr starke Schwankungen auf, deren Ursache in Beobachtungsfehlern oder sonstigen Ungenauigkeiten zu suchen ist, so empfiehlt es sich, besonders auch zur Interpolation und Berechnung des Differentialquotienten der beobachteten Funktion, ganze rationale Funktionen in anderer Weise zur Darstellung der gegebenen Funktion zu benutzen.

Man verzichtet hierbei darauf, daß die approximierende ganze rationale Funktion die gegebenen Werte wirklich annimmt, sondern stellt die Forderung an sie, sich diesen Werten „möglichst gut" anzuschmiegen. Denkt man sich die gegebenen Funktionswerte graphisch auf Koordinatenpapier aufgetragen, so werden sie durch diskrete Punkte dargestellt. Statt diese Punkte nun durch ganze rationale Funktionen darstellende Kurven zu „verbinden", führen wir eine „glatte" Kurve möglichst nahe an den Punkten vorbei.

Dies Verfahren ist berechtigt, wenn man den zu untersuchenden funktionellen Zusammenhang als durch eine glatt verlaufende Kurve darstellbar annehmen darf und die Abweichungen der beobachteten Werte von dieser Kurve auf Beobachtungsfehler schieben kann.

Der erste Weg, der sich hierbei zur Benutzung ganzer rationaler Funktionen darbietet, ist folgender:

Es sei $f(x)$ die gegebene, zu approximierende Funktion. Wir denken uns $f(x)$ zunächst kontinuierlich definiert und machen erst später von der Vorstellung diskret gegebener Werte Gebrauch. Dadurch werden auch die Fälle erledigt, wo $f(x)$ in der Tat kontinuierlich gegeben ist, sei es als Kurve, sei es durch einen analy-

## 1. Approximation durch ganze rationale Funktionen 113

tischen Ausdruck, und wobei man darauf ausgeht, dies gegebene $f(x)$ durch ganze rationale Funktionen zu approximieren.
Es sei nun

$$g(x) = a_0 + a_1 x + a_2 x^2 + \cdots + a_n x^n$$

die Funktion, mit der $f(x)$ approximiert werden soll. Die $n+1$ Koeffizienten $a_\lambda$ sollen dabei so gewählt werden, daß das Integral

$$M = \int_{x_1}^{x_2} \{f(x) - (a_0 + a_1 x + \cdots + a_n x^n)\}^2 dx$$

einen möglichst kleinen Wert bekommt. Die Grenzen $x_1$ und $x_2$ bezeichnen das Intervall, innerhalb dessen $f(x)$ durch die ganze rationale Funktion dargestellt werden soll. Dieses Intervall muß natürlich innerhalb des Definitionsbereiches von $f(x)$ liegen und kann diesem höchstens gleich sein.

Die Forderung, $M$ zum Minimum zu machen, kommt darauf hinaus, das Quadrat der Abweichungen zwischen $f(x)$ und $g(x)$ und damit diese selbst im Durchschnitt möglichst niedrig zu halten. Das kann man als Bedingung der Approximation gelten lassen, und man wird die Güte derselben nach dem Wert des Integrals $M$ beurteilen.[1]

Den Wert Null kann das Integral nur erreichen, wenn $f(x)$ selbst eine ganze rationale Funktion $n^{\text{ten}}$ Grades ist. Bei einmal gewähltem Grad $n$ der ganzen rationalen Funktion ist $M$ eine Funktion der Koeffizienten $a_0, a_1, \ldots, a_n$, und man erhält das Minimum durch Nullsetzen der partiellen Differentialquotienten:

$$\frac{\partial M}{\partial a_\lambda} = 0 \qquad (\lambda = 0, 1, 2, \ldots, n).$$

Das gibt gerade $n+1$ *lineare* Gleichungen für die $a_\lambda$.

Es ist vorteilhaft, durch eine Substitution einer neuen Variablen $u$ durch die Gleichung

$$x = \frac{x_1 + x_2}{2} - \frac{x_2 - x_1}{2} u$$

die Grenzen des Integrals in $+1$ und $-1$ zu verwandeln.

---

[1] Man könnte die Approximation auch nach anderen Gesichtspunkten beurteilen (siehe z. B. C. Runge, *Praxis der Reihen*, Leipzig 1904, S. 108), doch hat die hier gewählte große praktische Vorzüge. In der Ausgleichungsrechnung nach der sog. Methode der kleinsten Quadrate geht man von dem gleichen Ansatz aus.

Timerding, Handbuch I. 2. Aufl.

VIII. Analytische Approximation empirischer Funktionen

Wir denken uns im folgenden diese Substitution stets ausgeführt. Es ist dann allgemein

$$-\frac{1}{2} \cdot \frac{\partial M}{\partial a_\lambda} = \int_{-1}^{+1} u^\lambda \cdot \{f(u) - (a_0 + a_1 u + \cdots + a_n u^n)\} du = 0$$
$$(\lambda = 0, 1, \ldots, n),$$

und für $n = 0, 1, 2, 3$ wollen wir die daraus entstehenden Gleichungssysteme diskutieren.

(1) $n = 0$.

Es wird einfach $\quad a_0 = \frac{1}{2} \cdot \int_{-1}^{+1} f(u) du,$

d. h. gleich dem Mittelwert der Funktion $f(u)$.

(2) $n = 1$.

Es ergibt sich:

$$a_0 = \frac{1}{2} \cdot \int_{-1}^{+1} f(u) du, \quad a_1 = \frac{3}{2} \cdot \int_{-1}^{+1} u f(u) du.$$

Für höhere Grade $n$ erhält man für die $a_\lambda$ nicht mehr einzelne Gleichungen, sondern lineare Systeme. Zur Abkürzung schreiben wir:

$$J_0 = \frac{1}{2} \cdot \int_{-1}^{+1} f(u) du; \qquad J_1 = \frac{1}{2} \cdot \int_{-1}^{+1} u \cdot f(u) du;$$

$$J_2 = \frac{1}{2} \cdot \int_{-1}^{+1} u^2 \cdot f(u) du; \qquad J_3 = \frac{1}{2} \cdot \int_{-1}^{+1} u^3 \cdot f(u) du.$$

(3) $n = 2$.

Wir erhalten die drei Gleichungen

$$a_0 + \frac{a_2}{3} = J_0, \quad \frac{a_1}{3} = J_1, \quad \frac{a_0}{3} + \frac{a_2}{5} = J_2.$$

Daraus folgen die Werte:

$$a_0 = \tfrac{3}{4} \cdot (3 J_0 - 5 J_2), \quad a_1 = 3 \cdot J_1, \quad a_2 = \tfrac{15}{4} \cdot (3 J_2 - J_0).$$

(4) $n = 3$.

Die linearen Gleichungen lauten:

$$a_0 + \tfrac{1}{3} \cdot a_2 = J_0, \quad \tfrac{1}{3} \cdot a_1 + \tfrac{1}{5} \cdot a_3 = J_1,$$
$$\tfrac{1}{3} \cdot a_0 + \tfrac{1}{5} \cdot a_2 = J_2, \quad \tfrac{1}{5} \cdot a_1 + \tfrac{1}{7} \cdot a_3 = J_3.$$

Diese vier Gleichungen zerfallen in zwei Gruppen, je zwei Gleichungen für $a_0, a_2$ und $a_1, a_3$. Es ergeben sich die Werte:

$$a_0 = \tfrac{3}{4} \cdot (3 J_0 - 5 J_2), \quad a_1 = \tfrac{15}{4} \cdot (5 J_1 - 7 J_3),$$
$$a_2 = \tfrac{15}{4} \cdot (3 J_2 - J_0), \quad a_3 = \tfrac{35}{4} \cdot (5 J_3 - 3 J_1).$$

## 1. Approximation durch ganze rationale Funktionen 115

Für höhere Grade $n$ bedient man sich zweckmäßig einer anderen Methode, um die entsprechenden Formeln abzuleiten (§ 3).

Die Auswertung der Integrale $J_0$ bis $J_3$ geschieht bei äquidistant gegebenen Werten, deren Anzahl für $n=2$ größer als 5, für $n=3$ größer als 7 sein soll, zweckmäßig nach der Simpsonschen Regel (Kap. VI, S. 88) unter Benutzung des folgenden Schemas.

| $x$ | $u$ | $[f(u)]$ | $[u \cdot f(u)]$ | $[u^2 \cdot f(u)]$ | $[u^3 \cdot f(u)]$ |
|---|---|---|---|---|---|
| $x_1$ | $-1$ | $f(u)$ | . | . | . |
| . | . | $4 \cdot f(u)$ | . | . | . |
| . | . | $2 \cdot f(u)$ | . | . | . |
| . | . | . | . | . | . |
| $\dfrac{x_1 + x_2}{2}$ | $0$ | . | . | . | . |
| . | . | . | . | . | . |
| . | . | . | . | . | . |
| . | . | $4 \cdot f(u)$ | . | . | . |
| $x_2$ | $+1$ | $f(u)$ | . | . | . |

In die erste Kolonne schreibt man die Werte von $x$ (es muß eine ungerade Anzahl sein), in die zweite Kolonne trägt man die zugehörigen Werte von $u$ ein, damit ist die Substitution erledigt. In die dritte Kolonne schreibt man der Reihe nach von oben nach unten die gemäß der Simpsonschen Regel mit 1, 2 oder 4 multiplizierten Funktionswerte $f(u), 4 \cdot f(u), 2 \cdot f(u) \ldots 2 \cdot f(u), 4 \cdot f(u), f(u)$. Die folgenden Kolonnen entstehen jedesmal durch Multiplikation der vorhergehenden mit $u$. Die Addition der Kolonnen gibt die Größen $J_\mu$ bis auf einen allen gemeinsamen Faktor $\dfrac{1}{3 \cdot (\nu - 1)}$ ($\nu$ die Anzahl der gegebenen Werte).

Ist $f(x)$ graphisch als Kurve gegeben, so erfolgt die Auswertung der Integrale nach der S. 91 ff. auseinandergesetzten Methode.

Von dieser Approximation durch ganze rationale Funktionen wird man Anwendung machen, um bei diskret gegebenen Funktionswerten zu „interpolieren", d. h. Werte zu bestimmen, die zwischen den gegebenen liegen, ganz besonders aber auch, um den Differentialquotienten der zu untersuchenden Funktion zu berechnen.[1]) Will man den Differentialquotienten für $u = 0$ bestimmen, so ist dieser einfach durch den Koeffizienten $a_1$ gegeben.

Begnügt man sich mit einer Approximation durch eine ganze rationale Funktion zweiten Grades, so wird $a_1 = 3 \cdot J_1$, die Be-

---

1) Vgl. Kap. V, S. 81.

116 VIII. Analytische Approximation empirischer Funktionen

stimmung von $a_1$ erfordert also nur die Auswertung dieses Integrals.[1])

Glaubt man mit einer ganzen rationalen Funktion dritten Grades approximieren zu müssen, so erfordert die Bestimmung von $a_1$ zwei Integrationen. Welchen Grad $n$ man zu wählen hat, ist von Fall zu Fall zu entscheiden. Etwa dadurch, daß man sich überzeugt, ob der Koeffizient der nächsthöheren, $(n+1)^{\text{ten}}$ Potenz wirklich klein gegenüber den ersten Koeffizienten ist, oder durch Vergleich der Funktionswerte, die sich aus der approximierenden Funktion berechnen, mit den gegebenen, etwa durch Berechnung des Integralwertes $M$.

Beispiel: Es seien für $x = 1, 2, \ldots, 9$ folgende Werte $y_1, y_2, \ldots, y_9$ gemessen:

$$y_1 = 16, \quad y_2 = 66, \quad y_3 = 142, \quad y_4 = 257, \quad y_5 = 401,$$
$$y_6 = 575, \quad y_7 = 801, \quad y_8 = 1050, \quad y_9 = 1319,$$

wobei die letzte Stelle um einige Einheiten unsicher ist, und es ist gefragt nach dem Differentialquotienten $\dfrac{dy}{dx}$ für $x = 5$.[2])

Aus der folgenden Tabelle geht die Einführung der Variablen $u$ sowie die Bildung der Integrale $J$, die nach der Simpsonschen Regel gewonnen sind, hervor.

| $x$ | $y$ | $u$ | $[f(u)]$ | $[u \cdot f(u)]$ | $[u^2 \cdot f(u)]$ | $[u^3 \cdot f(u)]$ |
|---|---|---|---|---|---|---|
| 1 | 16 | −1,00 | 16 | − 16,0 | 16 | − 16 |
| 2 | 66 | −0,75 | 264 | − 198,0 | 148 | − 111 |
| 3 | 142 | −0,50 | 284 | − 142,0 | 71 | − 36 |
| 4 | 257 | −0,25 | 1028 | − 257,0 | 64 | − 16 |
| 5 | 401 | 0,00 | 802 | 0 | 0 | 0 |
| 6 | 575 | +0,25 | 2300 | 575,0 | 144 | 36 |
| 7 | 801 | +0,50 | 1602 | 801 | 400 | 200 |
| 8 | 1050 | +0,75 | 4200 | 3150 | 2362 | 1771 |
| 9 | 1319 | +1,00 | 1319 | 1319 | 1319 | 1319 |
| | | | 11815 | + 5851 | 4524 | + 3326 |
| | | | | − 613 | | − 179 |
| | | | | 5232 | | 3147 |

$$J_0 = 492{,}3, \quad J_1 = 218{,}0, \quad J_2 = 188{,}5, \quad J_3 = 131{,}1.$$

---

[1] Es ist durchaus charakteristisch, daß bei empirischen Funktionen der *schwierigere* Differentiationsprozeß durch eine Integration ersetzt wird.
[2] Die Aufstellung der Differenzentafel zeigt, daß Formel II, S. 75 nicht anwendbar ist.

2. Das Glätten einer empirischen Kurve

Ferner sind die Koeffizienten $a$ der Approximationsfunktion $g(u) = a_0 + a_1 u + a_2 u^2 + \cdots + a_n u^n$ für $n = 2$ und $n = 3$ zusammengestellt, nämlich:

| für $n = 2$. | für $n = 3$. |
|---|---|
| $a_0 = 401,$ | $a_0 = 401,$ |
| $\mathbf{a_1 = 654,}$ | $\mathbf{a_1 = 646,}$ |
| $a_2 = 274.$ | $a_2 = 274,$ |
|  | $a_3 = 13{,}1.$ |

Man erhält für $n = 2$:
$$\left(\frac{dy}{dx}\right)_{x=5} = \frac{1}{4}\left(\frac{dy}{du}\right)_{u=0} = \frac{a_1}{4} = 164$$

und für $n = 3$: $\quad \dfrac{dy}{dx} = 162.$

Die Abweichung zwischen beiden beträgt noch nicht 2%.

In diesem Falle wäre $n = 2$ ausreichend gewesen, denn der Koeffizient $a_3$ ist, in Anbetracht der Meßfehler, verschwindend klein.

Berechnet man nach der Simpsonschen Regel das Integral
$$\int_{-1}^{+1}(f(u) - g(u))^2 du = M,$$
das ja die Güte der Annäherung bestimmen soll, so findet man bei $n = 2$ den Wert $M = 48$, bei $n = 3$ $M = 42$, also wird durch $n = 3$ nichts wesentliches gewonnen.

**2. Das „Glätten" einer empirischen Kurve.** Von der Approximation empirischer Funktionen durch ganze rationale Funktionen kann man nach C. Runge auch in folgender Weise Gebrauch machen.

Wenn man die Werte einer unbekannten Funktion an äquidistanten Stellen durch Messungen ermittelt hat, so wird man sich in den meisten Fällen einen Überblick über den Verlauf der Funktion dadurch verschaffen, daß man die gemessenen Werte auf Koordinatenpapier als Punkte aufträgt und diese durch eine Kurve zu verbinden sucht. Sind die Meßfehler beträchtlich, und vermutet man, daß die Funktion selbst keine starken Schwankungen hat, so legt man die Kurve, welche diese Funktion darstellen soll, nicht durch die gemessenen Punkte selbst, sondern man zieht eine möglichst „glatte" Kurve, die an den Punkten so nahe wie möglich vorbeigeht.

118   VIII. Analytische Approximation empirischer Funktionen

Um hierfür einen Anhalt zu gewinnen, ist es z. B. in der Meteorologie üblich, aus den gemessenen Punkten neue Punkte dadurch abzuleiten, daß man zu jeder Abszisse $x_i$ das Mittel dreier gemessener Ordinaten
$$\frac{y_{i-1} + y_i + y_{i+1}}{3}$$
aufträgt. Oft ist es dann schon möglich, durch die so erhaltenen Punkte selbst eine glatte Kurve hindurchzulegen. Dies Verfahren ist natürlich nur so lange berechtigt, als der Verlauf der faktischen Funktion in einem Intervall $x_{i-1}$ bis $x_{i+1}$ mit ausreichender Genauigkeit als geradlinig angenommen werden kann.

Ist dies nicht mehr zulässig, so wird man eine bessere Darstellung erreichen, wenn man fünf aufeinanderfolgende Punkte benutzt und eine ganze rationale Funktion zweiten Grades $y = \varphi(x)$ so bestimmt, daß die Summe $\sum \{f(x_i) - \varphi(x_i)\}^2$, über die fünf Werte von $x_i$ erstreckt, ein Minimum wird und am mittelsten der fünf Punkte den zugehörigen Wert dieser ganzen rationalen Funktion aufträgt.

Führen wir statt $x$ eine neue Variable $u$ ein, die Null wird beim mittelsten der fünf Punkte und deren Einheit gleich dem Abstand zweier aufeinanderfolgenden Werte von $x$ ist, so können wir $\varphi(x)$ schreiben:
$$\varphi(x) = a_0 + a_1 u + a_2 u^2,$$
wo für $u$ das Intervall $-2$ bis $+2$ in Betracht kommt. Die Koeffizienten sind so zu bestimmen, daß die Summe
$$\sum \{a_0 + a_1 u + a_2 u^2 - y\}^2$$
(über die Werte $u = -2, -1, 0, +1, +2$ erstreckt) ein Minimum wird. Die partiellen Differentiationen nach $a_0$, $a_1$ und $a_2$ liefern die Gleichungen:
$$\sum (a_0 + a_1 u + a_2 u^2 - y) = 0,$$
$$\sum u(a_0 + a_1 u + a_2 u^2 - y) = 0,$$
$$\sum u^2(a_0 + a_1 u + a_2 u^2 - y) = 0$$
oder anders geschrieben:
$$5a_0 + a_1 \sum u + a_2 \sum u^2 = \sum y,$$
$$a_0 \sum u + a_1 \sum u^2 + a_2 \sum u^3 = \sum u y,$$
$$a_0 \sum u^2 + a_1 \sum u^3 + a_2 \sum u^4 = \sum u^2 y.$$

Da aber $u$ in den Summen die Werte $-2, -1, 0, +1, +2$ durchläuft, sind die Summen über ungerade Potenzen von $u$ Null.

## 2. Das Glätten einer empirischen Kurve

Wir suchen allein den Koeffizienten $a_0$, da er ja den Wert der Funktion für $u = 0$ angibt, der an der mittelsten Abszisse aufzutragen ist. Wir benutzen daher nur die erste und die dritte Gleichung, eliminieren daraus $a_2$ und erhalten für $a_0$:

$$a_0(5 \cdot \Sigma u^4 - \Sigma u^2 \cdot \Sigma u^2) = \Sigma u^4 \cdot \Sigma y - \Sigma u^2 y \cdot \Sigma u^2.$$

Nun ist $\Sigma u^4 = 34$ und $\Sigma u^2 = 10$.

Damit ergibt sich:

$$70 a_0 = 34 \cdot \Sigma y - 10(4y_{-2} + y_{-1} + y_1 + 4y_2)$$

oder auch:

$$70 a_0 = -6y_{-2} + 24y_{-1} + 34y_0 + 24y_1 - 6y_2.$$

($y_\alpha$ hierin soll den Wert an der Stelle $u = \alpha$ bedeuten.)

Damit wäre eine Möglichkeit der Berechnung von $a_0$ gefunden. Doch wird die Rechnung bequemer, wenn wir das Differenzenschema der fünf Funktionswerte $y_{-2} \ldots y_{+2}$ zu Hilfe nehmen, das wir ohnehin wenigstens bis zu den zweiten Differenzen gern bilden werden, um den mehr oder weniger gleichmäßigen Verlauf der gemessenen Werte zu beurteilen. Für unsern Zweck müssen wir das Differenzenschema bis zu den vierten Differenzen vervollständigen:

| $u$ | $y$ | $\varDelta^1$ | $\varDelta^2$ | $\varDelta^3$ | $\varDelta^4$ |
|---|---|---|---|---|---|
| $-2$ | $y_{-2}$ | | | | |
| $-1$ | $y_{-1}$ | $\varDelta^1_{-2}$ | $\varDelta^2_{-2}$ | | |
| $0$ | $y_0$ | $\varDelta^1_{-1}$ | $\varDelta^2_{-1}$ | $\varDelta^3_{-2}$ | $\varDelta^4_{-2}$ |
| $+1$ | $y_{+1}$ | $\varDelta^1_0$ | $\varDelta^2_0$ | $\varDelta^3_{-1}$ | |
| $+2$ | $y_{+2}$ | $\varDelta^1_{+1}$ | | | |

(Über die hierbei gebrauchte Bezeichnungsweise s. S. 72.) Man kann nun leicht nachrechnen, daß

$$\varDelta^4_{-2} = y_{-2} - 4y_{-1} + 6y_0 - 4y_1 + y_2$$

ist. Damit erhalten wir für $a_0$ den einfachen Ausdruck:

$$a_0 = y_0 - \tfrac{3}{35} \cdot \varDelta^4_{-2}.$$

Dieser Wert ist also an der Stelle $u = 0$ statt des beobachteten Wertes $y_0$ aufzutragen.

VIII. Analytische Approximation empirischer Funktionen

Sind die Intervalle klein genug, so wird es in den meisten Fällen möglich sein, durch die so erhaltenen neuen Punkte eine glatte Kurve hindurchzulegen und damit die sonst hier übliche Willkür zu vermeiden.[1])

**3. Kugelfunktionen einer Veränderlichen.** Zu einer anderen Darstellung der ganzen rationalen Funktion gelangt man, wenn für die Approximationsfunktion $\varphi(x)$ ein Ansatz von der Form

$$\varphi(x) = a_0 \cdot P_0 + a_1 \cdot P_1 + a_2 \cdot P_2 + \cdots + a_n \cdot P_n$$

gemacht wird, wobei $P_\alpha$ eine bestimmte ganze rationale Funktion vom $\alpha^{\text{ten}}$ Grade bezeichnet. Es wird dann $\varphi(x)$ auch eine ganze rationale Funktion vom $n^{\text{ten}}$ Grade. Die Minimumbedingung des Integrals gibt für die Koeffizienten $a_\alpha$ die Gleichungen:

$$\int_{-1}^{+1} \{f(x) - \varphi(x)\} \cdot P_\alpha \cdot dx = 0$$

oder

$$\int_{-1}^{+1} \varphi(x) \cdot P_\alpha \, dx = \int_{-1}^{+1} P_\alpha \cdot f(x) \, dx$$

$$(\alpha = 0, 1, 2, \ldots, n).$$

Das Integral $\int_{-1}^{+1} P_\alpha \cdot \varphi(x) \, dx$ ist gleich der Summe der Integrale:

$$\int_{-1}^{+1} a_0 \cdot P_0 \cdot P_\alpha \, dx + \int_{-1}^{+1} a_1 \cdot P_1 \cdot P_\alpha \, dx + \cdots + \int_{-1}^{+1} a_n \cdot P_n \cdot P_\alpha \, dx.$$

Man wählt nun die ganzen rationalen Funktionen $P_\alpha$ so, daß alle Integrale über das Produkt zweier Funktionen $P_\alpha \cdot P_\beta$ Null sind, sofern deren Indizes $\alpha$ und $\beta$ ungleich sind, während sich bei gleichen Indizes ein ganz bestimmter Wert des Integrals ergibt.

Zu diesem Zweck setzt man:

$$P_\alpha = \frac{1}{2^\alpha \cdot \alpha!} \cdot \frac{d^\alpha (x^2 - 1)^\alpha}{dx^\alpha}$$

und erhält hieraus für die Funktionen $P_\alpha$, die man als *Kugelfunktionen einer Veränderlichen* bezeichnet, der Reihe nach:

---

[1]) Das „Glätten der Kurve" empfiehlt sich besonders vor einer Differentiation. Auch vor einer numerischen Differentiation nach der auf S. 81 angegebenen Methode ist eine vorherige „Glättung der gegebenen Funktionswerte" (ohne eine Kurve zu zeichnen) fast immer notwendig.

### 3. Kugelfunktionen einer Veränderlichen

$$P_0 = 1$$
$$P_1 = x$$
$$P_2 = -\tfrac{1}{2} + \tfrac{3}{2} \cdot x^2$$
$$P_3 = -\tfrac{3}{2} \cdot x + \tfrac{5}{2} \cdot x^3$$
$$P_4 = \tfrac{3}{8} - \tfrac{15}{4} \cdot x^2 + \tfrac{35}{8} \cdot x^4$$
$$\cdots \cdots \cdots \cdots ^1)$$

Bei dieser Festsetzung wird in der Tat

$$\int_{-1}^{+1} P_\alpha \cdot P_\beta \, dx$$

$$= \frac{1}{2^{\alpha+\beta} \cdot \alpha! \cdot \beta!} \cdot \int_{-1}^{+1} \frac{d^\alpha}{dx^\alpha}(x^2-1)^\alpha \cdot \frac{d^\beta}{dx^\beta}(x^2-1)^\beta \, dx = 0,$$

wenn $\alpha$ von $\beta$ verschieden ist.

Sind nämlich $\alpha$ und $\beta$ verschieden und etwa $\beta > \alpha$, und integriert man $\alpha$-mal partiell, so findet man, da $(x^2-1)^\beta$ weniger als $\beta$-mal nach $x$ differenziert an den Grenzen $\pm 1$ des Integrals verschwindet:

$$\int_{-1}^{+1} P_\alpha P_\beta \, dx = \frac{(-1)^\alpha}{2^{\alpha+\beta} \cdot \alpha! \cdot \beta!} \cdot \int_{-1}^{+1} \frac{d^{2\alpha}(x^2-1)^\alpha}{dx^{2\alpha}} \cdot \frac{d^{\beta-\alpha}(x^2-1)^\beta}{dx^{\beta-\alpha}} \, dx.$$

Der erste Faktor unter diesem Integral ist der $2\alpha^{\text{te}}$ Differentialquotient einer ganzen rationalen Funktion $2\alpha^{\text{ten}}$ Grades, also eine Konstante. Integriert man aber den zweiten Faktor, so erhält man, da $\beta - \alpha \geq 1$ ist, einen Ausdruck, der an den Grenzen verschwindet.

Ist dagegen $\alpha = \beta$, so erhält man nach $\alpha$-maliger partieller Integration

$$\int_{-1}^{+1} P_\alpha \cdot P_\alpha \cdot dx = \frac{2}{2\alpha+1}.$$

---

1) Um eine Funktion $P_{\alpha+1}$ aus den beiden vorhergehenden $P_\alpha$ und $P_{\alpha-1}$ zu berechnen, kann man sich der Rekursionsformel bedienen:
$$(\alpha+1) \cdot P_{\alpha+1} - (2\alpha+1) \cdot x \cdot P_\alpha + \alpha \cdot P_{\alpha-1} = 0.$$

Durch diese Wahl der Funktionen $P_\alpha$ erreicht man also, daß die Koeffizienten $a_\alpha$ der approximierenden Funktion $\varphi(x)$ durch die Gleichungen

$$a_\alpha = \frac{2\alpha+1}{2} \cdot \int_{-1}^{+1} f(x) \cdot P_\alpha \, dx$$

bestimmt werden.

Der Vorteil, den die Benutzung der ganzen rationalen Funktionen, besonders wenn solche höheren Grades erforderlich sind, in dieser Form gewährt, liegt gegenüber dem in § 1 verwandten Ansatz darin, daß jeder Koeffizient für sich aus *einer* Gleichung berechnet wird und daß der Wert des einmal bestimmten $\alpha^\text{ten}$ Koeffizienten von $P_\alpha$ *unabhängig ist vom Grad* der approximierenden ganzen rationalen Funktion, während die Koeffizienten der früher angegebenen Darstellung aus einem System linearer Gleichungen zu bestimmen waren und je nach dem Grad der ganzen rationalen Funktion verschiedene Werte bekamen.

Man kann sich übrigens durch leichte Rechnung davon überzeugen, daß beide Methoden stets zu *derselben* approximierenden ganzen rationalen Funktion führen. Ordnet man nämlich, nachdem man die Darstellung nach Kugelfunktionen bis zum $n^\text{ten}$ Grade bestimmt hat, diesen Ausdruck nach Potenzen von $x$, so erhält man die gleichen Koeffizienten, als wenn man diese nach der Methode von § 1 unter Zugrundelegung des $n^\text{ten}$ Grades direkt berechnet hätte.

Die Anwendung der Kugelfunktionen bedeutet also nur eine Vereinfachung der *Ableitung* der Formeln. Die eigentliche Rechenarbeit bleibt in beiden Fällen die gleiche

Die Auswertung der Integrale $\int P_\alpha \cdot f(x) \, dx$ kann in der früher angegebenen Weise erfolgen, indem man die Integrale $\int x^r \cdot f(x) \, dx$ durch Summen oder graphische Auswertung bestimmt und daraus die Integrale $\int P_\alpha \cdot f(x) \, dx$ zusammensetzt.

**4. Harmonische Analyse.** Ist die gegebene empirische Funktion $f(x)$ periodisch, so wird man sie zweckmäßig durch einen Ausdruck darstellen, der sich aus periodischen Funktionen zusammensetzt. Als Periode von $f(x)$ werde $2\pi$ angenommen, was sich stets durch eine einfache Transformation der unabhängigen Variablen erreichen läßt.

Als approximierende Funktion soll ein Ausdruck von der Form:

$$\varphi(x) = a_1 \sin x + a_2 \sin 2x + \cdots + a_n \sin nx$$
$$+ b_0 + b_1 \cos x + b_2 \cos 2x + \cdots + b_n \cos nx$$

## 4. Harmonische Analyse

gewählt werden. Für die $2n+1$ Koeffizienten $a_\alpha$ und $b_\alpha$ ergeben sich aus der Bedingung:

$$\int_0^{2\pi} \{f(x) - \varphi(x)\}^2 dx = \text{Minimum}$$

dann die $2n+1$ Gleichungen:

$$\left.\begin{array}{l} \displaystyle\int_0^{2\pi} \sin\alpha x \cdot \{f(x) - \varphi(x)\} dx = 0 \\ \displaystyle\int_0^{2\pi} \cos\alpha x \cdot \{f(x) - \varphi(x)\} dx = 0 \end{array}\right\} \quad (\alpha = 0, 1, 2, \ldots, n).$$

Nun ist
$$\int_0^{2\pi} \sin\alpha x \cdot \sin\beta x \, dx = 0$$

und
$$\int_0^{2\pi} \cos\alpha x \cdot \cos\beta x \, dx = 0,$$

wenn $\alpha \neq \beta$, ferner $\displaystyle\int_0^{2\pi} \sin\alpha x \cdot \cos\beta x \, dx = 0$

in jedem Falle. Andererseits wird:

$$\int_0^{2\pi} \sin\alpha x \cdot \sin\alpha x \, dx = \int_0^{2\pi} \cos\alpha x \cdot \cos\alpha x \, dx = \pi.$$

Demnach ergeben sich für die Koeffizienten $a_\alpha$ und $b_\alpha$ die Gleichungen:

$$a_\alpha = \frac{1}{\pi} \cdot \int_0^{2\pi} \sin\alpha x \cdot f(x) dx \qquad (\alpha = 1, 2, \ldots, n),$$

$$b_\alpha = \frac{1}{\pi} \cdot \int_0^{2\pi} \cos\alpha x \cdot f(x) dx \qquad (\alpha = 1, 2, \ldots, n),$$

$$b_0 = \frac{1}{2\pi} \cdot \int_0^{2\pi} f(x) dx.$$

Um diese Integrale bei graphisch gegebener Funktion $f(x)$ mechanisch auszuwerten, ist eine große Anzahl von Instrumenten konstruiert[1]), die in der Weise funktionieren, daß ein Fahrstift

---

[1]) Galle, *Die mathematischen Instrumente*, S. 131.

124 VIII. Analytische Approximation empirischer Funktionen

auf der Kurve $f(x)$ entlang geführt wird und an einem Zählwerk, je nach der Einstellung einer Stellvorrichtung, die Werte der Koeffizienten abgelesen werden. Durch Wechseln der Einstellung kann man eine Reihe von Koeffizienten ermitteln.

Bei den jetzt zu besprechenden graphischen und numerischen Methoden zur Berechnung der Koeffizienten $a_\alpha$ und $b_\alpha$ nehmen wir $f(x)$ als durch eine Anzahl diskreter Werte, die man einer Kurve ja immer entnehmen kann, gegeben an. Die Periode $2\pi$ sei in $2n$ gleiche Teile geteilt und $f(x)$ für die Teilpunkte $x_i = i \cdot \dfrac{\pi}{n}$ bekannt ($i = 1, 2, \ldots 2n$). Wir setzen $y_i = f(x_i)$.

Es liegt nahe, die soeben abgeleiteten Integrale für die Koeffizienten einfach durch Summen zu ersetzen. Dies ist auch im allgemeinen zulässig. Nur ist dabei zu beachten, daß die Approximation von Integralen durch Summen voraussetzt, daß die zu integrierende Funktion innerhalb der Intervalle, die der Summation zugrunde gelegt werden, keine wesentlichen Schwankungen mehr aufweist.

Der hier in Frage kommende Integrand enthält aber den Faktor $\cos \alpha x$ oder $\sin \alpha x$. Bei einer Einteilung der Periode in $2n$ Teile werden also innerhalb der $2n$ Intervalle noch erhebliche Schwankungen des Integranden liegen, sobald der Index $\alpha$ groß genug ($\alpha \geqq n$) wird. Damit wird der Ersatz der Integrale durch die Summenformel unzulässig.

Um die Übersicht hierüber zu erleichtern, formulieren wir die Fragestellung etwas anders:

$$y_1, y_2, \ldots, y_{2n}$$

seien die gegebenen $2n$ Ordinaten und

$$\varphi(x) = \quad a_1 \sin x + a_2 \sin 2x + \cdots \\ + b_0 + b_2 \cos x + b_2 \cos 2x + \cdots$$

sei die approximierende Funktion.

Statt des Integrals $\displaystyle\int_0^{2\pi} (f(x) - \varphi(x))^2 \, dx$

wollen wir die Summe

$$S = \sum_{i=1}^{i=2n} \{y_i - \varphi(x_i)\}^2$$

zu einem Minimum machen.

## 4. Harmonische Analyse

Setzt man nun $\varphi(x)$ gerade aus $2n$ Gliedern zusammen, so daß man $n-1$ Koefffzienten $a_\alpha$ ($\alpha = 1, 2, \ldots n-1$) und $n+1$ Koeffizienten $b_\alpha$ ($\alpha = 0, 1, 2, \ldots n$) zur Verfügung hat, so *kann man die Summe S gleich Null machen*, denn durch richtige Wahl der $a_\alpha$ und $b_\alpha$ kann man sämtliche $2n$ Gleichungen

$$y_i = \varphi(x_i) \qquad (i = 1, 2, \ldots, 2n)$$

befriedigen.

Multipliziert man nämlich diese Gleichungen der Reihe nach mit $\sin\left(\alpha \cdot i \cdot \dfrac{\pi}{n}\right)$ (wo $i = 1, 2, \ldots, 2n$) und addiert sie, so erhält man auf der linken Seite die Summe

$$\sum_{i=1}^{i=2n} y_i \cdot \sin\left(\alpha \cdot i \cdot \frac{\pi}{n}\right)$$

und auf der rechten Seite infolge der leicht zu verifizierenden Relationen:

$$\sum_{i=1}^{i=2n} \sin\left(\alpha \cdot i \cdot \frac{\pi}{n}\right) \cdot \cos\left(\beta \cdot i \cdot \frac{\pi}{n}\right) = 0, \qquad (\alpha \neq \beta)$$

$$\sum_{i=1}^{i=2n} \sin\left(\alpha \cdot i \cdot \frac{\pi}{n}\right) \cdot \sin\left(\beta \cdot i \cdot \frac{\pi}{n}\right) = 0,$$

$$\sum_{i=1}^{i=2n} \sin\left(\alpha \cdot i \cdot \frac{\pi}{n}\right) \cdot \sin\left(\alpha \cdot i \cdot \frac{\pi}{n}\right) = n$$

einfach $n \cdot a_\alpha$. Damit ist folgende allgemeine Formel für die $n-1$ Sinuskoeffizienten gefunden:

$$a_\alpha = \frac{1}{n} \cdot \sum_{i=1}^{i=2n} y_i \cdot \sin\left(\alpha \cdot i \cdot \frac{\pi}{n}\right) \qquad (\alpha = 1, 2, \ldots, n-1).$$

Um die $n+1$ Kosinuskoeffizienten zu finden, multipliziert man die $2n$ Gleichungen $y_i = \varphi(x_i)$ der Reihe nach mit $\cos\left(\alpha \cdot i \cdot \dfrac{\pi}{n}\right)$ und erhält links die Summe

$$\sum_{i=1}^{i=2n} y_i \cdot \cos\left(\alpha \cdot i \cdot \frac{\pi}{n}\right).$$

Für die Addition rechts kommen die Relationen in Betracht:

VIII. Analytische Approximation empirischer Funktionen

$$\sum_{i=n}^{i=2n} \cos\left(\alpha \cdot i \cdot \frac{\pi}{n}\right) \cdot \cos\left(\beta \cdot i \cdot \frac{\pi}{n}\right) = 0 \qquad (\alpha \neq \beta),$$

$$\sum_{i=n}^{i=2n} \cos\left(\alpha \cdot i \cdot \frac{\pi}{n}\right) \cdot \cos\left(\alpha \cdot i \cdot \frac{\pi}{n}\right) = n \qquad (\alpha > n),$$

$$\sum_{i=n}^{i=2n} \cos\left(\alpha \cdot i \cdot \frac{\pi}{n}\right) \cdot \cos\left(\alpha \cdot i \cdot \frac{\pi}{n}\right) = 2n \qquad (\alpha = n).$$

Man erhält so für die Koeffizienten $b_\alpha$ die Gleichungen:

$$b_\alpha = \frac{1}{n} \cdot \sum_{i=1}^{i=2n} y_i \cdot \cos\left(\alpha \cdot i \cdot \frac{\pi}{n}\right) \qquad (\alpha = 1, 2, \ldots, n-1),$$

$$b_0 = \frac{\sum_{i=1}^{i=2n} y_i}{2n},$$

$$b_n = \frac{\sum_{i=1}^{i=2n} (-1)^i \cdot y_i}{2n}.$$

Bis auf den $n^{\text{ten}}$ Kosinuskoeffizienten $b_n$ hätte man dieselben Formeln auch erhalten, wenn man in den früher abgeleiteten die Integrale durch Summen ersetzt hätte.

Auf Grund dieser Ableitung ist aber ersichtlich, daß die Approximationsfunktion $\varphi(x)$, sofern man ihre ersten $2n$ Koeffizienten nach den soeben abgeleiteten Formeln bestimmt, *die $2n$ vorgegebenen Werte $y_i$ von $f(x)$ wirklich annimmt.*

Hieran wird auch nichts geändert, wenn man irgendwelchen Koeffizienten $a_\alpha$ und $b_\alpha$ mit höherem Index $\alpha$ als $n-1$ bzw. $n$ beliebige Werte beilegt, da die dadurch bestimmten Glieder an den $2n$ Stellen $x_i = i \cdot \frac{\pi}{n}$ den Wert Null haben. Es hat also keinen Sinn, über $a_\alpha$ für $\alpha > n-1$ und $b_\alpha$ für $\alpha > n$ irgendwelche Aussagen zu machen, solange nur $2n$ Funktionswerte vorgegeben sind. Die Berechnung der angegebenen $2n$ Koeffizienten löst die Aufgabe erschöpfend.

*Die eigentlich zu lösende Aufgabe ist die Ausrechnung der Summen,* für die wir ein graphisches und ein numerisches Verfahren angeben.

1. Um die Summe *graphisch* auszuwerten, trägt man auf einer horizontalen Geraden die $2n$ gegebenen Ordinaten $y_1, \ldots y_{2n}$ nacheinander ab, so daß der Anfang jeder Ordinatenstrecke auf den

## 4. Harmonische Analyse

Endpunkt der unmittelbar vorhergehenden fällt, und zwar werden die Ordinaten $y_\lambda$ nach rechts hin aufgetragen, wenn sie positiv sind, nach links, wenn sie negativ sind. Durch die Endpunkte der so erhaltenen Strecken zieht man vertikale Gerade, die zweckmäßig fortlaufend numeriert werden (Fig. 28). Auf der horizontalen Geraden errichtet man ferner noch ein Lot in einem Punkte $O$ und trägt auf

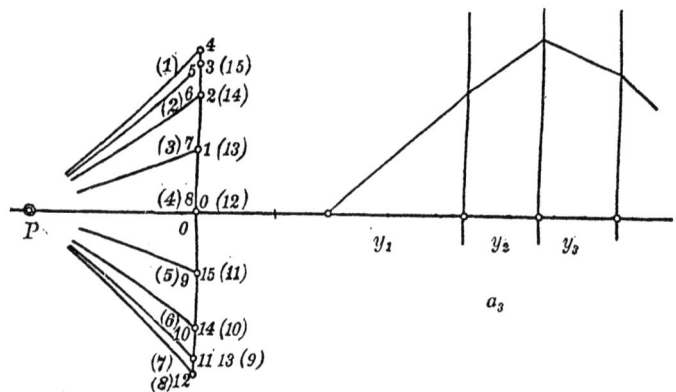

Fig. 28.

diesem unter Annahme einer geeigneten Längeneinheit die Werte von $\sin\left(\mu \cdot \dfrac{\pi}{n}\right)$ ab ($\mu = 1, 2, \ldots, 2n$), und zwar alle vom Punkte $O$ aus, positiv nach oben, negativ nach unten. An die Endpunkte dieser die Sinuswerte darstellenden Strecken schreibt man die betreffenden Zahlwerte $\mu$. Auf der horizontalen Linie nimmt man ferner einen Punkt $P$ an, der links von $O$ um die beim Auftragen der Sinuswerte benutzte Längeneinheit entfernt liegt. Diesen Punkt $P$ verbindet man mit den Endpunkten $\alpha$ der die Sinus darstellenden Strecken auf dem Lote in $O$.

Um nun den Koeffizienten $a_\alpha$ zu bestimmen, zieht man durch den Anfangspunkt der Strecke $y_1$ eine Parallele zu dem von $P$ auslaufenden Strahle, der nach dem Punkte $\alpha$ führt, d. h. nach dem Punkte auf dem Lote in $O$, der die Zahl $\mu = \alpha$ trägt. Die Parallele zu diesem Strahl schneidet die Senkrechte im Endpunkte von $y_1$ in einem Punkte, der von der horizontalen Geraden den Abstand $y_1 \cdot \sin\left(\alpha \cdot \dfrac{\pi}{n}\right)$ hat. Damit ist das erste Glied der Summe gefunden. Durch den soeben erhaltenen Punkt zieht man nun eine Parallele zu dem Strahl $\overline{P(2\alpha)}$ (der von $P$ nach dem Punkte führt, an den die Zahl $\mu = 2\alpha$ geschrieben ist). Diese Parallele

128 VIII. Analytische Approximation empirischer Funktionen

schneidet die Vertikale im Endpunkt von $y_2$ in einem Punkte, der von der Horizontalen den Abstand:

$$y_1 \cdot \sin\left(\alpha \cdot \frac{\pi}{n}\right) + y_2 \cdot \sin\left(\alpha \cdot 2\frac{\pi}{n}\right)$$

hat. So fährt man im Ziehen dieser Parallelen fort, indem man allgemein über der Ordinatenstrecke $y_\varkappa$ eine Parallele zum Strahle $\overline{P(\alpha \varkappa)}$ zieht. Der Endpunkt des so entstandenen Polygonzuges auf der Vertikalen im Endpunkte von $y_{2n}$ hat dann von der Horizontalen einen Abstand, der gerade die verlangte Summe darstellt, also mit $\frac{1}{n}$ multipliziert den Koeffizienten $a_\alpha$ liefert. In Fig. 27 ist der Strahlenbüschel am Punkte $O$ für $2n = 16$ gezeichnet und der Polygonzug für $a_3$ begonnen.

Um die Koeffizienten $b_\alpha$ zu finden, verfährt man genau ebenso. Man kann dabei dasselbe Strahlenbüschel der vom Punkte $P$ auslaufenden Strahlen benutzen. Nur muß man die Endpunkte der von $O$ aus abgetragenen Sinusstrecken anders numerieren, damit sie auch die Werte von $\cos\left(\alpha \cdot \frac{\pi}{n}\right)$ darstellen. Neben die Zahlen $\alpha$ hat man zu diesem Zweck die Zahlen $\frac{n}{2} - \alpha$ zu schreiben.

Der Koeffizient $b_0$ ist das arithmetische Mittel der Ordinaten $y$, also gleich $\frac{1}{2n}$ mal dem Abstand des Anfangspunktes von $y_1$ vom Endpunkte von $y_{2n}$.

Der Koeffizient $b_n$ wird ebenso wie die anderen konstruiert, nur ist die erhaltene Summe mit $\frac{1}{2n}$ zu multiplizieren.

Um die Parallelen zu den Strahlen des Büschels leichter ziehen zu können, ja, die Zeichnung des Büschels überhaupt überflüssig zu machen, kann man sich eines sog. *Richtungslineals* bedienen. Das ist ein Lineal (Fig. 29), dessen untere Kante geradlinig ist und an die Reißschiene gelegt wird, während der obere Rand aus einzelnen Linienstücken besteht, die den Strahlen des vorher erwähnten Büschels mit dem Mittelpunkte $O$ parallel sind. Die einzelnen Segmente des Lineals tragen zweckmäßig verschiedenfarbige Zahlen, die ihre Sinus- und Kosinuswerte mar-

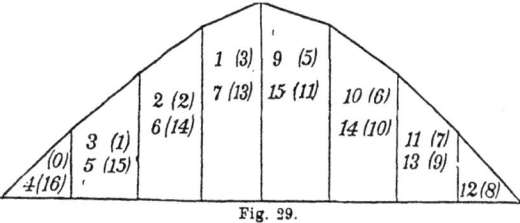

Fig. 29.

## 4. Harmonische Analyse

kieren. Bei Benutzung dieses Instrumentes hat man nur die Ordinaten auf der Horizontalen abzutragen und Lote in den Endpunkten der Teilstrecken zu errichten. Danach kann man sofort die Koeffizienten einzeln ermitteln.

Die gleiche Methode kann man übrigens auch dazu benutzen, um bei gegebenen Koeffizienten eine Funktion der Form:

$$y = \begin{array}{l} a_1 \cdot \sin x + a_2 \cdot \sin 2x + \cdots + a_n \cdot \sin nx \\ b_0 + b_1 \cdot \cos x + b_2 \cdot \cos 2x + \cdots + b_n \cdot \cos nx \end{array}$$

durch eine Kurve darzustellen, indem man die Funktionswerte an $n$ Stellen der Periode ermittelt und die so erhaltenen Punkte verbindet. In diesem Falle hat man auf der horizontalen Geraden alle Koeffizienten $a_i$ und $b_i$ nacheinander aufzutragen und findet die Ordinate $y_\alpha$:

$$y_\alpha = \begin{array}{l} a_1 \cdot \sin\left(\alpha \cdot \frac{2\pi}{n}\right) + a_2 \cdot \sin\left(2 \cdot \alpha \cdot \frac{2\pi}{n}\right) + \cdots \\ b_0 + b_1 \cdot \cos\left(\alpha \cdot \frac{2\pi}{n}\right) + b_2 \cdot \cos\left(2 \cdot \alpha \cdot \frac{2\pi}{n}\right) + \cdots, \end{array}$$

indem man den Polygonzug parallel zu den Strahlen des Büschels zieht, wieder unter Benutzung des Richtungslineals. Die Reihenfolge, in der die Koeffizienten $a_i$ und $b_i$ hierbei abgetragen werden, ist die folgende: $a_1, \ b_1, \ a_2, \ b_2, \ \ldots, \ a_n, \ b_n.$

Beim Ziehen der Parallelstrahlen hat man hier also abwechselnd die Sinus- und Kosinuszahlen zu benutzen.

2. Bei der *numerischen Auswertung der Summen*

$$\left.\begin{array}{l} a_\alpha = \dfrac{1}{n} \cdot \sum y_i \cdot \sin\left(\alpha \cdot i \cdot \dfrac{\pi}{n}\right) \\ b_\alpha = \dfrac{1}{n} \cdot \sum y_i \cdot \cos\left(\alpha \cdot i \cdot \dfrac{\pi}{n}\right) \\ b_0 = \dfrac{1}{2n} \cdot \sum y_i \\ b_n = \dfrac{1}{2n} \cdot \sum y_i \cdot (-1)^i \end{array}\right\} \begin{array}{l} (\alpha = 1, 2, \ldots, n-1) \\ \\ (i = 1, 2, \ldots, 2n) \end{array}$$

empfiehlt es sich ebenfalls, $n$ gerade anzunehmen, da die Winkelfunktionen dann in jedem Quadranten, abgesehen vom Vorzeichen, die gleichen Werte annehmen, wodurch sich die Zahl der Multiplikationen auf den vierten Teil reduziert.[1])

---

[1]) Für $2n = 12$ und $2n = 24$ sind von Runge Rechenschemata angegeben: C. Runge und F. Emde, *Rechnungsformular zur Zerlegung einer empirisch gegebenen periodischen Funktion in Sinuswellen*. Braunschweig 1913.

130 VIII. Analytische Approximation empirischer Funktionen

Für $2n = 12$ schreibt man die 12 gegebenen Ordinaten $y_1, \ldots, y_{12}$ in folgender Weise hin, indem man die von ihnen gebildete Reihe „zusammenfaltet", und schreibt die Summen und Differenzen darunter:

| Ordinaten | $y_1$ | $y_2$ | $y_3$ | $y_4$ | $y_5$ | $y_6$ |
|---|---|---|---|---|---|---|
|  | $y_{12}$ | $y_{11}$ | $y_{10}$ | $y_9$ | $y_8$ | $y_7$ |
| Summe | $v_0$ | $v_1$ | $v_2$ | $v_3$ | $v_4$ | $v_5$ | $v_6$ |
| Differenz |  | $u_1$ | $u_2$ | $u_3$ | $u_4$ | $u_5$ |

Um die Kosinuskoeffizienten $b_\alpha$ zu berechnen, operiert man mit den Größen $v$ allein weiter.

Man faltet sie abermals und bildet wieder Summen und Differenzen $\mathfrak{v}$ und $\mathfrak{v}'$:

| | $v_0$ | $v_1$ | $v_2$ | $v_3$ |
|---|---|---|---|---|
| | $v_6$ | $v_5$ | $v_4$ | |
| Summe | $\mathfrak{v}_0$ | $\mathfrak{v}_1$ | $\mathfrak{v}_2$ | $\mathfrak{v}_3$ |
| Differenz | $\mathfrak{v}_0'$ | $\mathfrak{v}_1'$ | $\mathfrak{v}_2'$ | |

Da $12\,b_0$ die Summe der Ordinaten ist, erhält man:

$$12\,b_0 = \mathfrak{v}_0 + \mathfrak{v}_1 + \mathfrak{v}_2 + \mathfrak{v}_3.$$

Für $12\,b_6$ ergibt sich dagegen:

$$12\,b_6 = \mathfrak{v}_0 + \mathfrak{v}_2 - (\mathfrak{v}_1 + \mathfrak{v}_3).$$

Für $6\,b_1$ erhält man:

$$6\,b_1 = \cos 0^0 \cdot (y_{12} - y_6) + \cos 30^0 \cdot \{y_1 + y_{11} - (y_5 - y_7)\}$$
$$+ \cos 60^0 \cdot \{y_2 + y_{10} - (y_4 + y_0)\}.$$

Durch die Größen $\mathfrak{v}'$ drückt sich dieser Wert aus wie folgt:

$$6\,b_1 = \mathfrak{v}_0' + \cos 30_0 \cdot \mathfrak{v}_1' + \cos 60^0 \cdot \mathfrak{v}_2'.$$

In dieser Weise kann man alle Kosinuskoeffizienten durch die Größen $\mathfrak{v}$ und die Sinuskoefffzienten durch $\mathfrak{u}$ ausdrücken, so daß man leicht die Gültigkeit des folgenden Schemas verifizieren wird.

| Gegebene Ordinaten | $y_1$ | $y_2$ | $y_3$ | $y_4$ | $y_5$ | $y_6$ |
|---|---|---|---|---|---|---|
| | $y_{12}$ | $y_{11}$ | $y_{10}$ | $y_9$ | $y_8$ | $y_7$ |
| Summe |  | $u_1$ | $u_2$ | $u_3$ | $u_4$ | $u_5$ |
| Differenz | $v_0$ | $v_1$ | $v_2$ | $v_3$ | $v_4$ | $v_5$ | $v_6$ |

## 4. Harmonische Analyse

**1. Kosinusglieder:** $b_0, \ldots, b_6$.

|  |  | $v_0$ | $v_1$ | $v_2$ | $v_3$ |
|---|---|---|---|---|---|
|  |  | $v_6$ | $v_5$ | $v_4$ |  |
|  | Summe | $\mathfrak{v}_0$ | $\mathfrak{v}_1$ | $\mathfrak{v}_2$ | $\mathfrak{v}_3$ |
|  | Differenz | $\mathfrak{v}_0'$ | $\mathfrak{v}_1'$ | $\mathfrak{v}_2'$ |  |

| | I | II | I | II | I | II | I | II |
|---|---|---|---|---|---|---|---|---|
| $\cos 0^0 = 1$ | $\begin{cases}\mathfrak{v}_0\\\mathfrak{v}_2\end{cases}$ | $\begin{cases}\mathfrak{v}_1\\\mathfrak{v}_3\end{cases}$ | $\mathfrak{v}_0'$ |  | $\mathfrak{v}_0$ | $-\mathfrak{v}_3$ | $\mathfrak{v}_0'$ | $-\mathfrak{v}_2'$ |
| $\cos 30^0 = 1 - 0{,}134$ |  |  |  | $\mathfrak{v}_1'$ |  |  |  |  |
| $\cos 60^0 = \tfrac{1}{2} = 0{,}5$ |  |  | $\mathfrak{v}_2'$ |  | $-\mathfrak{v}_2$ | $\mathfrak{v}_1$ |  |  |
| Summen der Kolonnen | I | II | I | II | I | II | I | II |
| Summe I + II | $12\,b_0$ | | $6\,b_1$ | | $6\,b_2$ | | $6\,b_3$ | |
| Differenzen I — II | $12\,b_6$ | | $6\,b_5$ | | $6\,b_4$ | | | |

**2. Sinusglieder:** $a_1, \ldots a_5$.

|  | $u_1$ | $u_2$ | $u_3$ |
|---|---|---|---|
|  | $u_5$ | $u_4$ |  |
| Summe | $\mathfrak{u}_1$ | $\mathfrak{u}_2$ | $\mathfrak{u}_3$ |
| Differenz | $\mathfrak{u}_1'$ | $\mathfrak{u}_2'$ |  |

| | I | II | I | II | I | II |
|---|---|---|---|---|---|---|
| $\sin 30^0 = \tfrac{1}{2} = 0{,}5$ | $\mathfrak{u}_1$ |  |  |  |  |  |
| $\sin 60^0 = 1 - 0{,}134$ |  | $\mathfrak{u}_2$ | $\mathfrak{u}_1'$ | $\mathfrak{u}_2'$ |  |  |
| $\sin 90^0 = 1$ | $\mathfrak{u}_3$ |  |  |  | $\mathfrak{u}_1$ | $-\mathfrak{u}_3$ |
| Summen der Kolonnen | I | II | I | II | I | II |
| Summen I + II | $6\,a_1$ | | $6\,a_2$ | | $6\,a_3$ | |
| Differenzen I — II | $6\,a_5$ | | $6\,a_4$ | | | |

Die Multiplikation mit den Winkelfunktionen ist dabei so auszuführen, daß die Zahlen $\mathfrak{u}$, $\mathfrak{u}'$, $\mathfrak{v}$, $\mathfrak{v}'$ mit den auf gleicher Zeile stehenden Funktionswerten zu multiplizieren sind.

132  VIII. Analytische Approximation empirischer Funktionen

Für 0,866 ist $(1-0{,}134)$ geschrieben, weil bei Benutzung des Rechenschiebers die Multiplikation mit 0,134 genauer wird als die mit 0,866.

Man kann das gleiche Schema verwenden, um die soeben berechneten Koeffizienten $a$ und $b$ zu prüfen. Man hat dazu einen Teil der Rechnung in der Weise noch einmal durchzuführen, daß man die Kosinuskoeffizienten $b_0, \ldots b_6$ genau so behandelt wie vorher die Größen $v_0, \ldots v_6$:

Man faltet die Zahlen $b_0, \ldots b_6$, bezeichnet Summen und Differenzen mit $\mathfrak{v}_0, \ldots \mathfrak{v}_3, \mathfrak{v}_0', \ldots \mathfrak{v}_2'$ und multipliziert diese wie früher mit den Winkelfunktionen. Statt der früher durch die Summen I $\pm$ II erhaltenen Größen $12 b_0, 6 b_1, \ldots 12 b_6$ erhält man jetzt an den gleichen Stellen die Größen:

$$v_0 \quad \frac{v_1}{2} \quad \frac{v_2}{2} \quad \frac{v_3}{2}$$
$$v_6 \quad \frac{v_5}{2} \quad \frac{v_4}{2}.$$

Ebenso erhält man aus den Koeffizienten $a_1, \ldots a_5$ die Größen:

$$\frac{u_1}{2} \quad \frac{u_2}{2} \quad \frac{u_3}{2}$$
$$\frac{u_5}{2} \quad \frac{u_4}{2}.$$

Diese sind mit den aus der ersten Faltung der gegebenen Ordinaten erhaltenen Werten zu vergleichen.

Damit ist auch der Weg bezeichnet, auf dem man aus gegebenen 12 Koeffizienten die 12 Werte $y_1, \ldots y_{12}$ der Funktion:

$$y = \begin{matrix} a_1 \cdot \sin x + \cdots + a_5 \cdot \sin 5x \\ b_0 + b_1 \cdot \cos x + \cdots + b_5 \cdot \cos 5x + b_6 \cdot \cos 6x \end{matrix}$$

zu ermitteln hätte.

Bei der Durchführung der Rechnung als Probe ist es zweckmäßiger, mit den sechsfachen Koeffizienten zu rechnen (so wie man sie mit Ausnahme von $b_0$ und $b_6$ erhält).

Man erhält dann aus $6 a_1, \ldots 6 a_5$ die Größen $3 u_1, \ldots 3 u_5$ und aus $6 b_0, 6 b_1, \ldots 6 b_6$ die Größen $6 v_0, 3 v_1, \ldots 3 v_5, 6 v_6$.

Eine andere Probe liegt darin, daß

$$2 u_0^2 + u_1^2 + \cdots + u_5^2 + 2 u_6^2 =$$
$$3 \cdot \{ 2 \cdot (6 a_0)^2 + (6 a_1)^2 + \cdots + (6 a_5)^2 + 2 \cdot (6 a_6)^2 \}$$

und $\quad v_1^2 + \cdots + v_5^2 = 3 \cdot \{ (6 b_1)^2 + \cdots + (6 b_5)^2 \} \quad$ sein muß.

Wenn das vorstehend geschilderte Verfahren auch keinerlei grundsätzliche Schwierigkeiten macht, so werden dem weniger geübten Rechner doch leicht Vorzeichenfehler unterlaufen.

## 4. Harmonische Analyse

Nun ist aber gerade die harmonische Analyse ein Problem, das sehr häufig die Lösung sehr zahlreicher gleichartiger Aufgaben verlangt, die man dann gerne nicht weiter vorgebildeten Hilfskräften übertragen will. Hierfür kann der Schematismus der Rechnung nicht weit genug getrieben werden, und etwas umständliche Vorbereitungen können in den Kauf genommen werden, sofern sie ein für allemal verwertbar bleiben.

Eine in diesem Sinne recht zweckmäßige Anordnung der Rechnung ist seinerzeit von L. Hermann angegeben worden und jetzt von W. Lohmann wieder hervorgeholt.[1])

Um die vorher eingeführten Bezeichnungen beibehalten zu können, wird hier etwas von der Hermannschen Darstellung abgewichen.

Es werden zunächst *alle* Ordinaten $y_i$ dadurch positiv gemacht, daß sie von einer neuen $x$-Achse aus gemessen werden, die hinreichend tief angenommen wird. Diese Verschiebung der Ordinatenachse ist dann bei dem Koeffizienten $b_0$ (S. 124) leicht wieder zu berichtigen.

Die Periode wird in eine gerade Anzahl $2n$ Teile geteilt, so daß die $2n$ Ordinaten $y_i$, $(i = 1, 2, 3 \ldots 2n)$, den Ausgangspunkt der Rechnung bilden. In dem von Lohmann herausgegebenen Schema ist $2n = 20$ angenommen.

In die erste Spalte einer Tabelle werden die $2n$ Ordinaten $y_i$ untereinander geschrieben, in die Spalten rechts daneben die Produkte dieser Ordinaten mit den Sinussen der ganzzahligen Vielfachen von $\frac{\pi}{n}$, so daß das untenstehende Schema entsteht, das tatsächlich nur Zahlen enthält, die leicht mit dem Rechenschieber zu bilden sind.[2]) Damit sind sämtliche Multiplikationen erledigt, die überhaupt benötigt werden.

| $y_1$ | $y_1 \cdot \sin \frac{\pi}{n}$ | $y_1 \cdot \sin 2\frac{\pi}{n}$ | · | $y_1 \cdot \sin\left\{\left(\frac{n}{2}-1\right) \cdot \frac{\pi}{n}\right\}$ |
|---|---|---|---|---|
| $y_2$ | $y_2 \cdot \sin \frac{\pi}{n}$ | $y_2 \cdot \sin 2\frac{\pi}{n}$ | · | $y_2 \cdot \sin\left\{\left(\frac{n}{2}-1\right) \cdot \frac{\pi}{n}\right\}$ |
| · | · | · | | · |
| · | · | · | | · |
| $y_{2n}$ | $y_{2n} \cdot \sin \frac{\pi}{n}$ | $y_{2n} \cdot \sin 2\frac{\pi}{n}$ | · | $y_{2n} \cdot \sin\left\{\left(\frac{n}{2}-1\right) \cdot \frac{\pi}{n}\right\}$ |

---

1) L. Hermann in Pflügers Archiv für die gesamte Physiologie 1890. Seite 45. W. Lohmann, Harmonische Analyse zum Selbstunterricht. Hamburg 1921.
2) In Lage III. Vgl. S. 28.

134 VIII. Analytische Approximation empirischer Funktionen

Um nun die Summen dieser Produkte (S. 125) völlig schematisch bilden zu können, werden $(2n-1)$ rechteckige Schablonen aus transparentem Papier angefertigt, die genau auf das von dem soeben besprochenen Produktenschema gebildete Rechteck passen. Zu jedem Koeffizienten $a_\lambda$ bzw. $b_\lambda$ gehört eine Schablone, und auf dieser werden quadratische Fenster markiert, in denen beim Auflegen der Schablone auf das Schema gerade diejenigen Produkte erscheinen, deren Summen bei dem betreffenden Koeffizienten zu bilden sind. Die quadratischen Fenster sind teils schwach teils stark umrahmt, nach dem Gesichtspunkt, daß die Zahlen, die in den stark umrahmten Fenstern erscheinen, mit positivem, die in den schwach umrahmten Fenstern mit negativem Vorzeichen zu rechnen sind. Man bildet natürlich jede Summe für sich und addiert sie dann algebraisch. Die nachstehende Fig. 30 zeigt solche Schablonen für die ersten vier Koeffizienten. Der Koeffizient $b_0$, der gleich dem arithmetischen Mittel aller Ordinaten ist, wird ohne Schablone gefunden.

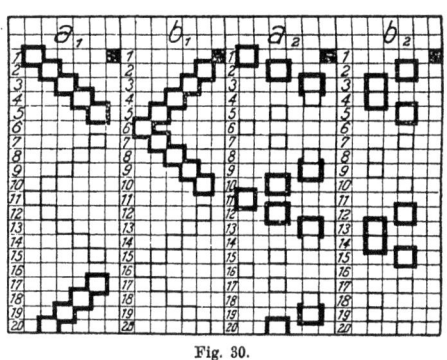

Fig. 30.

Da die Schablonen selbst nicht beschrieben werden, bleiben sie ständig brauchbar. Die im Einzelfalle zu leistende Rechenarbeit kommt also auf die Bildung des Produktenschemas hinaus. Nach Auflegen der Schablonen sind dann nur Additionen der durch die Fenster scheinenden Zahlen auszuführen. Es entstehen dabei die $n$-fachen bzw. $2n$-fachen Werte der Koeffizienten (S. 126). Das Schema von $n = 10$ empfiehlt sich dabei. Ein Vorzug dieser Methode liegt auch darin, daß man jeden Koeffizienten für sich berechnen kann.

**5. Allgemeines über Approximation.** Man braucht sich bei der Approximation empirischer Funktionen nicht auf ganze rationale und trigonometrische Funktionen als Ersatzfunktionen zu beschränken Zur Approximation einer Funktion $f(x)$ kann man auch irgendwelche anderen Funktionen wählen, die eine Anzahl willkürlicher Parameter $p_\lambda$ enthalten. Ist $\varphi(x, p_1, p_2, \ldots, p_n)$ eine solche Funktion, so liefert die Forderung, das Integral

$$M = \int_{x_1}^{x_2} \{f(x) - \varphi(x, p_1, p_2, \ldots, p_n)\}^2 dx$$

zu einem Minimum zu machen, durch Nullsetzen der partiellen Differentialquotienten $\frac{\partial M}{\partial p_\lambda}$ wieder $n$, im allgemeinen jedoch nicht lineare Gleichungen für die Parameter $p_\lambda$. Der mit einer bestimmten Funktion $\varphi(x)$ erzielte Wert $M$ kann zur Abschätzung der erreichten Annäherung, insbesondere auch zum Vergleich zweier verschieden gebauter Approximationsfunktionen dienen.

## IX. Auflösung von Gleichungen.

Wir besprechen in diesem Kapitel die Methoden zur Behandlung von algebraischen und transzendenten Gleichungen, wobei kein Unterschied zwischen *auflösbaren* und *nichtauflösbaren Gleichungen* gemacht wird. Es bezieht sich diese Unterscheidung bei algebraischen Gleichungen bekanntlich auf die Möglichkeit, die Wurzeln der Gleichungen in einer gewissen Form darzustellen. Diese ist dem praktischen Rechner gleichgültig, seine Absicht geht dahin, die Werte der Unbekannten mit der nötigen Genauigkeit zu ermitteln und als Dezimalbruch anzugeben.

Es werden zunächst Systeme linearer Gleichungen mit mehreren Unbekannten behandelt, deren Auflösung eine Rolle in der *Ausgleichsrechnung* spielt. Daher wird neben dem allgemeinen Prinzip der Auflösung solcher linearer Systeme ihre Verwendung in der Ausgleichsrechnung kurz angedeutet.

Weiter wird zur Auflösung algebraischer Gleichungen $n^{\text{ten}}$ Grades in diesem Kapitel das *Graeffesche Verfahren* auseinandergesetzt. Dieses liefert *alle* Wurzeln der Gleichung. Braucht man nur einzelne Wurzeln, so verfährt man besser nach der Methode, die im dritten Kapitel im Anschluß an die Behandlung von ganzen rationalen Funktionen besprochen wurde.

Schließlich wird noch die Auflösung transzendenter Gleichungen mit einer oder mehreren Unbekannten besprochen.

**1. Systeme linearer Gleichungen mit mehreren Unbekannten.** Es liege ein System von $\tau$ linearen Gleichungen für die $\tau$ Unbekannten $x, y, \ldots w, z$ vor:

$$a_1 x + b_1 y + \cdots + m_1 w + n_1 z + d_1 = 0,$$
$$a_2 x + b_2 y + \cdots + m_2 w + n_2 z + d_2 = 0,$$
$$\cdot \quad \cdot \quad \cdot \quad \cdot \quad \cdot \quad \cdot \quad \cdot \quad \cdot \quad \cdot$$
$$a_\tau x + b_\tau y + \cdots + m_\tau w + n_\tau z + d_\tau = 0,$$

IX. Auflösung von Gleichungen

wobei die Koeffizienten $a_1, \ldots d_\tau$ reelle Zahlen sind und die Determinante von Null verschieden ist.

Die Auflösung der Gleichungen läßt sich zwar in Determinantenform sogleich hinschreiben, doch bietet die Ausrechnung der Determinanten bei einer größeren Anzahl von Gleichungen eine so erhebliche Schwierigkeit, daß man in der Praxis hiervon keinen Gebrauch macht, sondern ein anderes Verfahren benutzt, bei dem man die Unbekannten der Reihe nach aus den Gleichungen eliminiert.

Addiert man etwa die ersten beiden Gleichungen, nachdem man die zweite mit $-\frac{n_1}{n_2}$ multipliziert hat, so erhält man eine Gleichung, welche die Unbekannte $z$ nicht mehr enthält.

Darauf kann man die erste und dritte Gleichung addieren, nachdem die letztere mit $-\frac{n_1}{n_3}$ multipliziert ist, und erhält wieder eine Gleichung, in der $z$ nicht mehr vorkommt. Auf diese Weise lassen sich aus den $\tau$ gegebenen Gleichungen gerade $\tau - 1$ linear unabhängige Gleichungen ableiten, die nur noch die $\tau - 1$ Unbekannten $x, y, \ldots w$ enthalten.

Dies neue System von $\tau - 1$ Gleichungen behandelt man genau so wie das ursprüngliche, indem man wieder eine Variable eliminiert, wodurch man auf ein System von $\tau - 2$ Gleichungen kommt. Führt man so fort, so erhält man am Ende zwei lineare Gleichungen mit zwei Unbekannten:

$$a_1' x + b_1' y + d_1' = 0,$$
$$a_2' x + b_2' y + d_2' = 0,$$

aus denen man nach demselben Prinzip für $x$ die Gleichung

$$x \left( a_1' - a_1' \cdot \frac{b_1'}{b_2'} \right) + \left( d_1' - d_2' \cdot \frac{b_1'}{b_2'} \right) = 0$$

ableitet. Vermittelst des gefundenen Wertes von $x$ berechnet man $y$ aus einer der Gleichungen, die nur $x$ und $y$ enthalten, und findet so weiter rückwärts gehend der Reihe nach die übrigen Unbekannten.

So einfach das soeben auseinandergesetzte Verfahren prinzipiell ist, die praktische Durchführung erfordert doch die Beachtung verschiedener Nebenumstände, wodurch sich oft eine wesentliche Erleichterung der Rechenarbeit erreichen läßt. Zunächst liegt es nahe, beim Anschreiben der Gleichungen die Buchstaben für die Unbekannten nur einmal hinzuschreiben und die Koeffizienten durch

## 1. Systeme linearer Gleichungen mit mehreren Unbekannten

die Stelle, an der sie geschrieben werden, zu unterscheiden. Jeder Unbekannten ordnet man eine Kolonne zu, in der die zugehörigen Koeffizienten der einzelnen Gleichungen erscheinen.

Um bei der Kombination je zweier Gleichungen beim Eliminationsverfahren Rechenfehler zu vermeiden, empfiehlt es sich, *neben jede Gleichung die Summe* $a_i + b_i + \cdots + m_i + n_i + d_i$ *ihrer Koeffizienten zu schreiben und diese Summen genau so zu behandeln wie die Koeffizienten selbst.* Leitet man aus zwei Gleichungen eine neue ab, so muß sich deren Koeffizientensumme auch aus den Summen der ersten beiden Gleichungen ergeben, wenn diese Summen mit denselben Faktoren wie die Koeffizienten multipliziert und darauf addiert werden.

Man sieht dies in seiner allgemeinen Gültigkeit an dem Beispiel von zwei Gleichungen sofort ein:

$$a_1 x + b_1 y + d_1 = 0 \quad (a_1 + b_1 + d_1),$$
$$a_2 x + b_2 y + d_2 = 0 \quad (a_2 + b_2 + d_2).$$

Rechts neben den beiden gegebenen Gleichungen stehen ihre Koeffizientensummen. Eliminiert man $y$ durch Multiplikation der zweiten Gleichung mit $-\dfrac{b_1}{b_2}$ und Addition, so erhält man

$$x\left(a_1 - a_2 \cdot \frac{b_1}{b_2}\right) + d_1 - d_2 \cdot \frac{b_1}{b_2} = 0.$$

Die Koeffizientensumme dieser Gleichung ist

$$\left(a_1 - a_2 \cdot \frac{b_1}{b_2}\right) + d_1 - d_2 \cdot \frac{b_1}{b_2},$$

und man erhält in der Tat den gleichen Ausdruck, wenn man die mit $-\dfrac{b_1}{b_2}$ multiplizierte Koeffizientensumme der zweiten Gleichung von der ersten abzieht. Die kleine Mehrarbeit, die in der Bildung dieser Summen liegt, wird reichlich aufgewogen durch den Gewinn einer fortlaufenden Kontrolle der Rechnung.

Die Elimination einer Variablen aus zwei Gleichungen

$$a_1 x + b_1 y + c_1 z + d_1 = 0,$$
$$a_2 x + b_2 y + c_2 z + d_2 = 0$$

ist besonders bequem ausführbar, wenn die geforderte Genauigkeit eine *Anwendung des Rechenschiebers* zuläßt.

Um z. B. aus den beiden obenstehenden Gleichungen $z$ zu eliminieren, stellt man auf dem Stabe $c_1$ und auf der Zunge $c_2$ einander gegenüber. Den Zahlen $a_2$, $b_2$ und $d_2$ auf der Zunge stehen dann am Stabe die Zahlen $\left(a_2 \cdot \frac{c_1}{c_2}\right)$, $\left(b_2 \cdot \frac{c_1}{c_2}\right)$ und $\left(d_2 \cdot \frac{c_1}{c_2}\right)$ gegenüber, die der Reihe nach von $a_1, b_1, d_1$ abzuziehen sind, um die Koeffizienten der neuen Gleichung zu erhalten. Man kann für die Handhabung des Rechenschiebers hierbei auch folgende leicht zu merkende Regel angeben: Man stellt die Zunge so ein, daß der Koeffizient $c_2$ in den Koeffizienten $c_1$ „verwandelt" wird (d. h. daß sich $c_1$ und $c_2$ gegenüberstehen), dann werden die Koeffizienten $a_2$ und $b_2$ in die Koeffizienten derjenigen Gleichung verwandelt, die von der ersten Gleichung abzuziehen ist.

Bei dem Eliminationsverfahren liegt nun eine große *Willkür* darin, wie man durch Kombination zweier Gleichungen eine neue ableitet. Erstens ist es freigestellt, welche Gleichungen man überhaupt addiert. Man muß nur so vorgehen, daß die abgeleiteten Gleichungen linear unabhängig bleiben. Zweitens kann man aus zwei Gleichungen, z. B.

$$a_1 x + b_1 y + d_1 = 0,$$
$$a_2 x + b_2 y + d_2 = 0$$

eine neue Gleichung, die nur noch $x$ enthält, auf zwei Arten ableiten: man kann addieren, nachdem man die erste mit $-\frac{b_2}{b_1}$ oder nachdem man die zweite mit $-\frac{b_1}{b_2}$ multipliziert hat.

Wenn nun $b_1$ und $b_2$ stark voneinander abweichen, hat man so vorzugehen, daß man den *kleineren* der beiden Quotienten $\frac{b_1}{b_2}$ und $\frac{b_2}{b_1}$ benutzt. Ist etwa $\frac{b_1}{b_2}$ klein, so wird man für $x$ die Gleichung

$$x\left(a_1 - a_2 \cdot \frac{b_1}{b_2}\right) + d_1 - d_2 \cdot \frac{b_1}{b_2} = 0$$

ableiten, denn die Produkte $a_2 \cdot \frac{b_1}{b_2}$ und $d_2 \cdot \frac{b_1}{b_2}$ werden im allgemeinen klein sein gegen $a_1$ und $d_1$. Es genügt also, dieselben mit geringer relativer Genauigkeit zu bestimmen, da nur ihre ersten Stellen in Betracht kommen.

Liegen z. B. die Gleichungen vor:

| $x$ | $y$ | |
|---|---|---|
| 9,2 | $-$ 52,3 | 35,0 $=$ 0 |
| 3,4 | $+$ 1,2 | 7,1 $=$ 0, |

## 2. Methode der kleinsten Quadrate

so kann man diese addieren, nachdem man zwecks Elimination von $y$ entweder die erste mit $\frac{1,2}{52,3}$ oder die zweite mit $\frac{52,3}{1,2}$ multipliziert hat. Im ersten Falle genügt, um den Koeffizienten von $x$ auf eine Dezimale genau zu erhalten, die im Kopfe auszuführende Multiplikation der ersten Gleichung mit $\frac{1}{50}$. Im zweiten Falle genügt aber die Genauigkeit des Rechenschiebers nicht mehr, um die erste Dezimale sicherzustellen.

Die Beachtung dieser Regel, *stets mit möglichst kleinen Faktoren zu multiplizieren*, fällt noch mehr ins Gewicht, wenn die Koeffizienten eines Gleichungssystems nur mit beschränkter Genauigkeit gegeben sind, wie es in der Praxis häufig der Fall sein wird. Es ist dabei notwendig, sich bei der Durchführung der Rechnung fortdauernd Rechenschaft zu geben von der Genauigkeit der hingeschriebenen Zahlen, um die Unsicherheit des Resultates abschätzen zu können. Als Schlußkontrolle wird man zweckmäßig die erhaltenen Werte der Unbekannten in die gegebenen Gleichungen einsetzen, um auch dadurch eine Übersicht über die Genauigkeit des errechneten Resultates zu gewinnen.

**2. Die Ausgleichungsrechnung nach der Methode der kleinsten Quadrate.** Die Auflösung von Systemen linearer Gleichungen spielt eine große Rolle in der sog. Ausgleichungsrechnung. Das Prinzip derselben läßt sich am besten an einem überbestimmten System linearer Gleichungen übersehen.

Wir nehmen an, es seien zwei unbekannte Größen $x$ und $y$ durch Messungen zu bestimmen. Es soll aber unmöglich sein, die beiden Größen einzeln zu messen, die Anordnung der Messungen ist vielmehr eine derartige, daß durch jede Messung eine lineare Gleichung $a_i x + b_i y + d = 0$ gewonnen wird, in der $a_i$ und $b_i$ bekannte Konstante und $d_i$ die beobachtete Ablesung sind. Führt man zwei Messungen aus, die die Werte $d_1$ und $d_2$ liefern, so könnte man hieraus die Unbekannten $x$ und $y$ ermitteln, indem man die beiden Gleichungen

1) $a_1 x + b_1 y + d_1 = 0$,
2) $a_2 x + b_2 y + d_2 = 0$ auflöst.

Es liegt nun nahe, sich hiermit nicht zu begnügen, sondern zur Kontrolle noch mehr Messungen, es mögen im ganzen $n$ sein, auszuführen, die $n$ Gleichungen:

1) $a_1 x + b_1 y + d_1 = 0$,
2) $a_2 x + b_2 y + d_2 = 0$,
3) $a_3 x + b_3 y + d_3 = 0$,
. . . . . . . . .
$n$) $a_n x + b_n y + d_n = 0$

für die beiden Unbekannten $x$ und $y$ liefern. Wären die Messungen absolut genau, so müßten irgend zwei Gleichungen, die aus den vorliegenden $n$ Gleichungen herausgegriffen werden, stets dieselben Werte $x$ und $y$ liefern oder, mit anderen Worten, *ein* Wertepaar $x$, $y$ müßte alle Gleichungen erfüllen.

Da aber jede Messung mit Fehlern behaftet ist, werden nicht *alle* Gleichungen durch dieselben Werte von $x$ und $y$ genau befriedigt werden können. Verdienen nun alle Messungen das gleiche Vertrauen, so entsteht die Frage, wie man $x$ und $y$ am geeignetsten wählt, um allen Messungen nach Möglichkeit gerecht zu werden.

Die Antwort lautet so: Setzt man in alle Gleichungen 1), ... $n$) für $x$ und $y$ zwei Zahlen $\bar{x}$ und $\bar{y}$ ein, so werden die Gleichungen nicht alle erfüllt, sondern die linken Seiten der Gleichungen werden von Null verschiedene Werte annehmen, die $\delta_1, \delta_2, \ldots \delta_n$ genannt werden mögen. Wir schreiben also:

$$a_1 \bar{x} + b_1 \bar{y} + d_1 = \delta_1,$$
$$a_2 \bar{x} + b_2 \bar{y} + d_2 = \delta_2,$$
$$a_3 \bar{x} + b_3 \bar{y} + d_3 = \delta_3,$$
$$\cdots \cdots \cdots$$
$$a_n \bar{x} + b_n \bar{y} + d_n = \delta_n.$$

*Die Werte $\bar{x}, \bar{y}$ hat man nun so zu bestimmen, daß die Summe $\delta_1^2 + \delta_2^2 + \delta_3^2 + \cdots + \delta_n^2$ der Quadrate der Abweichungen von Null möglichst klein wird.*[1]) Die so bestimmten Werte $\bar{x}$ und $\bar{y}$ sind dann die wahrscheinlichsten Ergebnisse der Messungen.

Um diese Werte von $x$ und $y$ zu finden, denke man sich in der Summe
$$S = \delta_1^2 + \delta_2^2 + \delta_3^2 + \cdots + \delta_n^2$$
für $\delta_i$ die linken Seiten der Gleichungen eingesetzt. Es wird dann

$$S = (a_1 x + b_1 y + d_1)^2 + (a_2 x + b_2 y + d_2)^2 + \cdots$$
$$+ (a_n x + b_n y + d_n)^2,$$

also eine Funktion von $x$ und $y$.[2])

Um diese zu einem Minimum zu machen, hat man ihre partiellen

---

[1]) Daher die Bezeichnung *Methode der kleinsten Quadrate*.
[2]) Die Striche über $x$ und $y$ sind jetzt fortgelassen.

3. Auflösung von algebraischen Gleichungen

Differentialquotienten $\frac{\partial S}{\partial x}$ und $\frac{\partial S}{\partial y}$ gleich Null zu setzen. Damit erhält man zwei *lineare* Gleichungen für $x$ und $y$, nämlich:

$$\frac{1}{2} \cdot \frac{\partial S}{\partial x} = x \cdot (a_1^2 + a_2^2 + \cdots + a_n^2) + y \cdot (a_1 b_1 + a_2 b_2 + \cdots + a_n b_n)$$
$$+ (a_1 d_1 + a_2 d_2 + \cdots + a_k d_n) = 0,$$
$$\frac{1}{2} \cdot \frac{\partial S}{\partial y} = x \cdot (a_1 b_1 + a_2 b_2 + \cdots + a_n b_n) + y \cdot (b_1^2 + b_2^2 + \cdots + b_n^2)$$
$$+ (b_1 d_1 + b_2 d_2 + \cdots + b_n d_n) = 0.$$

Durch die Auflösung dieser als *Normalgleichungen* bezeichneten Gleichungen werden *alle* Messungen berücksichtigt.[1]

Die Erweiterung des Verfahrens auf lineare Gleichungen mit mehr als zwei Unbekannten ergibt sich ohne weiteres. Ebenso überzeugt man sich leicht, daß die Methode bei linearen Gleichungen mit nur einer Unbekannten auf das arithmetische Mittel der aus den einzelnen Gleichungen hervorgehenden Werte der Unbekannten führt. (Über die Anwendung der Methode bei nicht linearen Gleichungen s. S. 158.)

**3. Auflösung von algebraischen Gleichungen. Graeffesches Verfahren.** Zur Auflösung algebraischer Gleichungen höheren Grades
$$a_n x^n + a_{n-1} x^{n-1} + \cdots + a_1 x + a_0 = 0$$
finden vorzugsweise zwei Methoden Anwendung.[2]) Die eine, im dritten Kapitel auseinandergesetzte, beruht auf dem Gedanken, die Wurzeln der Gleichung *einzeln* in der Weise zu berechnen, daß man sich für die Wurzel einen Näherungswert verschafft und diesen durch ein systematisches Verfahren bis zu beliebiger Genauigkeit verfeinert. Das Prinzip, das dabei benutzt wird, das *Newtonsche Näherungsverfahren*, findet übrigens auch bei transzendenten Gleichungen sowie nichtlinearen Gleichungen mit mehreren Unbekannten Anwendung, wie dies in 4. und 5. auseinandergesetzt werden wird.

Hier soll nun die andere Methode, das sog. *Graeffesche Verfahren*, erörtert werden. Man findet damit, ohne erst nach Näherungswerten zu suchen, *alle* Wurzeln der Gleichung, auch die komplexen. Welches Verfahren am zweckmäßigsten anzuwenden ist, wird sich im einzelnen Falle leicht übersehen lassen.

---

1) Sind die $b_i$ und $d_i$ direkt beobachtete Größen, zwischen denen man einen linearen Zusammenhang $x + b y + d = 0$ vermutet, so liefert unser Schema die gesuchten Koeffizienten $x$ und $y$. Da hierbei alle $a_i = 1$ sind, ist die Rechnung recht einfach und der graphischen Ausgleichung vorzuziehen.

1) Über die graphische Auflösung algebraischer Gleichungen s. Kap. III, S. 48. Über die Auflösung von Gleichungen dritten Grades mit dem Rechenschieber s. Kap. II, S. 20.

## IX. Auflösung von Gleichungen

Der Grundgedanke des Graeffeschen Verfahrens ist folgender: Die Wurzeln der Gleichung

$$g(x) \equiv a_n x^n + a_{n-1} x^{n-1} + \cdots + a_1 x + a_0 = 0,$$

die zunächst alle als reell und voneinander verschieden angenommen werden mögen, seien der Reihe nach $x_1, x_2, \ldots x_n$, wobei

$$|x_1| > |x_2| > \cdots > |x_n| \quad \text{sein soll.}$$

Nun kann man leicht aus $g(x) = 0$ eine neue Gleichung $g_1(z) = 0$ ableiten, deren Wurzeln die Quadrate $x_1^2, x_2^2, \ldots x_n^2$ der Wurzeln der gegebenen Gleichung $g(x) = 0$ sind, so daß $g_1(z) = 0$ wird, wenn das Argument $z$ die Werte $x_1^2, x_2^2, \ldots x_n^2$ annimmt.

Ebenso gelangt man weiter zu Gleichungen, deren Wurzeln die vierten, achten, sechzehnten usw. Potenzen der Wurzeln der gegebenen Gleichung sind.

Die Wurzeln dieser Gleichungen werden nun, je weiter man in der Bildung der Gleichungen fortschreitet, immer mehr „auseinandergezogen". Setzen wir nämlich den absoluten Wert des Quotienten zweier aufeinanderfolgender Wurzeln $\left|\dfrac{x_\lambda}{x_{\lambda+1}}\right| = \tau$, so wird bei der Gleichung, deren Wurzeln die $2^{\nu\text{ten}}$ Potenzen von den Wurzeln der gegebenen Gleichung sind, das entsprechende Verhältnis $= \tau^\nu$, kann also, da $\tau > 1$ ist, so groß gemacht werden, wie man will, wenn man nur $\nu$ genügend groß wählt.

Es sei nun

$$p_n w^n + p_{n-1} w^{n-1} + \cdots + p_1 w + p_0 = 0$$

eine Gleichung, deren Wurzeln die $\nu^{\text{ten}}$ Potenzen der Wurzeln der vorgelegten Gleichung sind. Sind $w_n, w_{n-1}, \ldots w_1$ die Wurzeln dieser Gleichung für $w$, so ist identisch:

$$(w - w_1) \cdot (w - w_2) \cdots (w - w_{n-1}) \cdot (w - w_n)$$
$$\equiv w^n + \frac{p_{n-1}}{p_n} \cdot w^{n-1} + \frac{p_{n-2}}{p_n} \cdot w^{n-2} + \cdots + \frac{p_1}{p_n} \cdot w + \frac{p_0}{p_n}$$

und durch Ausrechnung der linken Seite ergibt sich, daß die Summe aller Wurzeln

$$w_1 + w_2 + \cdots + w_n = -\frac{p_{n-1}}{p_n},$$

die Summe aller Produkte aus je zwei Wurzeln

$$w_1 \cdot w_2 + w_1 \cdot w_3 + \cdots = \frac{p_{n-2}}{p_n},$$

die Summe der Produkte je dreier Wurzeln $-\dfrac{p_{n-3}}{p_n}$ ist usw.

### 3. Auflösung von algebraischen Gleichungen

Ist nun $\nu$ groß genug, so wird die größte Wurzel, es sei $w_1$, weit größer sein als die nächstkleinere $w_2$ und die noch kleineren Wurzeln. In der Summe $w_1 + w_2 + \cdots + w_n$ wird also die Partialsumme $w_2 + w_3 + \cdots + w_n$ gegenüber $w_1$ nicht in Betracht kommen, so daß bis auf einen kleinen Fehler

$$w_1 = -\frac{p_{n-1}}{p_n}$$

gesetzt werden kann. Analog kann man schließen, daß das Glied $w_1 \cdot w_2$ in der Summe $w_1 \cdot w_2 + w_1 \cdot w_3 + \cdots$ groß ist gegen die Summe der anderen Glieder, also kann man schreiben:

$$w_1 \cdot w_2 = -\frac{p_{n-2}}{p_n}.$$

Ebenso erhält man, wenn $w_3$ die drittgrößte Wurzel ist:

$$w_1 \cdot w_2 \cdot w_3 = \frac{p_{n-3}}{p_n} \quad \text{usw.}$$

Durch Division jeder dieser Gleichungen durch die vorhergehende folgt:

$$w_1 = -\frac{p_{n-1}}{p_n}, \quad w_2 = -\frac{p_{n-2}}{p_{n-1}}, \quad w_3 = -\frac{p_{n-3}}{p_{n-2}} \quad \text{usw.}$$

Die Wurzeln der Gleichung

$$p_n w^n + p_{n-1} w^{n-1} + \cdots + p_1 w + p_0 = 0$$

für $w = |x|^\nu$ lassen sich also unter der Voraussetzung, daß $\nu$ groß genug angenommen ist, sehr schnell berechnen. Man kann, um sich möglichst anschaulich auszudrücken, sagen, daß sich diese Gleichung in eine Reihe von $n$ linearen Gleichungen „spaltet", die man durch Zusammenfassen je zweier aufeinanderfolgender Glieder der Gleichung erhält. Nämlich:

$$p_n w^n + p_{n-1} w^{n-1} = 0; \quad p_{n-1} w^{n-1} + p_{n-2} w^{n-2} = 0; \ldots p_1 w + p_0 = 0$$

oder $\quad p_n w + p_{n-1} = 0; \quad p_{n-1} w + p_{n-2} = 0; \ldots$

Da die absoluten Beträge der Wurzeln $w_1, w_2, w_3, \ldots w_n$ gleich den $\nu^{\text{ten}}$ Potenzen der absoluten Beträge von den Wurzeln der gegebenen Gleichung sind, kann man die Wurzeln der gegebenen Gleichung dem absoluten Betrage nach angeben. Das Vorzeichen bestimmt man am einfachsten durch probeweises Einsetzen der Werte in die Gleichung nach dem Horner-Schema.

Die Bildung einer Gleichung, deren Wurzeln die Quadrate der gegebenen Gleichung $g(x) = 0$ sind, geschieht, indem man $g(x)$

IX. Auflösung von Gleichungen

mit $g(-x)$ multipliziert und das Produkt $g(x) \cdot g(-x)$ nach Potenzen von $x$ ordnet. Die so entstehende ganze Funktion von $x$ enthält nur gerade Potenzen von $x$, da sie für $x$ und $-x$ gleiche Werte annehmen muß. Man kann also eine neue Variable $z = x^2$ einführen und erhält damit in der Tat eine ganze Funktion $n^{\text{ten}}$ Grades von $z$, $g_1(z)$, die für $z = x_1^2, x_2^2, \ldots x_n^2$ verschwindet. Aus $g_1(z)$ kann man in derselben Weise eine Funktion $n^{\text{ten}}$ Grades $g_2(u)$ herstellen, deren Wurzeln die Quadrate der Wurzeln von $g_1(z) = 0$, mithin die vierten Potenzen der Wurzeln von der ursprünglich gegebenen Gleichung $g(x) = 0$ sind. Ebenso bildet man die folgenden Gleichungen.

Man führt diese Multiplikationen vorteilhaft nach einem Schema aus, nach dem auch die angeführten Zahlenbeispiele durchgerechnet sind. Statt weitere allgemeine Erklärungen für das Verfahren überhaupt zu geben, sollen alle Überlegungen, die noch zu machen sind, bei der Erläuterung der Beispiele durchgeführt werden. Neben dem Rechenschema sollen noch die Fragen beantwortet werden: Wie weit hat man in der Aufstellung der Gleichungen vorzugehen? Wie modifiziert sich das Verfahren beim Auftreten komplexer Wurzeln? Wie bestimmt man die Vorzeichen der Wurzeln, von denen das Verfahren ja nur den absoluten Betrag liefert, und wie kontrolliert man das Ergebnis der Rechnung überhaupt?

Als ein *erstes Beispiel* diene die Gleichung dritten Grades:

$$x^3 - 6x^2 + 11x - 6 = 0,$$

deren Wurzeln 1, 2 und 3 sind. Man schreibt während der Rechnung nur die Koeffizienten, nicht die Variable selbst hin, so daß die Gleichung durch die Zahlen in der ersten Zeile des Rechenschemas auf der folgenden Seite dargestellt wird.

Da man durch die folgenden Operationen zu sehr großen Zahlenwerten gelangt, ist es zweckmäßig, diese so zu schreiben, daß man einen Dezimalbruch mit nur einer Ziffer vor dem Komma benutzt und die Potenz von 10, mit der er noch zu multiplizieren bleibt, als Index oben hinzufügt. Verwechselungen mit einer Potenz des Dezimalbruches selbst sind ja ausgeschlossen.

Die gegebene Gleichung $g(x)$ ist zuerst mit $g(-x)$, oder was dasselbe leistet, mit $-g(-x)$ zu multiplizieren. Je nachdem der Grad der Gleichung gerade oder ungerade ist, tut man das eine oder das andere, damit das erste Glied der neuen Gleichung positiv wird.

### 3. Auflösung von algebraischen Gleichungen

$\overbrace{x^3}$

|     |   |          |          |          |                |
|-----|---|----------|----------|----------|----------------|
| (1) | 1 | $-6$     | $+11$    | $-6$     |                |
| (2) | + | +        | +        | +        |                |
| (3) | 1 | $-3,6^1$ | $+1,21^2$| $-3,6^1$ |                |
| (4) |   | $2,2^1$  | $-0,72$  |          |                |
| (5) | 1 | $-1,4^1$ | $+4,9^1$ | $-3,6^1$ | (2. Potenzen)  |
|     | + | +        | +        | +        |                |
|     |   | $-1,96^2$| $+2,40^3$| $-1,30^3$|                |
|     |   | $+0,98$  | $-1,01$  |          |                |
|     | 1 | $-9,8^1$ | $+1,39^3$| $-1,30^3$| (4. Potenzen)  |
|     | + | +        | +        | +        |                |
|     |   | $-9,61^3$| $+1,93^6$| $-1,69^6$|                |
|     |   | $+2,78$  | $-0,25$  |          |                |
|     | 1 | $-6,83^3$| $+1,68^6$| $-1,69^6$| (8. Potenzen)  |
|     | + | +        | +        | +        |                |
|     | 1 | $-4,67^7$| $+2,82^{12}$| $-2,86^{12}$|           |
|     |   | $+0,33$  | $-0,02$  |          |                |
|     | 1 | $-4,34^7$| $+2,80^{12}$| $-2,86^{12}$| (16. Potenzen)|
|     | + | +        | +        | +        |                |
|     |   | $-1,88^{15}$| $+7,85^{24}$| $-8,19^{24}$|         |
|     |   | $+0,006$ | $0,0002$ |          |                |
|     | 1 | $-1,874^{15}$| $+7,85^{24}$| $-8,19^{24}$| (32. Potenzen)|

| | Differenzen | : 32 | |
|---|---|---|---|
| $\log 8,19^{24} = 24,9133$ | $0,0184$ | $0,00057$ | $|x_1| = 1,001$ |
| $\log 7,85^{24} = 24,8949$ | $9,6222$ | $0,3007$ | $|x_2| = 1,998$ |
| $\log 1,874^{15} = 15,2727$ | $15,2727$ | $0,4773$ | $|x_3| = 3,001$ |

Zur Ausführung der Multiplikation genügt es, in einer Zeile (2) die Vorzeichen von $\pm g(-x)$ zu bezeichnen; dabei sind also stets die Vorzeichen der Glieder gerader Potenz in der ursprünglichen Gleichung umzukehren.

IX. Auflösung von Gleichungen

Die Multiplikation von $g(x)$ und $\pm g(-x)$ geschieht in der Weise, daß man das Produkt gleich nach Potenzen ordnet. Zunächst bildet man die Quadrate der Koeffizienten mit richtigem Vorzeichen. So entsteht die Zeile (3).
Zum Gliede mit $x^4$ tritt noch das doppelt zu nehmende Produkt $x^3 \cdot 11x$ hinzu. Ebenso tritt das doppelte Produkt $-2 \cdot 6x \cdot 6$ zum Gliede mit $x$ hinzu. Diese doppelten Produkte stehen in Zeile (4). Bei Gleichungen von höherem als dem dritten Grade treten noch weitere Produkte hinzu (s. das nächste Beispiel S. 143).

Durch Addition erhält man die Koeffizienten der Gleichung, deren Wurzeln die Quadrate der gesuchten sind (Zeile (5)). Mit dieser Gleichung verfährt man ebenso wie mit der ursprünglichen und geht so weiter. Überblickt man den Verlauf der Rechnung, so wird man bemerken, daß die doppelten Produkte immer kleiner werden gegenüber den Quadraten. Die Rechnung ist mit dem Rechenschieber durchgeführt, die Zahlen sind also auf etwa $^1/_2\,^0/_0$ genau. Man sieht nun bei der Bildung der letzten Gleichung für die 32. Wurzelpotenzen, daß der Wert der Quadrate innerhalb dieser Genauigkeit durch die doppelten Produkte nicht mehr beeinflußt wird. *Das ist das Zeichen dafür, daß die Rechnung abzubrechen ist*, da ihre Fortführung doch nur auf die gleichen Werte der Wurzeln führen würde.

Nehmen wir nämlich die Gleichung für die 32. Potenzen

$$(x^{32})^3 - a_2 \cdot (x^{32})^2 + a_1 \cdot (x^{32}) - a_0 = 0,$$

so liefert das angegebene Näherungsverfahren die Wurzelwerte:

$$|x_1| = \sqrt[32]{a_2},$$

$$|x_2| = \sqrt[32]{\frac{a_1}{a_2}},$$

$$|x_3| = \sqrt[32]{\frac{a_0}{a_1}}.$$

Die Gleichung für die 64. Potenzen wird aber, da die Produkte nicht mehr in Frage kommen:

$$(x^{64})^3 - a_2^2 \cdot (x^{64})^2 + a_1^2 \cdot (x^{64}) - a_0^2 = 0,$$

und daraus folgen die gleichen Näherungswerte für die Wurzeln wie aus der vorigen Gleichung.

Man kann den Sachverhalt auch so aussprechen: Nach einer hinreichend großen Anzahl von Schritten beeinflussen bei der

## 3. Auflösung von algebraischen Gleichungen

Bildung neuer Gleichungen die vertikalen Kolonnen einander nicht mehr.

Bei dem Rechnungsprozeß „spaltet" sich die Gleichung in eine Reihe linearer Gleichungen

$$w_1 - a_2 = 0, \quad a_2 w_2 - a_1 = 0, \quad a_1 w_3 - a_0 = 0,$$

wobei $\quad w_1 = |x_1|^\nu, \quad w_2 = |x_2|^\nu, \quad w_3 = |x_3|^\nu$

ist (im Beispiel ist $\nu = 32$).

Um die absoluten Beträge der Wurzeln aus den Koeffizienten der letzten Gleichung zu bestimmen, bedient man sich zweckmäßig vierstelliger Logarithmen und bildet die unter den Gleichungen stehende Tabelle.

Man schreibt in eine Kolonne die Logarithmen der Koeffizienten der letzten Gleichung, zweckmäßig mit dem der nullten Potenz beginnend, in die folgende Kolonne die Differenzen dieser Logarithmen, d. h. die Logarithmen der $\nu^{\text{ten}}$ Wurzelpotenzen. Diese sind durch $\nu = 32$ zu dividieren, um die Wurzeln selbst zu finden, das gibt die dritte Kolonne, und schließlich sind hiervon die Numeri aufzuschlagen, womit die Wurzeln dem absoluten Betrage nach gefunden sind.

Um die Vorzeichen der Wurzeln zu bestimmen, setzt man die Wurzeln versuchsweise nach dem Horner-Schema in die gegebene Gleichung ein. Man erhält dabei gleichzeitig eine Kontrolle der Genauigkeit und kann dieselbe durch Weiterrechnen nach dem Horner-Schema (S. 44) noch beliebig steigern. Daher ist es vorteilhaft, das Graeffesche Verfahren mit dem Rechenschieber durchzuführen, auch wenn eine höhere Genauigkeit erstrebt wird.

Wie das Graeffesche Verfahren sich anläßt, wenn die vorgelegte Gleichung *komplexe Wurzeln* hat, können wir am besten an einem zweiten Beispiel einsehen.

Es handele sich um die Gleichung fünften Grades:

$$x^5 + 2x^4 - x^3 - 19x^2 - 53x - 36 = 0.$$

Die Bildung der Gleichungen für höhere Wurzelpotenzen geschieht genau wie im vorigen Beispiel. Nur daß in den mittleren Kolonnen je zwei doppelte Produkte zu bilden sind, da z. B. der Faktor der 6. Potenz von $x$ sich zusammensetzt aus den Faktoren des Quadrates von $x^3$ und der Produkte $x^4 \cdot x^2$ und $x^5 \cdot x$.

IX. Auflösung von Gleichungen

| | | | | | | |
|---|---|---|---|---|---|---|
| 1 | 2 | −1 | −1,9$^1$ | −5,3$^1$ | −3,6$^1$ | |
| + | − | − | + | − | − | |
| | −4 | 0,1$^1$ | −3,61$^2$ | 2,81$^3$ | −1,296$^3$ | |
| | −2 | 7,6 | 1,06 | −1,37 | | |
| | | −10,6 | 1,44 | | | |
| 1 | −6 | −2,9$^1$ | −1,11$^2$ | 1,44$^3$ | −1,296$^3$ | (2. P.) |
| + | + | − | + | + | + | |
| 1 | −3,6$^1$ | 8,41$^2$ | +1,232$^4$ | 2,080$^6$ | −1.60 | |
| | −5,8 | −13,32 | −8,36 | −0,286 | | |
| | | 28,82 | −1,555 | | | |
| 1 | −9,4$^1$ | 2,391$^3$ | −1,115$^5$ | 1,794$^6$ | −1,68$^6$ | (4. P.) |
| + | + | + | + | + | + | |
| 1 | −8,83$^3$ | 5,72$^6$ | −1,242$^{10}$ | 3,212$^{12}$ | −2,82$^{12}$ | |
| | 4,78 | −20,90 | 0,851 | −0,375 | | |
| | | 3,59 | −0,031 | | | |
| 1 | −4,05$^3$ | −1,59$^7$ | −4,22$^9$ | 2,837$^{12}$ | −2,82$^{12}$ | (8. P.) |
| + | + | − | + | + | + | |
| 1 | −1,64$^7$ | 1,332$^{14}$ | −1,779$^{19}$ | 8,05$^{25}$ | −7,96$^{24}$ | |
| | −2,32 | −0,342 | −6,501 | −0,024 | | |
| | | 0,057 | −0,002 | | | |
| 1 | −3,96$^7$ | 1,047$^{14}$ | −8,342$^{19}$ | 8,026$^{24}$ | −7,96 | (16. P.) |
| + | + | + | + | + | + | |
| 1 | −1,570$^{15}$ | 1,098$^{28}$ | −6,97$^{39}$ | 6,43$^{49}$ | −6,35$^{49}$ | |
| | 0,209 | −0,665 | 1,72 | * | | |
| | | * | * | | | |
| 1 | −1,361$^{15}$ | 4,33$^{27}$ | −5,25$^{39}$ | 6,43$^{49}$ | −6,35$^{49}$ | (32. P.) |
| + | + | + | + | + | + | |
| 1 | −1,86$^{30}$ | +1,88$^{55}$ | −2,76$^{79}$ | +4,15$^{99}$ | −4,04$^{99}$ | |
| | +0,009 | −1,42 | +0,06 | * | | |
| | | * | * | | | |
| 1 | −1,85$^{30}$ | +0,46$^{55}$ | −2,70$^{79}$ | +4,15$^{99}$ | −4,04$^{99}$ | (64. P.) |

3. Auflösung von algebraischen Gleichungen

| Koeffizient | log | Differenz | $^{1}/_{64}$ Diff. | Numeri | | |
|---|---|---|---|---|---|---|
| $4{,}04^{99}$ | $99{,}6064$ | | | | | |
| | | $0{,}0116$ | $0{,}0002$ | $1{,}000$ | $=-x_5$ | |
| $4{,}15^{99}$ | $99{,}6180$ | | | | | |
| | | $20{,}1866$ | $0{,}3154$ | $2{,}067$ | $=-x_4$ | |
| $2{,}70^{79}$ | $79{,}4314$ | | | | | |
| | | $49{,}1642$ | $0{,}7682$ | $5{,}864$ | $=u^2+v^2$ | $\left.\begin{array}{c}x_1\\x_2\end{array}\right\}=-0{,}952$ |
| $1{,}85^{30}$ | $30{,}2672$ | | | | | $\pm 2{,}226\,i$ |
| | | $30{,}2672$ | $0{,}4729$ | $2{,}971$ | $=+x_1$ | |
| $1{,}00$ | $0{,}000$ | | | | | |

$$x_1 + x_4 + x_5 = -0{,}096 \quad 2u = -2 + 0{,}096$$
$$u^2 = \phantom{-}0{,}906 \quad\quad\quad = -1{,}904$$
$$\phantom{u^2 =}\; 5{,}864 \quad u = -0{,}952$$
$$v^2 = \frac{0{,}906}{4{,}958} \quad v = \phantom{-}2{,}226$$

Leitet man zum Schluß bei diesem Beispiel aus der Gleichung der 16. Potenzen die folgende der 32. Potenzen ab, so sieht man, daß bei der Genauigkeit des Rechenschiebers einzelne dieser Produkte nicht mehr in Frage kommen, statt ihrer ist ein * gesetzt. Rechnet man weiter, so findet man dasselbe. Obwohl tatsächlich überflüssig, soll noch die Gleichung der 128. Potenzen abgeleitet werden:

$$\begin{array}{l}1 \quad -1{,}85^{30} \quad +0{,}46^{55} \quad -2{,}70^{79} \quad +4{,}15^{99} \quad -4{,}04^{99} \quad \text{(64. P.)}\\+\phantom{1}\quad +\phantom{1{,}85^{30}}\quad +\phantom{0{,}46^{55}}\quad +\phantom{2{,}70^{79}}\quad +\phantom{4{,}15^{99}}\quad +\end{array}$$

$$\begin{array}{l}1 \quad -3{,}43^{60} \quad +2{,}12^{109} \quad -7{,}30^{158} \quad +1{,}72^{199} \quad -1{,}73^{199}\\\phantom{1}\quad *\quad\quad -10{,}00\quad\quad *\quad\quad\quad *\\\phantom{1}\quad\quad\quad *\quad\quad\quad *\end{array}$$

$$1 \quad -3{,}43^{60} \quad -7{,}88^{109} \quad -7{,}30^{158} \quad +1{,}72^{199} \quad -1{,}73^{199} \quad \text{(128. P.)}$$

Hierbei sind alle Produkte bedeutungslos geworden, mit *einer Ausnahme*, wo nämlich (in der dritten Kolonne von links) das Quadrat $2{,}12^{109}$ und das doppelte Produkt $-2 \cdot 1{,}85^{30} \cdot 2{,}70^{79} = -10{,}00^{109}$ ergibt. In dieser Kolonne behält das erste Produkt seinen Einfluß. Auch beim Weiterrechnen überzeugt man sich, daß in dieser dritten Kolonne das Produkt aus den Koeffizienten der Nachbarkolonnen die Größenordnung des Quadrates bekommt.

Die Rechnung verläuft also wesentlich anders wie beim ersten Beispiel. Dort beeinflußten sich bei genügend weiter Fortführung der Rechnung die vertikalen Kolonnen gar nicht mehr, die Gleichung wurde in eine der Anzahl der Wurzeln gleiche Anzahl linearer Gleichungen „gespalten". Hier wird eine Kolonne (die dritte) dauernd durch die beiden Nachbarkolonnen beeinflußt. Dies ist das Kennzeichen für das Auftreten zweier konjugiert komplexer Wurzeln.[1]) In diesem Falle spalten sich nicht nur lineare Gleichungen ab, sondern auch eine quadratische Gleichung. Diese Ausdrucksweise wird durch folgende Überlegung gerechtfertigt. Es sei die Gleichung der 64. Potenzen, wenn $a_4, \ldots a_0$ für die Koeffizienten geschrieben und $z = x^{64}$ eingeführt wird:

$$z^5 - a_4 z^4 + a_3 z^3 - a_2 z^2 + a_1 z - a_0 = 0.$$

Die Gleichung der 128. Potenzen enthält jetzt nicht einfach als Koeffizienten die Quadrate der vorhergehenden Koeffizienten wie beim ersten Beispiel, sondern sieht so aus:

$$(z^2)^5 - a_4^2 \cdot (z^2)^4 + (a_3^2 - 2 \cdot a_4 \cdot a_2) \cdot (z^2)^3 - a_2^2 \cdot (z^2)^2$$
$$+ a_1^2 \cdot z^2 - a_0^2 = 0.$$

Berechnet man nun drei Wurzeln in gleicher Weise wie früher aus den durch benachbarte nicht beeinflußte Kolonnen, also der ersten, zweiten, vierten, fünften und sechsten, so erhält man aus der letzten oder vorletzten Gleichung:

$$z - a_4 = \quad x^{64} - a_4 = 0,$$
$$- a_2 z + a_1 = - a_2 \cdot x^{64} + a_1 = 0,$$
$$a_1 z - a_0 = \quad a_1 \cdot x^{64} - a_0 = 0.$$

Auch bei weiterer Fortsetzung des Verfahrens würden sich die gleichen Werte ergeben. Es haben sich also drei lineare Gleichungen abgespalten.

Die übrigen beiden Wurzeln aus den linearen Gleichungen:

$$- a_4 \cdot z + a_3 = - a_4 \cdot x^{64} + a_3 = 0,$$
$$+ a_3 \cdot z - a_2 = \quad a_3 \cdot x^{64} - a_2 = 0$$

zu berechnen, ist dagegen offenbar unzulässig, denn man würde andere und andere Werte bekommen, je weiter man in der Bildung höherer Gleichungen fortschreitet, da sich der $a_3$ entsprechende Koeffizient nicht einfach quadriert. Faßt man hingegen das zweite, dritte und vierte Glied der Gleichung für die 64. Potenzen zu einer quadratischen Gleichung

$$- a_4 z^2 + a_3 z - a_2 = 0$$

---

[1]) Über den Beweis dieser Behauptung C. Runge, *Praxis d. Gleichungen*, Leipzig 1900. S. 157.

### 3. Auflösung von algebraischen Gleichungen

zusammen, deren zwei Wurzeln $z_1$ und $z_2$ durch $|x_3| = \sqrt[64]{z_1}$, $|x_2| = \sqrt[64]{z_2}$ die noch fehlenden Wurzeln der ursprünglichen Gleichung liefern sollen, so kommt man auf dieselben Werte, wenn dieselben drei Glieder irgendeiner der folgenden Gleichungen der 128., 256. usf. Potenzen zu einer quadratischen Gleichung zusammengefaßt werden. Die entsprechende quadratische Gleichung bei den 128. Potenzen lautet nämlich, wie oben abgeleitet wurde:

$$-a_4^2 \cdot (x^{128})^2 + (a_3^2 - 2a_4 a_2) \cdot x^{128} - a_2^2 = 0.$$

Diese Gleichung geht aus der vorherigen

$$-a_4 (x^{64})^2 + a_3 x^{64} - a_2 = 0$$

hervor durch Multiplikation mit der Gleichung $a_4(x^{64})^2 + a_3 x^{64} + a_2 = 0$. Die Wurzeln des Produktes dieser beiden Gleichungen sind aber die Quadrate der Wurzeln einer jeder von ihnen, man wird durch die neue Gleichung also wieder auf dieselben Wurzelwerte geführt.

Die Wurzeln $z_1$ und $z_2$ der so abgespalteten quadratischen Gleichung werden in der Tat komplex, also sind es auch die Wurzeln $x_3$ und $x_2$ der gegebenen Gleichung.

Das Abspalten einer, oder auch mehrerer quadratischer Gleichungen mit komplexen Wurzeln bei der Durchführung der Rechnung liefert also von selbst ein Kriterium für das Vorhandensein solcher Wurzeln auch in der vorgelegten Gleichung.

Die Berechnung der Wurzeln aus der Gleichung der 64. Potenzen geschieht, so weit es sich um die reellen Wurzeln handelt, genau so wie im ersten Beispiel.

Man findet zunächst die absoluten Beträge der reellen Wurzeln:

$$|x_5| = \sqrt[64]{\frac{4{,}04^{09}}{4{,}15^{90}}} = 1{,}000,$$

$$|x_4| = \sqrt[64]{\frac{4{,}15^{99}}{2{,}70^{79}}} = 2{,}067,$$

$$|x_1| = \sqrt[64]{1{,}85^{30}} = 2{,}971.$$

Durch Probieren findet man die Vorzeichen und damit:

$$x_1 = 2{,}971,$$
$$x_4 = -2{,}067,$$
$$x_5 = -1{,}000.$$

IX. Auflösung von Gleichungen

Die komplexen Wurzeln $x_2 = u + iv$ und $x_3 = u - iv$ sind aus der quadratischen Gleichung:

$$-1{,}85^{30} \cdot (x^{64})^2 + 0{,}46^{55} \cdot (x^{64}) - 2{,}70^{79} = 0$$

zu berechnen. Zunächst wird $x_2 x_3 = u^2 + v^2$ und $x_2^{64} x_3^{64} = \dfrac{2{,}70^{79}}{1{,}85^{30}}$, also

$$u^2 + v^2 = \sqrt[64]{\dfrac{2{,}70^{79}}{1{,}85^{30}}} = 5{,}864.$$

Die Summe aller fünf Wurzeln muß weiter gleich dem negativen Koeffizienten von $x^4$ in der gegebenen Gleichung, also gleich $-2$ sein. Da aber $x_2 + x_3 = 2u$ ist, finden wir

$$x_1 + 2u + x_4 + x_5 = -2,$$

und daraus $\quad u = \tfrac{1}{2} \cdot [-2 - (x_1 + x_4 + x_5)],$

woraus endlich $\quad v = \sqrt{5{,}864 - u^2}$

folgt. Damit sind auch die komplexen Wurzeln bestimmt.

Die ganze Rechnung verläuft übersichtlich und kann in dreiviertel Stunden erledigt werden. Treten Doppelwurzeln auf, so spaltet sich für jedes Paar ebenfalls eine quadratische Gleichung mit zwei zusammenfallenden Wurzeln ab, und die Rechnung verläuft wie in dem soeben behandelten Fall. Sie gibt für den Imaginärteil $v$ in diesem Falle den Wert Null.

**4. Auflösung transzendenter Gleichungen. Newtonsches und Iterationsverfahren.** 1. Sollen die Wurzeln einer transzendenten Gleichung $f(x) = 0$ berechnet werden, so wird man sich zunächst aus dem allgemeinen Verlauf der Funktion $y = f(x)$, evtl. unter Benutzung einer Übersichtszeichnung, einen Überblick über die ungefähre Lage der reellen Wurzeln verschaffen.

Lassen sich nun die Werte der Funktion $f(x)$ leicht aus dem Argument $x$ berechnen, wobei die Benutzung von schon vorliegenden genügend genauen Tabellen von Vorteil sein kann (wie z. B. bei $f(x) \equiv x \cdot \log x - c$), so kann man systematisch immer enger beieinanderliegende Werte $x_1$ und $x_2$ von $x$ suchen, derart, daß $y_1 = f(x_1) > 0$, $y_2 = f(x_2) < 0$ wird. Die Wurzel liegt dann, wenn die Funktion an der betreffenden Stelle stetig ist, im Intervalle von $x_1$ bis $x_2$, das bis zur gewünschten Genauigkeit zu verkleinern ist.

Man wird schließlich linear interpolieren und einen angenäherten Wurzelwert $\xi_1$ aus der Gleichung $\dfrac{y_2 - y_1}{x_2 - x_1} \cdot (\xi_1 - x_1) + y_1 = 0$ berechnen.

### 4. Auflösung transzendenter Gleichungen

2. Bietet die Berechnung der Funktion $f(x)$ Schwierigkeiten und können Tabellen nicht benutzt werden, so wird zweckmäßig das sog. *Newtonsche Verfahren* angewandt.

Wir suchen zunächst einen Näherungswert $x_1$ für die Wurzel der Gleichung $f(x) = 0$. Solche Näherungswerte sind häufig durch die Fragestellung selbst gegeben. Sonst sind sie der den Verlauf der Funktion $y = f(x)$ darstellenden Kurve zu entnehmen.

Es sei also $f(x_1) = \varepsilon_1$, wo $\varepsilon_1$ eine kleine Größe ist. Entwickelt man die Funktion $f(x)$ an der Stelle $x = x_1$ nach Potenzen von $h = x - x_1$, so erhält man:

$$f(x) = f(x_1) + h \cdot f'(x_1) + \frac{h^2}{2!} \cdot f''(x_1) + \cdots$$
$$= \varepsilon_1 + h \cdot f'(x_1) + \frac{h^2}{2!} \cdot f''(x_1) + \cdots.$$

Setzt man diese Potenzreihe gleich Null, so ist dies eine Gleichung für $h$, deren Wurzel auch die Kenntnis der Wurzel der Gleichung $f(x) = 0$ durch die Beziehung $x = x_1 + h$ vermittelt. Da $x_1$ ein Näherungswert der Wurzel von $f(x) = 0$ sein sollte, wird $x - x_1 = h$ klein sein, und in den meisten Fällen (sofern nämlich die höheren Ableitungen nicht groß gegen die erste sind) kann man die Potenzreihe mit dem linearen Gliede abbrechen, so daß man für $h$ die lineare Gleichung $0 = \varepsilon_1 + h \cdot f'(x_1)$ und daraus

$$h = -\frac{\varepsilon_1}{f'(x_1)}$$

erhält. Bringt man diese Größe als Korrektur an den Näherungswert $x_1$ an, so erhält man unter sehr allgemeinen Bedingungen einen besseren Näherungswert $x_2 = x_1 + h$, den man, falls seine Genauigkeit auch noch nicht ausreicht, ebenso wie den ersten behandeln kann. Die Wiederholung dieses Verfahrens liefert den Wert der Wurzel mit jeder gewünschten Genauigkeit.

Bisweilen kommt man schneller zum Ziel, wenn man in der Entwickelung

$$f(x_1) + h \cdot f'(x_1) + h^2 \cdot \frac{f''(x_1)}{2!} + h^3 \cdot \frac{f'''(x_1)}{3!} + \cdots$$

noch das in $h$ quadratische Glied mitberücksichtigt, ja unter Umständen auch noch das der dritten Ordnung.

Dies wird der Fall sein, wenn $|f'(x_1)|$ klein ist und sich die höheren Ableitungen $f''(x)$ und $f'''(x)$ leicht bilden lassen.

Um die Glieder höherer Ordnung mit zu berücksichtigen, geht man so vor, daß man zunächst die Korrektur $h_1$, wie eben ge-

IX. Auflösung von Gleichungen

schildert, aus dem linearen Gliede der Entwickelung ausrechnet, also
$$h_1 = -\frac{\varepsilon_1}{f'(x_1)}$$
setzt. Schreibt man nun die Gleichung für die Korrektur $h$ in folgender Form:
$$h_2 = -\frac{\varepsilon_1 + h_1{}^2 \cdot f''(x_1) \cdot \frac{1}{2!} + h_1{}^3 \cdot f'''(x_1) \cdot \frac{1}{3!}}{f'(x_1)}$$
und setzt den ersten Näherungswert $h_1 = -\frac{\varepsilon_1}{f'(x_1)}$ in die rechte Seite dieser Gleichung ein, so erhält man aus dieser Gleichung einen Wert $h_2$, der ein besserer Näherungswert ist als $h_1$.[1]) Will man diesen Wert noch weiter verbessern, so kann man wieder $h_2$ in die rechte Seite der letzten Gleichung einsetzen und einen neuen Wert $h_3$ berechnen. Schließlich werden sich zwei in dieser Weise nacheinander berechnete Werte von $h$ innerhalb der Grenzen der verlangten Genauigkeit nicht mehr unterscheiden. Dies Verfahren ist jedoch nur dann berechtigt, wenn man annehmen kann, daß das Restglied der Taylor-Entwickelung bei Beschränkung auf die in der Rechnung mitgenommenen Glieder unwesentlich bleibt. Zur Kontrolle wird man den so verbesserten Wert $x_1 + h$ in die Gleichung $f(x) = 0$ einsetzen und zusehen, ob seine Genauigkeit genügt.

3. Ein rechnerisch sehr einfaches Verfahren (das *Prinzip der Iteration*) kann man zur Auflösung einer Gleichung $f(x) = 0$ benutzen, wenn es leicht möglich ist, diese Gleichung auf die Form $x = \varphi(x)$ zu bringen, und der Differentialquotient $\varphi'(x)$ der Funktion $\varphi(x)$ an der gesuchten Nullstelle und in deren Nähe dem absoluten Betrage nach klein ist, mindestens kleiner als 1

Unter dieser Voraussetzung kann man aus einem Näherungswerte $x_1$ für die Wurzel der Gleichung $f(x) = 0$ einen besseren $x_2$ ableiten, indem man $x_1$ in $\varphi(x)$ einsetzt und $x_2 = \varphi(x_1)$ berechnet. Einen wiederum besseren Wert erhält man durch $x_3 = \varphi(x_2)$ usf. Ist nämlich $\xi$ die gesuchte Wurzel von $f(x) = 0$, also $\xi = \varphi(\xi)$, so ergibt sich durch Subtraktion der Gleichungen:

$$\xi = \varphi(\xi),$$
$$x_2 = \varphi(x_1),$$
$$\xi - x_2 = \varphi(\xi) - \varphi(x_1).$$

---

[1]) Das Prinzip dieser Methode wird im folgenden Abschnitt erörtert werden. Es ist auch auf S. 153 zur Anwendung gekommen.

## 4. Auflösung transzendenter Gleichungen

Liegt nun $x_1$ in der Nähe von $\xi$, so kann man die rechte Seite näherungsweise schreiben:
$$\varphi(\xi) - \varphi(x_1) = \varphi'(\xi) \cdot (\xi - x_1).$$
Es ist also
$$\frac{\xi - x_2}{\xi - x_1} = \varphi'(\xi),$$
woraus für $|\varphi'(\xi)| < 1$ folgt, daß $|\xi - x_2| < |\xi - x_1|$, mithin $x_2$ ein besserer Näherungswert wie $x_1$ ist.

Dies Iterationsprinzip ist bei der im vorigen Paragraphen auseinandergesetzten Auflösungsmethode der Gleichungen zweiten und dritten Grades bereits in Anwendung gekommen. Weiß man nämlich, daß die Wurzel einer Gleichung dritten oder auch höheren Grades ihrem absoluten Betrage nach klein gegen 1 ist, so kann man die Gleichung
$$0 = a_0 + a_1 x + a_2 x^2 + a_3 x^3$$
auch schreiben:
$$x = -\frac{a_0 + a_2 x^2 + a_3 x^3}{a_1}.$$

Wenn $x$ klein genug angenommen werden darf, ist auch der Differentialquotient der rechten Seite klein und mithin das Iterationsverfahren anwendbar, das einen besseren Näherungswert $x_2$ durch die Gleichung
$$x_2 = -\frac{a_0 + a_2 \cdot x_1^2 + a_3 x_1^3}{a_1}$$
aus einem Wert $x_1$ zu berechnen erlaubt.

Aufgabe: Die reelle Wurzel der Gleichung $x = \cos x$ auf vier Dezimalstellen genau zu berechnen.

1. Benutzung zweier Tafeln. Einer für die Kosinusfunktion, die das Argument in dezimal unterteilten Graden enthält, und einer Umrechnungstafel für Grad- und Bogenmaß.

Nebenstehende Tabelle zeigt einige Werte, auf die man beim Suchen des richtigen geraten mag.

Der Wert $x = 0{,}7391$ ist schließlich durch Interpolation aus den beiden vorhergehenden gewonnen.

2. Der Leser löse die gleiche Aufgabe durch die Iteration $x_{k+1} = \cos x_k$.

| $x$ | $x^0$ | $\cos x$ |
|---|---|---|
| 0,7679 | 44 | 0,7193 |
| 0,7505 | 43 | 0,7314 |
| 0,7330 | 42 | 0,7431 |
| 0,7417 | 42,5 | 0,7373 |
| 0,7365 | 42,2 | 0,7408 |
| 0,7391 | 42,35 | 0,7390 |

Beginnt man etwa mit $x_1 = 0{,}7330$ als erster Näherung, so wird
$$x_2 = \cos 0{,}7330 = 0{,}7431$$
$$x_3 = \cos 0{,}7431 = 0{,}7363$$

## IX. Auflösung von Gleichungen

Man findet endlich
$$x_{11} = 0{,}7390 \text{ und } x_{12} = 0{,}7391.$$

Der Leser möge nachweisen, daß bei diesem Gang der Rechnung in der Tat mindestens zehn Iterationen erforderlich sind, um die vierte Dezimale sicherzustellen.

Die schlechte Konvergenz dieses Verfahrens wird man zu verbessern streben. Beachtet man z. B., daß die durch die Iteration erhaltenen Näherungswerte abwechselnd größer und kleiner sind, so liegt es nahe, den $(k+1)^{\text{ten}}$ Wert aus dem arithmetischen Mittel des $k^{\text{ten}}$ und $(k-1)^{\text{ten}}$ zu gewinnen, also

$$x_{k+1} = \cos \frac{x_k + x_{k-1}}{2}$$

zu setzen. Der Leser überzeuge sich von dem Vorteil dieses Vorschlags.

3. Die gleiche Aufgabe ist nach der Newton'schen Methode zu behandeln. Die erste Näherung sei wieder $x_1 = 0{,}7330$.

Man setze $y = x - \cos x$.

Dann ist $y(x_1) = -0{,}0101$ und $\Delta x = \dfrac{0{,}0101}{1 + \sin x_1} = 0{,}006$.

Es ist demnach noch mindestens ein Schritt erforderlich.

Aufgabe. Die beiden dem absoluten Betrage nach kleinsten reellen Wurzeln der Gleichung $x \cdot \tan x = 1{,}234$ auf drei Dezimalstellen zu berechnen.

5. **Auflösung von nichtlinearen Gleichungen mit mehreren Unbekannten.** Sowohl das Newtonsche Verfahren als auch das Iterationsverfahren, die beide in den vorhergehenden Paragraphen für den Fall einer Gleichung mit einer Unbekannten auseinandergesetzt sind, lassen sich auch anwenden auf Systeme von nichtlinearen Gleichungen mit mehreren Unbekannten.

1. Es genügt, den Fall zweier Gleichungen mit zwei Unbekannten zu behandeln, da hierbei alles Wesentliche in Erscheinung tritt.

Es seien die beiden Gleichungen vorgelegt:

$$\varphi(x, y) = 0,$$
$$\psi(x, y) = 0.$$

Ob diese Gleichungen durch ein reelles Wertepaar $x$, $y$ oder durch mehrere befriedigt werden können, muß von Fall zu Fall überlegt werden. Indem man etwa $x$ und $y$ als kartesische oder sonst geeignete Koordinaten auffaßt, wird eine flüchtige Zeichnung der Kurven $\varphi(x, y) = 0$ und $\psi(x. y) = 0$ die Sachlage überschauen lassen und auch bereits Näherungswerte der Lösungen liefern.

## 5. Nichtlineare Gleichungen mit mehreren Unbekannten

Die Methoden, die hier in Frage kommen, gehen darauf aus, solche rohe Näherungswerte $(x_1, y_1)$ bis zu dem gewünschten Genauigkeitsgrad zu verbessern.

Wir nehmen an, es werde
$$\varphi(x_1, y_1) = \varepsilon_1,$$
$$\psi(x_1, y_1) = \varepsilon_2,$$

wobei $\varepsilon_1$ und $\varepsilon_2$ klein sind. Wir entwickeln jetzt die Funktionen $\varphi$ und $\psi$ an der Stelle $(x_1, y_1)$ und erhalten als Gleichungen für die Korrekturen $\Delta x$ und $\Delta y$, die an den Näherungswerten anzubringen sind, bei Beschränkung auf lineare Glieder:

$$0 = \varepsilon_1 + \left(\frac{\partial \varphi}{\partial x}\right) \cdot \Delta x + \left(\frac{\partial \varphi}{\partial y}\right) \cdot \Delta y,$$
$$0 = \varepsilon_2 + \left(\frac{\partial \psi}{\partial x}\right) \cdot \Delta x + \left(\frac{\partial \psi}{\partial y}\right) \cdot \Delta y.$$

Die Differentialquotienten sind dabei an der Stelle $(x_1, y_1)$ zu nehmen. Es entstehen somit zwei *lineare* Gleichungen für die Korrekturen $\Delta x$ und $\Delta y$. Damit diese auflösbar sind, muß die Determinante

$$\begin{vmatrix} \dfrac{\partial \varphi}{\partial x} & \dfrac{\partial \varphi}{\partial y} \\ \dfrac{\partial \psi}{\partial x} & \dfrac{\partial \psi}{\partial y} \end{vmatrix}$$

in der Nähe der Lösungsstelle $(x, y)$ als von Null verschieden vorausgesetzt werden.

Die korrigierten Näherungswerte $x_2 = x_1 + \Delta x$ und $y_2 = y_1 + \Delta y$ kann man auf demselben Wege weiter verbessern und hat solange fortzufahren, bis zwei aufeinanderfolgende Näherungen innerhalb der verlangten Genauigkeit keine Abweichungen mehr zeigen.

Sollen z. B. die Gleichungen gelöst werden:
$$x^2 + y^2 - 1 = 0,$$
$$x^3 - y = 0,$$

so gibt die Zeichnung als erste Näherungen etwa:
$$x_1 = 0{,}9; \quad y_1 = 0{,}5.$$

Beim Einsetzen dieser Werte findet man die Abweichungen:
$$\varepsilon_1 = 0{,}06; \quad \varepsilon_2 = 0{,}23.$$

Die Korrektionsgleichungen sind:

$$\begin{array}{ccc} \underbrace{\Delta x} & \underbrace{\Delta x} & \overbrace{\varepsilon} \\ 2x & 2y & = -\varepsilon_1, \\ 3x^2 & -1 & = -\varepsilon_2. \end{array}$$

## IX. Auflösung von Gleichungen

Führt man die Näherungswerte in diese Gleichungen ein, so werden die linearen Gleichungen für die Korrekturen $\varDelta x$ und $\varDelta y$:

$$\underbrace{\varDelta x}\qquad \underbrace{\varDelta y}$$
$$1{,}8 \qquad 1{,}0 = -0{,}06$$
$$2{,}43 \quad -1{,}0 = -0{,}23$$

Daraus folgen die Werte:
$$\varDelta x = -0{,}07, \quad \varDelta y = +0{,}06.$$

Fügt man diese Korrekturen zu den ersten Näherungswerten hinzu, so erhält man als zweite Näherungen:
$$x_2 = 0{,}83, \quad y_2 = 0{,}56.$$

Geht man damit in die gegebenen Gleichungen ein, so findet man die Abweichungen: $\varepsilon_1 = +0{,}0025$; $\varepsilon_2 = +0{,}0118$. Die neuen Korrektionsgleichungen werden demnach:

$$\underbrace{\varDelta x}\qquad \underbrace{\varDelta y}$$
$$1{,}66 \qquad 1{,}12 = -0{,}0025$$
$$2{,}067 \quad -1{,}0 \ = -0{,}0118$$

Daraus ergeben sich Korrekturen:
$$\varDelta x = -0{,}00397, \quad \varDelta y = +0{,}00364,$$

und die dritten Näherungen werden:
$$x_3 = 0{,}8260, \quad y_3 = 0{,}5636.$$

Diese Werte sind, wie ein abermaliges Einsetzen zeigt, mit allen hingeschriebenen Ziffern genau.

Wie ersichtlich, bietet die Ausdehnung dieses Verfahrens auf Gleichungssysteme mit mehr als zwei Unbekannten keine prinzipiellen Schwierigkeiten weiter.

Aufgabe: Es sind fünf Punkte durch ihre Koordinaten gegeben:
$$x_1 = 3{,}0 \quad x_2 = 9{,}0 \quad x_3 = 11{,}0 \quad x_4 = 6{,}0 \quad x_5 = 0{,}0$$
$$y_1 = 8{,}0 \quad y_2 = 9{,}0 \quad y_3 = 4{,}0 \quad y_4 = 1{,}0 \quad y_5 = 0{,}0.$$

Ein sechster Punkt ist so zu bestimmen, daß die Summe der Abstände dieses Punktes von den fünf gegebenen ein Minimum wird. (Lösung $x_6 = 6{,}13$, $y_6 = 4{,}28$.) Ferner ist zu zeigen — und das ist das praktisch wesentliche —, daß eine Verschiebung des sechsten Punktes um eine Einheit von der gefundenen günstigsten Lage weg jene Abstandssumme nur um etwa 2,3 % ändert.

2. Bei der rechnerischen Behandlung von irgendwelchen Messungsergebnissen kann nun der Fall eintreten, daß für eine Anzahl von

## 5. Nichtlineare Gleichungen mit mehreren Unbekannten

Variablen mehr Gleichungen als Variable gegeben sind und daß man ein Wertesystem der Variablen sucht, das allen Gleichungen gerecht wird. Man wendet dann wieder die sog. *Methode der kleinsten Quadrate* an.

Sind etwa die Funktionen $\varphi_1(x, y)$, $\varphi_2(x, y), \ldots \varphi_n(x, y)$ bekannte Funktionen der Variablen $x$ und $y$, sind ferner $m_1, m_2, m_3, \ldots m_n$ gemessene oder aus Messungen abgeleitete Größen, so kann die Aufgabe entstehen, ein Wertepaar $(x, y)$ anzugeben, das den $n$ Gleichungen

$$\varphi_1(x, y) - m_1 = 0,$$
$$\varphi_2(x, y) - m_2 = 0,$$
$$\cdots \cdots \cdots \cdots$$
$$\varphi_n(x, y) - m_n = 0$$

genügt, wobei man annimmt, daß alle $n$ Gleichungen bei völlig fehlerfreier Messung der Größen $m_1, \ldots m_n$ miteinander verträglich sind. Da aber die Messungen der Größen $m_1, m_2, \ldots m_n$ stets mit Fehlern behaftet sind, wird man kein Wertesystem $(x, y)$ erwarten können, das wirklich alle $n$ Gleichungen erfüllt. Man muß vielmehr kleine Abweichungen $\delta_1, \ldots \delta_n$ der Gleichungen von Null zulassen und sucht nun nach einem solchen Wertepaar $(x, y)$, das die Quadratsumme dieser Abweichungen zu einem Minimum macht. Wenn also

$$\varphi_1(x, y) - m_1 = \delta_1,$$
$$\varphi_2(x, y) - m_2 = \delta_2,$$
$$\cdots \cdots \cdots \cdots$$
$$\varphi_n(x, y) - m_n = \delta_n$$

gesetzt wird, dann sollen $x$ und $y$ so bestimmt werden, daß die Funktion von $x$ und $y$

$$S = \delta_1^2 + \delta_2^2 + \cdots + \delta_n^2$$

ein Minimum wird.

Diese Aufgabe läßt sich nun zurückführen auf den bereits (S. 139) behandelten Fall, daß die Funktionen $\varphi(x, y)$ lineare Funktionen von $x$ und $y$ sind. Man sucht nämlich für die fraglichen Werte von $x$ und $y$ irgendwie Näherungswerte $x_1, y_1$ zu bekommen.

Setzt man, wie früher, die bei Einführung dieser Näherungswerte entstehenden Abweichungen gleich $\varepsilon_1, \ldots \varepsilon_n$, also:

$$\varphi_1(x_1, y_1) - m_1 = \varepsilon_1,$$
$$\varphi_2(x_1, y_1) - m_2 = \varepsilon_2,$$
$$\cdots \cdots \cdots \cdots$$
$$\varphi_n(x_1, y_1) - m_n = \varepsilon_n,$$

und entwickelt die Funktionen $\varphi_i(x, y)$ an der Stelle $(x_1, y_1)$ nach Potenzen von $\Delta x = x - x_1$ und $\Delta y = y - y_1$, so erhält man bei Beschränkung auf lineare Glieder in $\Delta x$ und $\Delta y$ die Gleichungen:

$$\varepsilon_1 + \frac{\partial \varphi_1(x_1, y_1)}{\partial x} \cdot \Delta x + \frac{\partial \varphi_1(x_1, y_1)}{\partial y} \cdot \Delta y = \delta_1,$$

$$\varepsilon_2 + \frac{\partial \varphi_2(x_1, y_1)}{\partial x} \cdot \Delta x + \frac{\partial \varphi_2(x_1, y_1)}{\partial y} \cdot \Delta y = \delta_2,$$

$$\cdots \cdots \cdots \cdots \cdots \cdots \cdots \cdots$$

$$\varepsilon_n + \frac{\partial \varphi_n(x_1, y_1)}{\partial x} \cdot \Delta x + \frac{\partial \varphi_n(x_1, y_1)}{\partial y} \cdot \Delta y = \delta_n.$$

Die Differentialquotienten an der Stelle $(x_1, y_1)$ sind in diesen Gleichungen als fehlerfreie Konstante anzusehen, und man hat die Korrekturen $\Delta x$ und $\Delta y$ aus diesem linearen Gleichungssystem derart auszurechnen, daß die Summe

$$S = \delta_1^2 + \delta_2^2 + \cdots + \delta_n^2$$

ein Minimum wird, wie dies auf S. 140 auseinandergesetzt ist.

Die Einführung der Näherungswerte reduziert also das Problem auf die Auflösung eines Systems linearer Gleichungen.

Allerdings ist bei der Rechnung darauf zu achten, daß die Näherungswerte $(x_1, y_1)$ gut genug sind, um eine Beschränkung auf lineare Glieder bei der Entwicklung der Funktionen $\varphi$ zu rechtfertigen. Andernfalls ist die eigentliche „Ausgleichungsrechnung" mit verbesserten Näherungswerten zu wiederholen.[1])

3. Das *Iterationsverfahren* besteht bei Gleichungen mit mehreren Unbekannten darin, daß man die gegebenen Gleichungen, die bei zwei Unbekannten

$$\varphi(x, y) = 0, \ \psi(x, y) = 0$$

lauten mögen, auf die Form bringt:

$$x = \Phi(x, y), \quad y = \Psi(x, y).$$

Man geht wieder von Näherungswerten $x_1, y_1$ aus und leitet daraus verbesserte Näherungswerte $x_2, y_2$ ab, indem man

$$x_2 = \Phi(x_1, y_1), \quad y_2 = \Psi(x_1, y_1)$$

berechnet. So kann man weiter fortfahren, indem man

$$x_3 = \Phi(x_2, y_2), \quad y_3 = \Psi(x_2, y_2)$$

bestimmt usf. Man wird die Rechnung abschließen, wenn sich zwei in dieser Reihe aufeinanderfolgende Werte so wenig unter-

---

[1]) Beispiele findet der Leser in jedem Lehrbuch der Ausgleichungsrechnung oder der Geodäsie (Vor- und Rückwärtseinschneiden).

## 5. Nichtlineare Gleichungen mit mehreren Unbekannten

scheiden, daß dieser Unterschied bei der gewünschten Genauigkeit nicht mehr in Betracht kommt.

Die Bedingung, daß dieses Verfahren zu den wahren Werten $x, y$, welche den beiden Gleichungen genügen, hinführt, kann dahin ausgesprochen werden, daß die Funktionen $\Phi(x, y)$ und $\Psi(x, y)$ in der Nähe der wahren Lösungswerte $(x, y)$ nicht zu stark bei Änderung der Variablen schwanken. Die partiellen Differentialquotienten $\Phi_x, \Phi_y, \Psi_x, \Psi_y$ jener Funktionen dürfen also nicht zu große Werte bekommen.

In erster Annäherung kann man unter Beibehaltung der soeben benutzten Bezeichnungen setzen:

$$x - x_2 = \Phi(x, y) - \Phi(x_1, y_1) = \Phi_x \cdot (x - x_1) + \Phi_y \cdot (y - y_1),$$
$$y - y_2 = \Psi(x, y) - \Psi(x_1, y_1) = \Psi_x \cdot (x - x_1) + \Psi_y \cdot (y - y_1).$$

Für die absoluten Beträge folgt daraus:

$$|x - x_2| \leq |\Phi_x| \cdot |x - x_1| + |\Phi_y| \cdot |y - y_1|,$$
$$|y - y_2| \leq |\Psi_x| \cdot |x - x_1| + |\Psi_y| \cdot |y - y_1|.$$

Addiert man diese Ungleichungen, so erhält man:

$$|x - x_2| + |y - y_2| \leq (|\Phi_x| + |\Psi_x|) \cdot |x - x_1|$$
$$+ (|\Phi_y| + |\Psi_y|) \cdot |y - y_1|.$$

Sind nun die Summen $|\Phi_x| + |\Psi_x|$ und $|\Phi_y| + |\Psi_y|$ nicht größer als ein gewisser echter Bruch $m$, so ist sicher:

$$|x - x_2| + |y - y_2| \leq m \cdot \{|x - x_1| + |y - y_1|\}.$$

Daraus folgt aber, daß die Näherungswerte $x_2, y_2$ besser sind als die ersten Näherungswerte, und zwar hat man nach $n$ Schritten:

$$|x - x_{n+1}| + |y - y_{n+1}| \leq m^n \cdot \{|x - x_1| + |y - y_1|\}.$$

Für die Konvergenz des Verfahrens ist es demnach hinreichend, wenn die Funktionen $\Phi$ und $\Psi$ in beliebiger Nähe der Lösungswerte $(x, y)$ den Bedingungen genügen:

$$|\Phi_x| + |\Psi_x| < 1,$$
$$|\Phi_y| + |\Psi_y| < 1.[1]$$

Das Newtonsche wie das Iterationsverfahren sind auch anwendbar auf komplexe Werte der Variablen. Die Gleichungen zer-

---

[1] Mitunter wird die Konvergenz besser, wenn man so rechnet: $x_2 = \Phi(x_1 y_1)$, $y_2 = \Psi(x_2 y_1)$, $x_3 = \Phi(x_2 y_2)$, $y_3 = \Psi(x_3 y_2)$, usw.

Timerding, Handbuch I. 2. Aufl.

**162** X. Integration von Differentialgleichungen erster Ordnung

fallen dann im Falle zweier Unbekannten in je zwei Gleichungen für den reellen und den imaginären Teil der Variablen, die nach den soeben geschilderten Methoden zu behandeln sind. Man kann aber auch die Rechnung mit komplexen Zahlen durchführen.

Beispiel: $x = \dfrac{x^2 - y^2 - 15}{10}$, $y = \dfrac{x \cdot y + 66}{20}$,

$x_1 = -1{,}00$, $y_1 = 2{,}00$.

## X. Graphische und numerische Integration von gewöhnlichen Differentialgleichungen erster Ordnung.

**1. Graphische Integration.** Schreibt man eine Differentialgleichung erster Ordnung in der Form $\dfrac{dy}{dx} = f(x, y)$, so liegt eine geometrische Deutung dieser Gleichung sehr nahe. Deutet man $x$, $y$ als rechtwinklige Koordinaten, so hat die Funktion $f(x, y)$ in jedem Punkte der $xy$-Ebene, von einzelnen sogenannten singulären Stellen abgesehen, einen bestimmten Wert. Ist $f(x, y)$ mehrdeutig, so beschränken wir uns auf einen Zweig der Funktion. Die Aufgabe ist, geometrisch gesprochen, die, in der $xy$-Ebene Kurven so zu bestimmen, daß ihre Tangenten an jeder Stelle einen Winkel $\varphi$ mit der $x$-Achse bilden, für den $\tan \varphi = f(x, y)$ wird. Die Funktion $f(x,y)$ definiert ein „Richtungsfeld", indem sie jedem Punkte der $xy$-Ebene durch den Winkel $\varphi$ eine Richtung zuweist, in der er von einer jener „Integralkurven" passiert werden muß.

Das $xy$-Koordinatensystem spielt bei dieser Auffassung offenbar nur eine vermittelnde Rolle. Denkt man sich jenes Richtungsfeld einmal fixiert, so ist das geometrisch formulierte Integrationsproblem von jedem Koordinatensystem unabhängig.

Es ist ein Vorzug der graphischen Integrationsmethode, diese Unabhängigkeit vom Koordinatensystem hervortreten und verwerten zu lassen.

Zunächst muß allerdings die analytisch, durch Angabe der Funktion $f(x, y)$, formulierte Problemstellung für die graphische Behandlung in eine geometrische umgesetzt werden. Hierzu ist die Bezugnahme auf ein bestimmtes Koordinatensystem natürlich unumgänglich.

Man bringt nun die Funktion $f(x, y)$, wie es auch sonst bei Funktionen zweier Variabeln üblich ist, dadurch zur Darstellung, daß man eine Reihe von Kurven mit der Gleichung

$$f(x, y) = C = \text{const.}$$

## 1. Graphische Integration

zeichnet. (Man nennt eine Kurve dieser Kurvenschar eine „*Isokline*".) Die Werte der Konstanten $C$, für die man die Kurven zeichnet, müssen geeignet ausgewählt werden. Sie brauchen keineswegs äquidistant zu sein.

Weiterhin zeichnet man noch ein *Strahlbüschel*, indem man jeder durch einen Wert $C_\lambda$ charakterisierten Isokline einen Strahl zuordnet, der mit der $x$-Achse einen Winkel $\varphi_\lambda$ bildet, für den $\tan \varphi_\lambda = C_\lambda$ ist. Versieht man jetzt die Strahlen dieses Büschels und die Isoklinen mit einer Numerierung, die die Zuordnung von Strahlrichtung und Isokline erkennen läßt, so hat man die Aufgabe in eine geometrische Formulierung übertragen, welche je nach der Dichte der nebeneinander verlaufenden Isoklinen als mehr oder weniger genaue Approximation zu gelten hat.

Von jetzt ab wird das bisher benutzte $xy$-System keine besondere Rolle mehr spielen.

Um eine von einem gegebenen Anfangspunkt ausgehende Integralkurve einzuzeichnen, verfährt man so, daß man, unter Beachtung der Zuordnung von Isoklinen und Strahlbüschel, eine Kurve zeichnet, die jede Isokline in der für diese vorgeschriebenen Richtung passiert.

Es ist bisweilen zweckmäßig, in die Schar der Isoklinen noch eine Kurve einzuzeichnen, auf der eventuelle Wendepunkte der Integralkurven liegen. Man erhält deren Gleichung durch nochmalige Differentiation von $\dfrac{dy}{dx} = f(x, y)$ nach $x$:

$$\frac{d^2 y}{dx^2} = \frac{\partial f}{\partial x} + \frac{\partial f}{\partial y} \cdot f(x, y) = 0.$$

Man ersieht aus dieser Gleichung auch, daß eine Integralkurve in einem Wendepunkte von einer Isokline berührt wird.

Je dichter man die Isoklinen $C = f(x, y)$ gezeichnet hat, um so genauer wird die Einzeichnung einer Integralkurve möglich sein, jedoch bleibt die Unsicherheit recht erheblich, wenn man sich auf dies Verfahren allein beschränken wollte.

Erst eine durch C. Runge angegebene Erweiterung desselben hat eine praktisch brauchbare graphische Behandlung von gewöhnlichen Differentialgleichungen ermöglicht.

Wir denken uns in das Richtungsfeld, wie oben angegeben, eine Integralkurve, von einem Anfangspunkte $P_0$ ausgehend, eingezeichnet. Diese soll jetzt aber nur als eine *erste Näherung* gelten, die es zu verbessern gilt.

Wir führen ein rechtwinkliges Koordinatensystem mit den Achsen $\xi$, $\eta$ ein, dessen zweckmäßige Orientierung wir uns noch vorbehalten.

## X. Integration von Differentialgleichungen erster Ordnung

In diesem Koordinatensystem möge die Differentialgleichung die Form annehmen $\frac{d\eta}{d\xi} = \varphi(\xi, \eta)$, und die Kurve der ersten Näherung können wir uns durch eine Gleichung $\eta_1 = \eta_1(\xi)$ gegeben denken. Setzt man nun diese Funktion $\eta_1(\xi)$ an Stelle von $\eta$ in die rechte Seite $\varphi(\xi, \eta)$ der Differentialgleichung ein, so wird die Funktion $\varphi$ eine Funktion von $\xi$ allein, und wir können dies durch das Zeichen $\varphi(\xi, \eta_1(\xi))$ ausdrücken. Bildet man nun das Integral über diese Funktion $\varphi$:

$$\eta_2 = \eta_0 + \int_{\xi_0}^{\xi} \varphi(\xi, \eta_1(\xi)) d\xi,$$

und zwar von $\xi_0$ beginnend ($\xi_0$ und $\eta_0$ sollen die Koordinaten von $P_0$ sein), so erhält man, wenn man die Konstante des Integrals gleich $\eta_0$ setzt, durch diese Integration eine Funktion von $\xi$, die wir $\eta_2(\xi) = \eta_2$ nennen wollen. Diese Funktion nimmt für $\xi = \xi_0$ den Wert $\eta_0$ an, und es läßt sich zeigen, daß unter gleich näher zu erörternden Bedingungen diese Funktion $\eta_2$ eine *bessere* Näherung für die Lösung der Differentialgleichung wird als $\eta_1$.

Aus der Funktion $\eta_2$ kann man durch denselben Prozeß, also durch das Integral $\eta_3 = \eta_0 + \int_{\xi_0}^{\xi} \varphi(\xi, \eta_2(\xi)) d\xi$, eine abermals verbesserte Näherung gewinnen und so bis zu jeder gewünschten Genauigkeit fortschreiten.[1]

Bezeichnen wir die wahre Lösung der Differentialgleichung mit $\eta = \eta(\xi)$, so werden wir nach dem absoluten Betrage einer Funktion $\varepsilon_\lambda = \varepsilon_\lambda(\xi) = \eta_\lambda - \eta$ (wir wollen sie kurz *Fehlerfunktion der $\lambda^{ten}$ Näherung* nennen) die Güte der $\lambda^{ten}$ Näherung beurteilen.

Wir erhielten die zweite Näherung $\eta_2$ aus der ersten $\eta_1$ durch den Integrationsprozeß:

$$\eta_2 = \eta_0 + \int_{\xi_0}^{\xi} \varphi[\xi, \eta_1(\xi)] d\xi.$$

Setzt man anderseits die wahre Lösung $\eta(\xi)$ in $\varphi(\xi, \eta)$ ein und bildet das entsprechende Integral, so reproduziert sich $\eta$ wieder; es gilt also die Gleichung:

$$\eta = \eta_0 + \int_{\xi_0}^{\xi} \varphi[\xi, \eta(\xi)] d\xi.$$

---

[1] Der Leser, dem es nur um die Ausführung des Integrationsverfahrens zu tun ist, möge die folgenden Betrachtungen übergehen und wieder auf S. 167 anknüpfen.

## 1. Graphische Integration

Durch Subtraktion der letzten beiden Gleichungen bildet man die Fehlerfunktion der zweiten Näherung:

$$\varepsilon_2 = \varepsilon_2(\xi) = \eta_2 - \eta = \int_{\xi_0}^{\xi} \{\varphi[\xi, \eta_1(\xi)] - \varphi[\xi, \eta(\xi)]\} d\xi.$$

Um sie mit der Fehlerfunktion $\varepsilon_1 = \eta_1 - \eta$ vergleichen zu können, schreiben wir den Integranden:

$$J = \frac{\varphi[\xi, \eta_1(\xi)] - \varphi[\xi \cdot \eta(\xi)]}{\eta_1 - \eta} \cdot \varepsilon_1(\xi).$$

Denken wir uns unter $\xi$ einen festen Wert, so hat $\varepsilon_1$ auch eine bestimmte Größe, ebenso $\eta$ und $\eta_1$, und nach dem Mittelwertsatz der Differentialgleichung können wir schreiben:

$$\varphi[\xi, \eta_1] - \varphi[\xi, \eta] = (\eta_1 - \eta) \cdot \left(\frac{\delta \varphi}{\delta \eta}\right)_{\eta_\mu}$$

für einen Wert $\eta_\mu$ zwischen $\eta$ und $\eta_1$. Bezeichnen wir mit $m$ den Maximalwert, den $\frac{\partial \varphi}{\partial \eta}$ für den festen Wert $\xi$ als Funktion von $\eta$ allein betrachtet zwischen $\eta$ und $\eta_1$ annehmen kann, so ist sicher

$$J \leq m \cdot \varepsilon_1.$$

Wählt man einen anderen Wert $\xi$, so ändert sich dieser Maximalwert $m$ im allgemeinen. Er ist eine Funktion von $\xi$ und im besonderen auch von der Art der Funktion $\varphi$ und dem Verlaufe der Funktionen $\eta$ und $\eta_1$ abhängig. Wir setzen nun voraus, daß $\varphi$ in dem für die Integration in Betracht kommenden Bereiche regulär und ferner $\frac{\partial \varphi}{\partial \eta}$ im Anfangspunkte $P_0$ endlich und klein sei. Das eine bedeutet im geometrischen Bilde der Isoklinen, daß nirgends zwei derselben einen Punkt gemeinsam haben, das andere läßt sich durch geeignete Wahl des $\xi\eta$-Systems erreichen. Man kann sogar $\left(\frac{\partial \varphi}{\partial \eta}\right)_{\substack{\xi=\xi_0 \\ \eta=\eta_0}} = 0$ machen, wie wir später zeigen werden.

Beschränken wir uns nun darauf, die Integration nur bis zu einem bestimmten Werte $\xi_1$ zu erstrecken, so kann man $\xi_1$ immer so nahe dem Anfangswerte $\xi_0$ wählen, daß die oben angeführte Größe $m$, als Funktion von $\xi$ betrachtet, in dem Intervall von $\xi_0$ bis $\xi_1$ dem absoluten Betrage nach unter einem Zahlwerte $M$ bleibt.

Dann ist der Integrand $J$ aber in diesem Intervall kleiner als $M \cdot \varepsilon_1$. Nennen wir weiterhin $\bar{\varepsilon}_1(\xi)$ eine Funktion, die den größten

**166** X. Integration von Differentialgleichungen erster Ordnung

von $\varepsilon_1$ im Intervalle von $\xi_0$ bis $\xi$ angenommenen Wert bezeichnet, so können wir für $\varepsilon_2$ den Ansatz machen:

$$\varepsilon_2(\xi) \leq M \cdot \bar{\varepsilon}_1(\xi) \cdot (\xi - \xi_0),$$

solange $\xi \leq \xi_1$. Solange nun $\xi$ so nahe an $\xi_0$ gewählt wird, daß $M \cdot (\xi - \xi_0) | < 1$ bleibt, wird $\varepsilon_2 < \bar{\varepsilon}_1$ sein. Hieraus folgt allerdings noch nicht, daß $\varepsilon_2 < \varepsilon_1$ für jeden Wert von $\xi$ ist, sondern nur, daß der größte Wert von $\varepsilon_2$ im Integrationsintervall von $\xi_0$ bis $\xi$, wir nennen ihn $\bar{\varepsilon}_2$, kleiner ist als der größte Wert $\bar{\varepsilon}_1$ von $\varepsilon_1$ in demselben Intervall. Das besagt, daß der *größte* Fehler der durch den Integrationsprozeß

$$\eta_2 = \eta_0 + \int_{\xi_0}^{\xi} \varphi[\xi, \eta_1(\xi)] d\xi$$

gewonnenen zweiten Näherung $\eta_2$ im Intervall $\xi_0$ bis $\xi$ kleiner ist als der größte Fehler der ersten Näherung $\eta_1$ im gleichen Intervall. Setzt man dies Verfahren fort, indem man eine dritte Näherung in gleicher Weise aus der zweiten ableitet, so erhält man für den Fehler dieser Näherung $\varepsilon_3 \leq M \cdot \bar{\varepsilon}_2 \cdot (\xi - \xi_0)$. Da aber $\varepsilon_2 \leq M \cdot \bar{\varepsilon}_1 \cdot (\xi - \xi_0)$ ist, folgt $\bar{\varepsilon}_2 \leq M \cdot \bar{\varepsilon}_1 \cdot (\xi - \xi_0)$ und daraus wiederum $\varepsilon_3 \leq M^2 \cdot \bar{\varepsilon}_1 \cdot (\xi - \xi_0)^2$.

Durch fortgesetzte Wiederholung des Integrationsprozesses gewinnt man schließlich eine $k^{\text{te}}$ Näherung, für deren Fehler die Beziehung gilt: $\varepsilon_k \leq M^{k-1} \cdot \bar{\varepsilon}_1 \cdot (\xi - \xi_0)^{k-1}$.

Daraus schließen wir, daß man den Fehler auch für jeden Wert von $\xi$ zwischen $\xi_0$ und $\xi_1$ beliebig klein machen kann, wenn man die Integration nur oft genug wiederholt.

Das Verfahren wird um so besser konvergieren, je kleiner der absolute Betrag von $M \cdot (\xi - \xi_0)$ ist, der ja ebenfalls kleiner als Eins sein muß. Die Güte der Konvergenz wird also abnehmen, je weiter man das Integrationsintervall $\xi - \xi_0$ ausdehnt.

Sie wird mit wachsendem $\xi - \xi_0$ aber desto langsamer abnehmen, je kleiner $M$ bleibt. Diesen Maximalwert kann man durch geeignete Wahl des $\xi\eta$-Koordinatensystems erheblich beeinflussen und somit die Konvergenz für größere Intervalle sicherstellen.

Zunächst ist zu zeigen, wie sich jene Integration, die aus einer Näherung eine verbesserte abzuleiten gestattet, graphisch durchführen läßt.

Wir erläutern die Durchführung des Integrationsverfahrens an einem Beispiel:

## 1. Graphische Integration

Es sei die Differentialgleichung $\dfrac{dy}{dx} = \sqrt{x^2 + y^2}$ vorgelegt, und es soll eine Lösung mit den Anfangswerten $x_0 = 0{,}30$ und $y_0 = 0{,}37$ angegeben werden.

Wir operieren zuerst in einem $xy$-Koordinatensystem und zeichnen die Isoklinen. In dem vorliegenden Falle sind es die

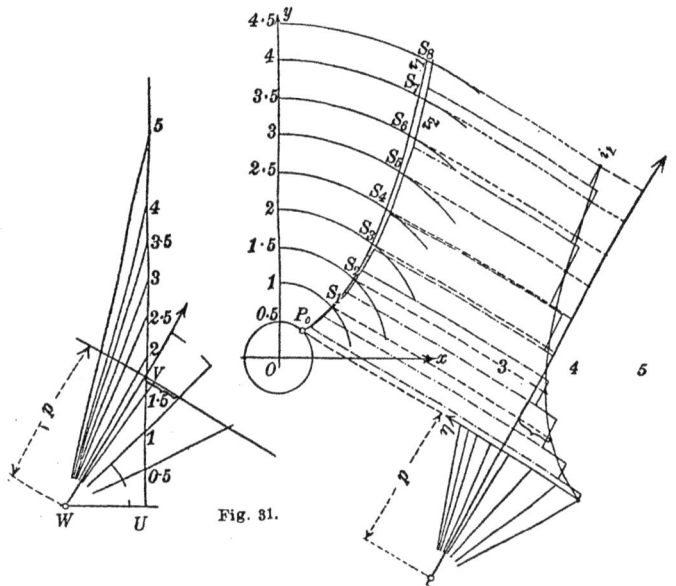

Fig. 31.

konzentrischen Kreise $\sqrt{x^2 + y^2} = C$, von denen in Fig. 31 eine Reihe, nämlich für $C = 0{,}5$; $1{,}0$; $1{,}5 \ldots 4{,}5$, gezeichnet ist.

Man wird von den Isoklinen nur kurze Bogenstücke zeichnen, da ja nur dort ihr Verlauf von Interesse ist, wo sie von der Integralkurve der Differentialgleichung passiert werden. Nächst den Isoklinen zeichnen wir das zugehörige Strahlbüschel. Es besteht aus Strahlen, die von einem Punkte $W$ auslaufen und solche Winkel $\varphi_\lambda$ mit der $x$-Achse bilden, daß $\tan \varphi_\lambda = 0{,}5$; $1{,}0$; $\ldots 5{,}0$ wird: Es ist am einfachsten, durch $W$ eine Parallele zur $x$-Achse zu ziehen, in einem Punkte $U$ ein Lot darauf zu errichten und auf diesem, in der Einheit $\overline{WU}$, die Werte von $\tan \varphi_\lambda$ vom Punkte $U$ aus abzutragen und die Endpunkte dieser Strecken mit $W$ zu verbinden.

Nachdem der Anfangspunkt $P_0$ mit den gegebenen Koordinaten $x_0$ und $y_0$ eingezeichnet ist, beginnt man mit der Einzeichnung der ersten Näherung. Sie ist hier mit $c_1$ bezeichnet. Es verlohnt sich nicht, hierbei eine besonders große Sorgfalt aufzuwenden.

Um diese Näherung $c_1$ zu verbessern, operieren wir weiterhin in einem $\xi\eta$-Koordinatensystem. Warum man zu diesem System übergeht, wird weiter unten gezeigt werden.

Wir erinnern hier nur daran, daß durch Isoklinen und Strahlbüschel das Integrationsproblem unabhängig von jedem Koordinatensystem definiert ist.

Die Differentialgleichung möge in dem neu eingeführten System lauten:
$$\frac{d\eta}{d\xi} = \varphi(\xi, \eta)$$

und die erste Näherung $c_1$ möge durch die Gleichung $\eta = \eta_1(\xi)$ gegeben sein.

Dann finden wir eine bessere Näherung $\eta_2(\xi)$ durch Auswertung des Integrals
$$\eta_2 = \eta_0 + \int_{\xi_0}^{\xi} \varphi[\xi, \eta_1(\xi)] d\xi.$$

Um den Integranden als Funktion von $\xi$ darzustellen, müssen wir $\eta_1(\xi)$ in $\varphi(\xi, \eta)$ für $\eta$ einsetzen. Dies geschieht graphisch in folgender Weise:

Wir fällen von den Schnittpunkten $P_0, S_1, S_2, \ldots$ der Kurve $c_1$ mit den Isoklinen Lote auf die $\xi$-Achse. (Diese Lote sind gestrichelt gezeichnet.) Ihre Abszissen seien $\xi_0, \xi_1, \xi_2, \ldots$; für diese Abszissen können wir den Wert des Integranden $\varphi[\xi, \eta_1(\xi)]$ bestimmen und auftragen. Diese Schnittpunkte $S_\lambda$ haben die Koordinaten $\xi_\lambda$ und $\eta_1(\xi_\lambda)$, und es handelt sich nur darum, den Wert der Funktion $\varphi(\xi, \eta)$ in diesen Punkten $S_\lambda$ anzugeben; damit ist dann auch der Wert des Integranden für die Abszissen $\xi_\lambda$ bestimmt.

Die Funktion $\varphi(\xi, \eta)$ hat im $\xi\eta$-System dieselbe Bedeutung wie die Funktion $f(x, y)$ der Differentialgleichung $\frac{dy}{dx} = f(x, y)$ im $xy$-System, d. h. $\varphi(\xi, \eta) = \frac{d\eta}{d\xi}$ ist gleich $\tan\psi$, wenn $\psi$ der Neigungswinkel der Integralkurve gegen die $\xi$-Achse ist. Diese Werte kann man aber dem Strahlbüschel entnehmen, wenn man durch $W$ eine Parallele zur $\xi$-Achse zieht und in einem Punkte $V$ derselben ein Lot errichtet. Die Strahlen des Büschels schneiden dieses Lot in Punkten, deren Abstand von $V$, gemessen in $\overline{WV}$ als Einheit, die Werte von $\tan\varphi_\lambda$ darstellt, wenn $\psi_\lambda$ die Neigungswinkel der Strahlen gegen $WV$, mithin auch gegen die $\xi$-Achse bedeutet.

## 1. Graphische Integration

Zu jeder Isokline, die im $\xi\eta$-System die Gleichung $\varphi(\xi, \eta) = C_\lambda$ hat, gehört ein Strahl der Windrose. Dieser Strahl schneidet das Lot in $V$ auf $WV$ in einem Punkte, dessen Abstand von $V$ die Werte der Konstanten $C_\lambda$ der betreffenden Isokline darstellt.

Diese dem Strahlbüschel so zu entnehmenden Werte sind als Ordinaten zu den Abszissen $\xi_\lambda$ aufgetragen. (Für den Schnittpunkt $S_1$, d. h. die Abszisse $\xi_1$, sind die betreffenden Strecken durch eine Klammer bezeichnet.) Wir erhalten so eine Reihe von Punkten einer Kurve $i_1$, die den Integranden $\varphi[\xi, \eta_1(\xi)]$ als Funktion von $\xi$ darstellt. (Die konstruierten Punkte sind durch kleine Kreise kenntlich gemacht. Sie haben die gleichen Abszissen wie die Punkte $S_\lambda$.)

Diese Kurve $i_1$ wird nun (nach der ersten Methode) graphisch integriert (Kap. VII). Hierbei ist der Polabstand $p$ bei der Integration gleich der Strecke $WV$ am Strahlbüschel zu machen. Die Hilfslinien der Integration sind strichpunktiert, und es ist nur das einhüllende Tangentenpolygon für die Integralkurve gezeichnet. Diese selbst ist der besseren Übersichtlichkeit wegen fortgelassen. Für die weitere Konstruktion wäre die Integralkurve, die als zweite Näherung $c_2$ zu gelten hat, nämlich $\eta = \eta_2(\xi)$, einzuzeichnen, worauf die Integration nötigenfalls zu wiederholen wäre.

Um den zur zweiten Näherung $\eta_2(\xi)$ gehörenden Integranden $\varphi[\xi, \eta_2(\xi)]$ zu konstruieren, muß man die Schnittpunkte von $c_2$ mit den Isoklinen aufsuchen.

Man wird nun finden, daß diese Schnittpunkte, die den Schnittpunkten $S_\lambda$ der ersten Näherung mit den Isoklinen entsprechen, zwar von den Punkten $S_\lambda$ verschieden sind, aber fast genau die gleichen Abszissen $\xi_\lambda$ behalten. Daraus folgt aber, daß die zur zweiten Näherung $c_2$ gehörende Integrandenkurve $i_2$ von $i_1$ nur unmerklich verschieden ist. Man müßte mit viel feinerer (nicht mehr reproduzierbarer) Strichstärke arbeiten, um $i_2$ von $i_1$ getrennt darzustellen.

Unterscheiden sich aber $i_1$ und $i_2$ wenig, so wird sich auch die dritte Näherung $c_3$, die ja durch Integration von $i_2$ gewonnen wird, nur wenig von $c_2$ unterscheiden. Wir sind also bereits dicht am Ziel.

Bei der im Beispiel benutzten Strichstärke kann die Aufgabe als erledigt gelten.

Man überzeugt sich leicht, daß gerade die von uns getroffene Wahl der $\xi$-Achse (auf deren Richtung es allein ankommt) der Konvergenz günstig war.

*Die $\xi$-Achse ist nämlich so bestimmt, daß die Richtungen der*

**170** X. Integration von Differentialgleichungen erster Ordnung

*Isoklinen an den Stellen, wo sie von den Integralkurven $c_1$ bzw. $c_2$ geschnitten werden, möglichst senkrecht zur $\xi$-Achse stehen.*

Nach Einzeichnen der ersten Näherung $c_1$ läßt sich also eine geeignete Wahl der $\xi$-Achse genügend genau treffen. Die so bestimmte Wahl der $\xi$-Achse, möglichst senkrecht auf den Richtungen der Isoklinen in den Punkten $S_1$, bewirkt gerade, daß die Schnittpunkte der zweiten Näherung $c_2$ mit den Isoklinen fast die gleichen Abszissen wie die Schnittpunkte $S_1$ der ersten Näherung behalten.

Da die Richtung der Isoklinen im $\xi\eta$-System durch den Quotienten $\dfrac{\partial \varphi}{\partial \xi} : \dfrac{\partial \varphi}{\partial \eta}$ gegeben wird, sieht man, daß es in der Tat bei der Orientierung der $\xi$-Achse darauf ankommt, $\dfrac{\partial \varphi}{\partial \eta}$ *klein zu machen*, so daß die Konstruktion den Einfluß des bei der analytischen Formulierung des Konvergenzbeweises als wesentlich erkannten Betrages von $\dfrac{\partial \varphi}{\partial \eta}$ längs der Integralkurve durchaus anschaulich hervortreten läßt.[1]

Es kann sehr wohl vorteilhaft sein, die Integration einer Differentialgleichung mit kompliziert verlaufenden Isoklinen stückweise vorzunehmen und sich dabei verschiedener Koordinatensysteme zu bedienen, deren $\xi$-Achsen einzeln jener Bedingung leichter angepaßt werden können.

Es braucht wohl kaum darauf hingewiesen zu werden, daß auch Differentialgleichungen in nicht nach $\dfrac{dy}{dx}$ aufgelöster Form in gleicher Weise graphisch behandelt werden können.

**2. Numerische Integration I.** Das im ersten Paragraphen geschilderte rein graphische Lösungsverfahren hat den allen graphischen Methoden gemeinsamen Nachteil, nur eine begrenzte Genauigkeit zu erreichen. Es liegt nun nahe, im Anschluß an die graphische Methode ein numerisches Verfahren zu benutzen, das die graphisch gefundene Lösung als *erste Näherung* benutzt und diese weiter bis zu jeder gewünschten Genauigkeit verfeinert. Es

---

[1] Faßt man die Bildung eines Integrals $y = \int_{x_0}^{x} f(x)\,dx$ als Integration der Differentialgleichung $\dfrac{dy}{dx} = f(x)$ auf, so findet man als Isoklinen Parallele zur $y$-Achse. Die $x$-Achse steht auf allen Isoklinen genau senkrecht, und eine einzige Integration führt zur Lösung.

## 2. Numerische Integration I

kommt dies darauf hinaus, bei Beibehaltung der Bezeichnungen des ersten Paragraphen, die Integrationen

$$\int_{x_0}^{x} f(x, y_1) dx; \quad \int_{x_0}^{x} f(x, y_2) dx; \ldots$$

numerisch, nach den im Kapitel V gegebenen Regeln für Integration tabulierter Funktionen, auszuführen. Es wird auf die Weise die Lösung als tabulierte Funktion erhalten werden. Die Breite $\delta$ des Tabellenintervalls muß dabei, wie stets bei tabulierten Funktionen, in Einklang mit der Genauigkeit, d. h. der Stellenzahl, mit der die Funktion angeschrieben wird, stehn. Man wird im allgemeinen verlangen, daß zwischen den Tabellenwerten eine lineare Interpolation hinreichend genaue Werte ergibt. Bei der Integration einer Differentialgleichung kann die Aufgabe allerdings auch einfacher gestellt sein und nur die Ermittelung eines einzigen Funktionswertes der Partikularlösung verlangen, ohne daß der Verlauf dieser Lösung sonst von Interesse ist. Dafür wird sich eine Modifikation unseres Verfahrens ergeben.

Wir nehmen also zuerst an, es sei eine Differentialgleichung

$$\frac{dy}{dx} = f(x, y)$$

vorgelegt, und es sei diejenige Lösung (als Tabelle) zu ermitteln, die bei $x = x_0$ den Wert $y_0$ annimmt.

Falls eine erste Näherung dieser Lösung nicht auf anderem Wege bequemer zu erreichen ist, wenden wir die Methode des § 1 an, um eine erste Näherung $y_1$ zu gewinnen. Die graphische Methode hat stets den Vorteil, eine Übersicht über den Verlauf der Lösung und den Charakter der Differentialgleichung zu ermöglichen. Man wird dabei auch gegebenenfalls die Zweckmäßigkeit der Einführung neuer Koordinaten erkennen, denn die Konvergenzbetrachtungen des § 1 behalten jetzt ja ihre Gültigkeit.

Hat man nun graphisch die erste Näherung gefunden, so trägt man die an der betreffenden Kurve abgegriffenen Werte von $y_1$ in eine Tabelle ein und führt die Integration

$$y_2 = y_0 + \int_{x_0}^{x} f(x, y_1) dx$$

an dieser Tabelle aus. Die dadurch erhaltene zweite Näherung $y_2$ behandelt man ebenso und fährt solange fort, bis zwei aufeinanderfolgende Näherungen in der verlangten Stellenzahl überein-

## X. Integration von Differentialgleichungen erster Ordnung

stimmen. Über Einzelheiten, wie Wahl des Tabellenintervalls, Vereinfachungen der Rechnung usw. soll später geredet werden. Zunächst zeigen wir die Methode und ihr Rechenschema an dem einfachen Beispiel der Differentialgleichung

$$\frac{dy}{dx} = \frac{xy}{2} \quad \text{mit} \quad \begin{cases} x_0 = 0 \\ y_0 = 1 \end{cases}.$$

Die dritte Dezimalstelle der Lösung soll noch genau sein.

In der nebenstehenden Tabelle enthält die erste Spalte die $x$-Werte. In die zweite nehmen wir die der Zeichnung entnommenen Werte der ersten Näherung $y_1$ auf. Die dritte Spalte enthält den Integranden, der durch Einsetzen der ersten Näherung $y_1$ in die rechte Seite der Differentialgleichung entsteht. Die Integration führen wir nun einfach nach der sog. ersten Näherungsformel

$$\varDelta y_2 = \frac{\delta}{2} \cdot \{f[x_k, y_1(x_k)] + f[x_{k+1}, y_1(x_{k+1})]\}$$

aus (Seite 84) und setzen in die vierte Spalte die durch diese Integration erhaltenen Integralwerte der zweiten Näherung.

| 1 | 2 | 3 | 4 | 5 | 6 | 7 |
|---|---|---|---|---|---|---|
| $x$ | $y_1$ | $f(x, y_1)$ | $y_2$ | $f(x, y_2)$ | $y_3$ | $y$ |
| 0,00 | 1,00 | 0,000 | 1,0000 | 0,0000 | 1,0000 | 1,0000 |
|  |  |  | 25 |  | 25 |  |
| 0,1 | 1,00 | 0,050 | 1,0025 | 0,0501 | 1,0025 | 1,0025 |
|  |  |  | 75 |  | 75 |  |
| 0,2 | 1,00 | 0,100 | 1,0100 | 0,1010 | 1,0100 | 1,0100 |
|  |  |  | 126 |  | 127 |  |
| 0,3 | 1,01 | 0,152 | 1,0226 | 0,1534 | 1,0227 | 1,0227 |
|  |  |  | 178 |  | 181 |  |
| 0,4 | 1,02 | 0,204 | 1,0404 | 0,2081 | 1,0408 | 1,0408 |
|  |  |  | 231 |  | 237 |  |
| 0,5 | 1,03 | 0,258 | 1,0635 | 0,2659 | 1,0645 | 1,0645 |
|  |  |  | 288 |  | 297 |  |
| 0,6 | 1,06 | 0,318 | 1,0923 | 0,3277 | 1,0942 | 1,0942 |
|  |  |  | 352 |  | 361 |  |
| 0,7 | 1,10 | 0,385 | 1,1275 | 0,3946 | 1,1303 | 1,1303 |
|  |  |  | 422 |  | 432 |  |
| 0,8 | 1,15 | 0,460 | 1,1697 | 0,4679 | 1,1735 | 1,1735 |

Zu $x = 0$ gehört $y = 1{,}0000$. Die Werte der Teilintegrale $\varDelta y_2$ sind klein gedruckt in die vierte Spalte gesetzt, und ihre fortlaufende Summierung ergibt $y_2$.

Trotzdem man aus der Abweichung der ersten und zweiten Näherung erkennt, daß bei dieser noch die zweite Dezimalstelle unsicher ist, haben wir doch in der vierten Spalte vierstellig gerechnet, weil die letzte Näherung auch vierstellig erscheinen muß, um die dritte Stelle zu sichern.

Die fünfte und sechste Spalte enthalten den zweiten Schritt, und wir haben mit der dritten Näherung $y_3$ (Spalte 6) aufgehört, weil $y_2$ und $y_3$ in der zweiten Stelle übereinstimmen. Da der Fehler sich nach § 1 in geometrischer Progression verkleinert, können wir schließen, daß $y_3$ in vier Stellen richtig ist. In Spalte 7 ist die bekannte analytische Lösung $y = e^{\frac{x^2}{4}}$ aufgenommen, um einen Vergleich zu ermöglichen.

Bei der hier vorliegenden Differentialgleichung ist das Einsetzen der sukzessiven Näherungen in die rechte Seite der Gleichung, also die Berechnung von $f(x, y_1)$; $f(x, y_2)$ usw. ohne Mühe zu machen. Sehr oft wird darin die größte Rechenarbeit stecken. Man kann diese mitunter dadurch vereinfachen, daß man die Entwickelung von $f(x, y)$ nach Potenzen von $y$ zu Hilfe nimmt. Man berechnet, wie jetzt geschehen, für die erste Näherung $f(x, y_1)$ und setzt in die nächste Spalte den partiellen Differentialquotienten $\frac{\partial f}{\partial y}$, ausgerechnet für die Tabellenwerte von $x$ und die Werte $y_1$. Die erste Integration liefert $y_2$. Statt nun $f(x, y_2)$ zu berechnen, setzt man näherungsweise

$$f(x, y_2) = f(x, y_1) + \frac{\partial f}{\partial y} \cdot (y_2 - y_1),\ [1)$$

so daß in den einzelnen Zeilen nur Multiplikationen und Additionen auszuführen sind. Natürlich muß man sich vergewissern, daß diese Beschränkung auf das lineare Glied der Taylorschen Entwickelung von $f(x, y)$ ausreichend genau ist. Weichen in dieser Hinsicht $y_2$ und $y_1$ zu stark von einander ab, so wird man diese Approximation von $f(x, y)$ vielleicht erst bei späteren Näherungen anwenden können.

Die Konvergenzbetrachtung des § 1 und auch das Beispiel zeigen, daß die Konvergenz schlechter wird, wenn man zu weit ab vom Anfangswert $x_0$ liegenden Werten gelangt. Statt nun unnötig oft zu integrieren, ist es zweckmäßiger, die Rechnung erst bis zu einem hinreichend nahe bei $x_0$ gelegenen Wert in der nötigen Genauigkeit durchzuführen und alsdann von diesem Wert aus weiterzurechnen. Einfache Regeln lassen sich dafür nicht angeben, da dies völlig von der vorgelegten Aufgabe abhängt.

Wir untersuchen dagegen hier noch die Frage, ob bei den

---

[1) Der Leser möge das Beispiel in dieser Weise noch einmal durchrechnen.

Integrationen von $f(x, y_1)$ usw. die Genauigkeit der benutzten Näherungsformel ausreicht. Erst bei Gewißheit hierüber ist der Schluß bindend, daß bei Übereinstimmung zweier aufeinanderfolgenden Näherungen die letzte Näherung ausreichend genau ist. Als Näherungswert für das Integral über einen Streifen der Breite $\delta = x_{k+1} - x_k$ wurde benutzt

$$\frac{\delta}{2} \cdot (f_k + f_{k+1}) \quad (S.\ 84).$$

Mit Hilfe der Taylorschen Formel rechnet man leicht aus, daß der Fehler des Integrals über einen Streifen die Größenordnung $\frac{\delta^3}{12} \cdot \frac{d^2 f}{dx^2}$ hat. Nun ist $\frac{dy}{dx} = f$, mithin wird der Streifenfehler $\frac{\delta^3}{12} \cdot \frac{d^3 y}{dx^3}$. Der Fehler, der bei der fortlaufenden Summation der Streifen entsteht, ist also $\delta^2$ proportional. Verlangen wir andererseits von unserer tabuliert erscheinenden Integralfunktion, daß zwischen den in der Tabelle erscheinenden Werten eine lineare Interpolation zulässig sein soll, so muß in jedem Streifen der Betrag von $\frac{\delta^2}{8} \cdot \frac{d^2 y}{dx^2}$ unterhalb des zulässigen Fehlers bleiben (S. 3). Die Forderung nach linearer Interpolation ergibt also für die Auswahl von $\delta$ die gleiche Größenordnung wie die Fehlerabschätzung der Integration. Führen wir diese Fehlerabschätzungen einmal an unserem Zahlenbeispiel

$$\frac{dy}{dx} = \frac{x \cdot y}{2}$$

durch. Durch totale Differentiationen erhalten wir

$$\frac{d^2 y}{dx^2} = \frac{y}{2} + \frac{x^2 y}{4},$$
$$\frac{d^3 y}{dx^3} = \frac{3}{4} \cdot xy + \frac{x^3 y}{8}.$$

Bei der Untersuchung der Möglichkeit linearer Interpolation setzen wir in den zweiten Differentialquotienten $x = 1$ und $x = 1{,}2$ ein, wodurch er den größten im ganzen Integrationsintervalle vorkommenden Wert bekommt. Wir erhalten $\frac{\delta^2}{8} \cdot \frac{d^2 y}{dx^2} = 0{,}001$. Bei der gewählten Streifenbreite $\delta = 0{,}1$ ist also bei linearer Interpolation mit einem Fehler von einer Einheit der dritten Dezimale zu rechnen. Sollte die vierte Dezimale noch richtig interpoliert werden, so müßte $\delta = 0{,}025$ gewählt werden.[1]

---

1) Statt die ganze Rechnung mit dem neuen $\delta$ zu wiederholen, könnte man, sofern der Fehler der Integrationen kleiner als eine Ein-

## 2. Numerische Integration I

Bei der Genauigkeitsuntersuchung der Integration ist zu beachten, daß für die einzelnen Streifen verschiedene Werte von $x$ und $y$ einzusetzen sind.

Rechnen wir die Fehler der Einzelstreifen aus, indem wir jedesmal die größten Werte von $x$ und $y$ innerhalb des betreffenden Streifens in $\frac{d^3y}{dx^3}$ einsetzen, und addieren diese Fehler der acht Streifen unserer Rechnung, so erhalten wir $2 \cdot 10^{-4}$. Der zu $x = 0,8$ gehörende Wert von unserer Lösung $y_3$ ist demnach auf zwei Einheiten der vierten Dezimale unsicher.

Bei der Integration einer Differentialgleichung wird die Aufgabe mitunter darin bestehen, den Wert einer Partikularlösung *nur für einen bestimmten Wert* von $x$ zu ermitteln. Man kann sich in diesen Fällen Rechenarbeit dadurch ersparen, daß man die Integrationen nach der Simpsonschen Regel ausführt.

Es sei z. B. die bereits behandelte Differentialgleichung vorgelegt. Jedoch sei nur nach dem Werte, den die Partikularlösung für $x = 0,8$ annimmt, gefragt. Nebenstehendes Schema zeigt den Gang der Rechnung. Spalte 1 enthält die $x$-Werte, die hier um 0,2 auseinanderliegen, und Spalte 2 die erste Näherung $y_1$. Spalte 3 enthält wie früher den Integranden $f(xy_1)$. Nach der Simpsonschen Regel bilden wir die Teilintegrale

$$\int_{0,0}^{0,4} f \cdot dx \quad \text{und} \quad \int_{0,4}^{0,8} f \, dx$$

nach der Formel II′a $\frac{\delta}{3} \cdot \{f_{k-1} + 4f_k + f_{k+1}\}$. (S. 84.)

| 1 | 2 | 3 | 4 | 5 | 6 |
|---|---|---|---|---|---|
| $x$ | $y_1$ | $f(xy_1)$ | $y_2$ | $f(xy_2)$ | $y_3$ |
| 0,0 | 1,00 | 0,000 | 1,0000 | 0,0000 | 1,0000 |
| 0,2 | 1,00 | 0,100 | 403 | | |
| 0,4 | 1,02 | 0,204 | 1,0403 | 0,2081 | 1734 |
| 0,6 | 1,06 | 0,318 | 1291 | | |
| 0,8 | 1,15 | 0,460 | 1,1694 | 0,4678 | **1,1734** |

Diese Teilintegrale stehen klein gedruckt in der vierten Spalte, und ihre fortlaufende Summierung ergibt die zweite Näherung.

---

heit der vierten Dezimale und die angeschriebenen Werte $y_3$ mithin richtig sind, die Zwischenwerte für $\delta = 0,025$ auch durch Interpolation höherer Ordnung mit Hilfe des Differenzenschemas (S. 73) gewinnen. Der Leser möge beides, die nochmalige Integration mit $\delta = 0,025$ und die Interpolation, versuchen.

Aber nur deren Werte für $x = 0,0; 0,4; 0,8$. Für die dazwischen liegenden Werte bleibt $y_2$ unbekannt. Bei der nächsten Integration ist auch nur für diese Werte der Integrand $f(x, y_2)$ zu bilden und als einziges Integral

$$\int_{0,0}^{0,8} f dx$$

auszuwerten. Sein Wert ist die klein gedruckte Zahl in Spalte 6, deren Addition zum Anfangswerte 1,0000 den gesuchten Wert von $y_3$ für $x = 0,8$ ergibt. $y_2$ und $y_3$ stimmen in den ersten beiden Stellen überein, woraus wir wieder schließen, daß der gesuchte Wert noch in der dritten Dezimale richtig ist, sofern bei den Integrationen keine Fehler in der dritten Dezimale hinzugekommen sind.

Um den Integrationsfehler abzuschätzen, bemerken wir, daß der Fehler bei einem Teilintegral der Breite $2 \cdot \delta$ die Größenordnung von $\frac{\delta^5}{90} \cdot \frac{d^4 f}{d x^4}$ hat, wie man mit Hilfe der Taylorschen Entwickelung leicht nachrechnen kann. In unserem Beispiel ist

$$\frac{d^4 f}{d x^4} = \frac{15}{8} \cdot xy + \frac{5}{8} \cdot x^3 y + \frac{1}{32} \cdot x^5 y.$$

Bei der letzten Integration ist der Fehler am größten. Bei dieser ist einzusetzen $x = 0,8$ und $y = 1,2$, ferner $\delta = 0,4$. Für den Integrationsfehler ergibt sich damit der unschädliche Betrag von 0,0002.

Zu achten ist bei dieser abgekürzten Methode auf die erste Einteilung von $x$. Erstens muß man es so einrichten, daß die Integralfunktion für den gegebenen Wert (hier 0,8) auch wirklich herauskommt, und zweitens muß man die erste Teilung eng genug wählen, daß man noch hinreichend oft integrieren kann, ohne unterhalb der verlangten Genauigkeit zu bleiben.

Die Anzahl der notwendigen Integrationen hängt von der Genauigkeit der ersten Näherung ab. In unserem Beispiel würde man den Fehler der ersten, aus graphischer Integration gewonnenen Lösung auf 0,02 schätzen.

Das ganze Integrationsintervall $(\xi - \xi_0)$ ist hier 0,8 und der Maximalwert von $\frac{\partial f}{\partial y} = \frac{x}{2}$ in diesem Intervall 0,4. Für den Fehler der dritten Näherung erhalten wir nach Seite 166 somit 0,002 als obere Grenze. Da er wahrscheinlich geringer ist, erscheint es lohnend, es mit einer $x$-Einteilung von 0,2 zu versuchen. Sollte sich damit keine genügende Übereinstimmung von $y_2$ und $y_3$ ergeben, so würde man die Rechnung mit einer Einteilung von 0,1 zu wiederholen haben, wobei jedoch die zuerst benutzten Zahlwerte wieder verwendet werden können.

## 3. Numerische Integration II. (Methode Kutta-Runge.)

Es scheint naheliegend, eine Partikularlösung einer Differentialgleichung erster Ordnung, die wir uns in der Form $\frac{dy}{dx} = f(x, y)$ gegeben denken, in der Weise zu gewinnen, daß man die Lösung durch eine Entwicklung in eine Taylor-Reihe darstellt. Sind $x_0$, $y_0$ die gegebenen Anfangswerte, so lassen sich im allgemeinen die Ableitungen beliebig hoher Ordnung an der Stelle $x_0 y_0$ berechnen. Es zeigt sich jedoch, daß häufig nicht die Rechenarbeit vielen zu bewältigen ist.

Daher hat C. Runge einen anderen Weg eingeschlagen, der sich in den meisten Fällen als gangbar erweist.

Die Aufgabe, vor die man bei einer derartigen Integration gestellt ist, kann so formuliert werden:

Zu dem Werte $x_0$ der einen Variablen ist ein Wert $y_0$ der anderen gegeben. Es ist der Zuwachs $k$ zu ermitteln, um den sich die Variable $y$ ändert, wenn $x$ um einen Betrag $h$ geändert wird. Die Größe $k$ wird sich in der Praxis nur mit einer gewissen Genauigkeit berechnen lassen, und diese wird, unter sonst gleichen Umständen, um so größer sein, je kleiner $h$ gewählt wird.

Man wählt nun für $k$ einen Ausdruck von der Form:

$$k = R_1 k_1 + R_2 k_2 + R_3 k_3 + R_4 k_4.$$

Die Größen $k_\lambda$ sollen dabei aus folgenden Gleichungen gewonnen werden:
$$k_1 = f(x_0, y_0) \cdot h,$$
$$k_2 = f(x_0 + \alpha h, \ y_0 + \beta k_1) \cdot h,$$
$$k_3 = f(x_0 + \alpha' h, \ y_0 + \beta' k_1 + \gamma' k_2) \cdot h,$$
$$k_4 = f(x_0 + \alpha'' h, \ y_0 + \beta'' k_1 + \gamma'' k_2 + \delta'' k_3) \cdot h.$$

Die noch unbestimmten Koeffizienten $R_\lambda$ im Ausdruck für $k$ sowie die neun Größen $\alpha, \ldots \delta''$ in den Gleichungen für die $k_\lambda$ sind so zu normieren, daß der Fehler der Größe $k$ klein ist von der fünften Ordnung in $h$, d. h. sofern man ihn nach Potenzen von $h$ entwickelt, soll diese Potenzreihe erst mit Gliedern

$$A h^5 + \cdots$$

beginnen. Und zwar soll dies natürlich der Fall sein unabhängig von der gerade vorliegenden Form der Funktion $f(x, y)$.

Eine ziemlich umständliche Rechnung[1]) gibt nun folgendes einfache Resultat:

Die Koeffizienten $R_\lambda$ bekommen die Werte:

$$R_1 = \tfrac{1}{6}, \quad R_2 = \tfrac{1}{3}, \quad R_3 = \tfrac{1}{3}, \quad R_4 = \tfrac{1}{6}$$

---

1) W. Kutta, *Zeitschr. f. Math. u. Phys.*, Bd. 46, S. 435.

178 X. Integration von Differentialgleichungen erster Ordnung

und die Größen $\alpha, \ldots \delta''$ werden einfach:

$\alpha = \alpha' = \frac{1}{2}$, $\alpha'' = 1$. $\beta = \gamma' = \frac{1}{2}$, $\delta'' = 1$. $\beta' = \beta'' = \gamma'' = 0.$[1])

Es folgt daraus die folgende *Rechenvorschrift:*
Man berechne nacheinander die Größen:

$$k_1 = f(x_0, y_0) \cdot h,$$

$$k_2 = f\left(x_0 + \frac{h}{2}, y_0 + \frac{k_1}{2}\right) \cdot h,$$

$$k_3 = f\left(x_0 + \frac{h}{2}, y_0 + \frac{k_2}{2}\right) \cdot h,$$

$$k_4 = f(x_0 + h, y_0 + k_3) \cdot h.$$

Dann wird, wenn man für den Zuwachs der Funktion $y$ den Wert $k = \frac{k_1 + k_4}{6} + \frac{k_2 + k_3}{3}$ nimmt, der Fehler von der fünften Ordnung in $h$.

Um den Verlauf der durch die Anfangswerte $x_0, y_0$ bestimmten Lösung weiter zu beherrschen, geht man schrittweise weiter. Hat man für den Zuwachs $h$ von $x$ den Zuwachs $k$, wie oben geschildert, berechnet, so betrachtet man die Werte $(x_0 + h)$ und $(y_0 + k)$ als Ausgangswerte für den nächsten Schritt und berechnet in genau derselben Weise einen weiteren Zuwachs $k'$, so daß man nacheinander zusammengehörige Werte $x_0 + h$, $x_0 + 2h$, $x_0 + 3h \ldots$ und $y_0 + k$, $y_0 + k + k'$, $y_0 + k + k' + k'' \ldots$ ermittelt.

Man rechnet dabei zweckmäßig nach folgendem Schema:

| $x$ | $y$ | $f(x, y)$ | $h \cdot f(x, y)$ | |
|---|---|---|---|---|
| $x_0$ | $y_0$ | $f(x_0, y_0)$ | $h \cdot f(x_0, y_0)$ | $k_1$ |
| $x_0 + \frac{h}{2}$ | $y_0 + \frac{k_1}{2}$ | $f\left(x_0 + \frac{h}{2}, y_0 + \frac{k_1}{2}\right)$ | $h \cdot f\left(x_0 + \frac{h}{2}, y_0 + \frac{k_1}{2}\right)$ | $k_2$ |
| $x_0 + \frac{h}{2}$ | $y_0 + \frac{k_2}{2}$ | $f\left(x_0 + \frac{h}{2}, y_0 + \frac{k_2}{2}\right)$ | $h \cdot f\left(x_0 + \frac{h}{2}, y_0 + \frac{k_2}{2}\right)$ | $k_3$ |
| $x_0 + h$ | $y_0 + k_3$ | $f(x_0 + h, y_0 + k_3)$ | $h \cdot f(x_0 + h, y_0 + k_3)$ | $k_4$ |
| | | $k = \frac{k_1 + k_4}{6} + \frac{k_2 + k_3}{3}$ | | |
| $x_0 + h$ | $y_0 + k$ | $\cdots$ | $\cdots$ | $\cdot$ |

---

[1]) Dieses Wertsystem ist nicht das einzige, welches für $k$ einen Fehler der fünften Ordnung in $h$ liefert, aber es ist für die Rechnung besonders vorteilhaft.

## 3. Numerische Integration II

In jede Horizontalzeile ist dabei der aus der vorhergehenden sich ergebende Wert $k_\lambda$ einzuführen. Mit den Werten $(x_0 + h)$ und $(y_0 + k)$ beginnt ein zweiter Schritt der Rechnung nach dem gleichen Schema.

Um die Genauigkeit der so berechneten Werte $y$ abschätzen zu können, ist nun eine doppelte Durchführung der ganzen Rechnung erforderlich. Man rechnet dabei einmal für eine Intervallbreite $h$ und sodann für die doppelte Intervallbreite $2h$ die Zuwächse $k$ aus, und zwar in der Weise, daß man zuerst zwei Schritte mit dem Intervall $h$ rechnet, und dann sogleich einen Schritt von demselben Anfangswert aus mit der Intervallbreite $2h$. Man vergleicht dann die so gefundenen Werte von $y$. Der sechzehnte Teil der Differenz beider Werte gibt die Größenordnung des zu erwartenden Fehlers an. Natürlich ist der durch zwei Schritte mit der Intervallbreite $h$ gefundene Wert als der genauere anzusehen.

Als Beispiel sei die Differentialgleichung

$$\frac{dy}{dx} = xy + \frac{y^2}{10}$$

behandelt. Die Anfangswerte seien $x_0 = 0$ und $y_0 = 1$.

Es sind zunächst zwei Schritte gerechnet mit einer Intervallbreite von $h = 0{,}1$ und darauf ein Schritt mit dem Werte $h = 0{,}2$.

Die Werte von $y$ für $x = 0{,}2$ weichen, wie aus der umstehenden Tabelle ersichtlich, nur um fünf Einheiten der siebenten Dezimale voneinander ab. Der Wert $y = 1{,}0411648$ kann also als genau gelten mit allen hingeschriebenen Ziffern. Führt man die Rechnung weiter, so ist allerdings zu beachten, daß die bei jedem Schritt auftretenden und durch den „Doppelschritt" abzuschätzenden Fehler sich addieren können. Man muß die Rechnung also mit größerer Stellenzahl beginnen, als man im Ergebnis verlangt, um für weiter von $x_0$ abliegende Werte von $x$ die Werte $y$ noch hinreichend genau angeben zu können.

Es bedeutet bisweilen eine Erleichterung der Rechnung, wenn man statt der gegebenen Gleichung $\frac{dy}{dx} = f(x, y)$ mit einer Gleichung $\frac{dx}{dy} = \frac{1}{f(x, y)}$ rechnet, da man auf diese Weise unbequem große Werte von $f(x, y)$ vermeiden kann. Der Übergang von einer Schreibart zur anderen läßt sich auch im Verlauf der Rechnung vornehmen.

Welches numerische oder graphische Verfahren zur Integration einer Differentialgleichung nun im jeweiligen Falle heranzuziehen ist, läßt sich allgemein nicht angeben und muß jedesmal überlegt

180 X. Integration von Differentialgleichungen erster Ordnung

| $h$ | $x$ | $y$ | $f(x,y) = xy + \frac{y^2}{10}$ | $f(x,y) \cdot h$ | |
|---|---|---|---|---|---|
| 0,1 | 0 | 1 | 0,1 | $k_1 = 0,01$ | |
| | 0,05 | 1,005 | 0,10100 0,05025 | | |
| | | | 0,15125 | $k_2 = 0,015125$ | |
| | 0,05 | 1,0075625 | 0,10152 0,05038 | | |
| | | | 0,15190 | $k_3 = 0,015199$ | |
| | 0,10 | 1,015190 | 0,103060 0,101519 | | $k = 0,0151813$ |
| | | | 0,204579 | $k_4 = 0,0204579$ | |
| 0,1 | 0,1 | 1,0151813 | 0,1015181 0,1030593 | | |
| | | | 0,2045774 | $k_1 = 0,02045774$ | |
| | 0,15 | 1,0254102 | 0,1538115 0,1051466 | | |
| | | | 0,2589581 | $k_2 = 0,02589581$ | |
| | 0,15 | 1,0281292 | 0,1542194 0,1057050 | | |
| | | | 0,2599244 | $k_3 = 0,02599244$ | |
| | 0,2 | 1,0411737 | 0,2082347 0,1084043 | | $k = 0,0259830$ |
| | 0,2 | 1,0411643 | 0,3166390 | $k_4 = 0,03166390$ | |
| 0,2 | 0 | 1 | 0,2 | $k_1 = 0,02$ | |
| | 0,1 | 0,10201 0,101 | | | |
| | | 0,20301 | | $k_2 = 0,040602$ | |
| | 0,1 | 1,020301 | 0,1041014 0,1020301 | | |
| | | | 0,2061315 | $k_3 = 0,04122630$ | |
| | 0,2 | 1,0412263 | 0,1084152 0,2082453 | | $k = 0,0411648$ |
| | 0,2 | 1,0411648 | 0,3166605 | $k_4 = 0,0633321$ | |

werden. Wir empfehlen dem Leser die beiden im zweiten und dritten Paragraphen angegebenen Gleichungen nach allen geschilderten Methoden zu behandeln.

# XI. Graphische und numerische Integration von gewöhnlichen Differentialgleichungen zweiter und höherer Ordnung.

**1. Graphische Integration.** Auch die gewöhnlichen Differentialgleichungen von höherer als der ersten Ordnung lassen in vielen Fällen mit Vorteil eine graphische Behandlung zu. Wir beginnen mit einer *Differentialgleichung zweiter Ordnung* und denken uns diese zunächst in folgender Form vorgelegt:

$$\frac{d^2y}{dx^2} = f\left(x, y, \frac{dy}{dx}\right).$$

Es handelt sich nun darum, eine Funktion $y = y(x)$ zu bestimmen, welche mit ihren Ableitungen erster und zweiter Ordnung die Differentialgleichung identisch befriedigt und außerdem den „*Anfangsbedingungen*" genügt. Durch diese wird gefordert, daß die Funktion $y$ für $x = x_0$ den Wert $y = y_0$ annimmt und ihre Ableitung den Wert $\frac{dy}{dx} = \left(\frac{dy}{dx}\right)_0$.

Nehmen wir an, es wäre eine Funktion $y$ gefunden, welche der Differentialgleichung und den Anfangsbedingungen genügt, so ist auch ihre Ableitung $\frac{dy}{dx}$ eine Funktion von $x$, und wir wollen diese einer neuen Variablen $z$ gleich setzen, also $z = \frac{dy}{dx}$ einführen. Setzen wir $z$ in die gegebene Gleichung ein, so lautet diese:

$$\frac{dz}{dx} = f(x, y, z).$$

Schreiben wir noch die Definitionsgleichung für $z$,

$$z = \frac{dy}{dx},$$

dazu, so haben wir es statt mit der Differentialgleichung zweiter Ordnung nunmehr wiederum mit zwei Differentialgleichungen erster Ordnung zu tun, denen die beiden Funktionen $y = y(x)$ und $z = z(x)$ genügen; diese nehmen außerdem für $x = x_0$ die Werte $y = y_0$ und $z = z_0 = \left(\frac{dy}{dx}\right)_0$ an.

Für eine graphische Behandlung der vorgelegten Differentialgleichung zweiter Ordnung ist es in der Tat zweckmäßiger, die ursprünglich vorgelegte Differentialgleichung zweiter Ordnung in der angegebenen Weise umzuformen.

## XI. Integration von Differentialgleichungen höherer Ordnung

Die Integration einer Differentialgleichung zweiter Ordnung erscheint so als ein spezieller Fall der *Integration eines Systems von zwei simultanen Differentialgleichungen erster Ordnung*. Im allgemeinen Falle sollen hierbei die beiden Funktionen $y$ und $z$ den zwei Gleichungen

$$\frac{dz}{dx} = f(x, y, z)$$

und

$$\frac{dy}{dx} = g(x, y, z)$$

genügen und dazu für $x = x_0$ die Werte $y_0$ und $z_0$ annehmen. Bei der Differentialgleichung zweiter Ordnung reduziert sich die auf der rechten Seite der zweiten Gleichung stehende Funktion $g(x, y, z)$ einfach auf $z$ allein.

Man kann nun die Integration eines solchen Systems zweier simultaner Differentialgleichungen graphisch in Angriff nehmen. Dies empfiehlt sich besonders dann, wenn es irgendwie möglich ist, die Funktionswerte der beiden Funktionen $g$ und $f$ für jedes bei der Integration in Frage kommende Tripel ihrer Argumente $x, y, z$ schnell anzugeben, wenn z. B. Nomogramme für diese Funktionen vorliegen oder der Bau der Funktionen ein besonders einfacher ist und eine schnelle Konstruktion der Funktionswerte zuläßt. Nehmen wir diesen günstigen Fall einmal als gegeben an, so würde die graphische Integration in folgender Weise verlaufen.

Wir operieren gleichzeitig in zwei kartesischen Koordinatensystemen. In beiden tragen wir die Werte von $x$ auf einer horizontalen Abszissenachse auf, während als Ordinaten in dem einen System die $y$ und im anderen die $z$ aufgetragen werden. Wir orientieren die beiden Systeme auf dem Zeichenblatt so, daß ihre Ordinatenachsen in eine Gerade fallen (Fig. 32). Ein Wertetripel $x, y, z$ der drei Variablen können wir dann darstellen durch zwei Punkte $P'$ und $P''$, die in den beiden Koordinatensystemen die Koordinaten $x, y$ bzw. $x, z$ haben. Das Integrationsproblem kommt jetzt darauf hinaus, in den beiden Koordinatensystemen je eine gewisse Kurve zu konstruieren, denn die Funktionen $y = y(x)$ und $z = z(x)$ lassen sich in den beiden Systemen als Kurven darstellen, und die beiden Differentialgleichungen geben eine *Richtungsvorschrift* für diese Kurven an. Fassen wir gleichzeitig Punkte beider Kurven ins Auge, die die gleiche Abszisse $x$ haben, so gehört zu zwei solchen Punkten ein Wertetripel $x, y, z$, und die beiden Differentialgleichungen sagen aus, daß die Kurve im $xy$-System in jedem Punkte $P''$ stets einen Winkel $\alpha$ mit der $x$-Achse bilden soll, für den

$$\tan \alpha = \frac{dy}{dx} = f(x, y, z)$$

## 1. Graphische Integration

ist. Ferner soll die andere Kurve im $zx$-System in dem zugehörigen Punkte $P'$ mit der $x$-Achse einen Winkel $\beta$ bilden, für den

$$\tan \beta = \frac{dz}{dx} = g(x, y, z)$$

ist. Außerdem müssen beide Kurven durch die Anfangspunkte $A'$ mit den Koordinaten $x_0, z_0$ und $A''$ mit den Koordinaten $x_0, y_0$

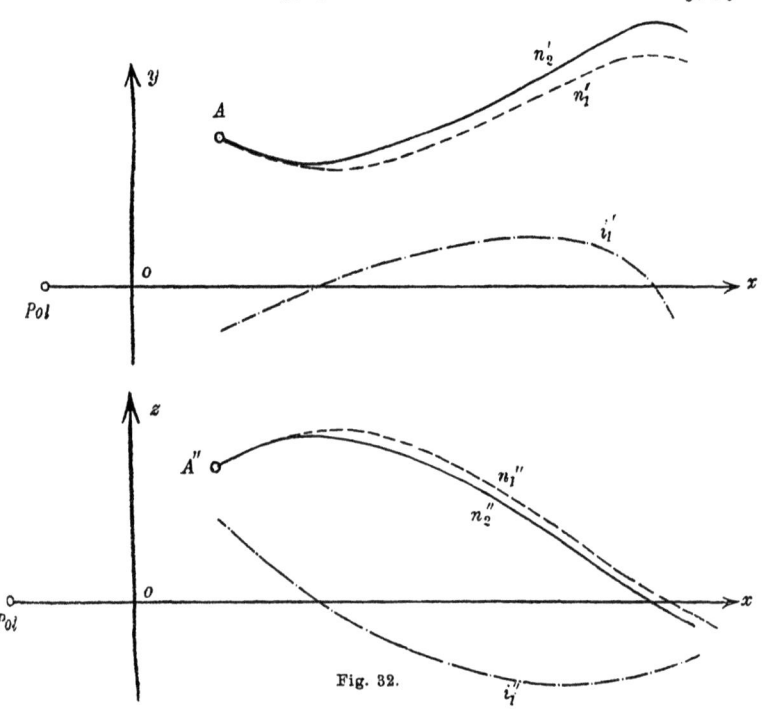

Fig. 32.

gehen. Wenn die beiden Ebenen in dieser Auffassung auch nicht mit einem „Richtungsfeld" bedeckt erscheinen, wie es bei einer Differentialgleichung erster Ordnung der Fall ist, so kann man doch auch hier näherungsweise die beiden Integralkurven konstruieren, indem man von den Anfangspunkten in den durch

$$\tan \alpha_0 = f(x_0, y_0, z_0)$$
und
$$\tan \beta_0 = g(x_0, y_0, z_0)$$

gegebenen Richtungen ausgeht und dann, bei *gleichzeitiger Konstruktion in beiden Ebenen*, der Richtungsvorschrift zu genügen sucht. Am einfachsten ist es hierbei, von den Punkten $A'$ und $A''$ ein Stück geradlinig weiterzugehen, etwa bis zu $P_1'$ und $P_1''$ mit den Abszissen $x_1$, hierauf liest man die zugehörigen Werte $y_1$ und $z_1$ ab und ermittelt die entsprechenden Funktionswerte $f(x_1, y_1, z_1)$ und $g(x_1, y_1, z_1)$. Dadurch sind dann die Richtungen gegeben, in welchen man von den Punkten $P_1'$ und $P_1''$ weiterzugehen hat. Wieder geht man geradlinig weiter bis zu Punkten $P_2'$ und $P_2''$, aus deren Koordinaten man aufs neue die Richtungen bestimmt usw. Die auf diese Weise aus geradlinigen Stücken entstehenden Polygonzüge stellen *eine erste Näherung der Integralkurven* dar. Zu einer besseren Näherung gelangt man, wenn man versucht, die beiden Integralkurven krummlinig so in die beiden Koordinatenebenen einzuzeichnen, daß der Richtungsvorschrift genügt wird. Dies setzt eine gewisse Übersicht über die Funktionen $f$ und $g$ voraus. In Fig. 30 sind die beiden Näherungskurven mit $n_1'$ und $n_1''$ bezeichnet. Um diese als erste Näherungen geltenden Kurven zu verbessern, kann man eine Erweiterung des bei den Differentialgleichungen erster Ordnung angewandten Approximationsverfahrens benutzen. Denken wir uns die beiden Kurven durch Gleichungen $y_1 = y_1(x)$ und $z_1 = z_1(x)$ analytisch gegeben, so können wir folgende Integrale bilden:

$$y_2 = y_0 + \int_{x_0}^{x} f(y_1, z_1, x)\,dx$$

und

$$z_2 = z_0 + \int_{x_0}^{x} g(y_1, z_1, x)\,dx.$$

Hierbei sind in den Funktionen $f$ und $g$ für $y$ und $z$ die Näherungsfunktionen $y_1$ und $z_1$ einzusetzen, so daß die Integranden Funktionen von $x$ allein werden. Durch diese Integrale werden nun zwei Funktionen $y_2$ und $z_2$ von $x$ definiert, die, wie wir hier ohne Beweis angeben wollen, in der Nähe von $x_0$ *bessere Näherungen* für die Lösungen der beiden gegebenen Differentialgleichungen sind als die ersten Näherungen $y_1$ und $z_1$.[1]) Die Integrationen lassen sich graphisch in folgender Weise ausführen. Je zwei untereinanderliegende Punkte $P'$ und $P''$ der beiden Näherungskurven repräsentieren ein Tripel zusammengehöriger Werte $x, y, z$ und die Werte der Funktionen $f$ und $g$, die sie für diese

---

[1]) Über den Beweis vgl. E. Trefftz, Math. Annalen, Bd. 76, S. 327.

1. Graphische Integration 185

Werte der Variablen annehmen, sind zu der Abszisse $x$ aufzutragen, und zwar der Wert der Funktion $f$ im $(x, y)$-System, der Wert von $g$ im $x, z$-System. Macht man dies für eine Reihe von Punkten der Kurven $n_1'$ und $n_1''$, so erhält man die in Fig. 30 mit $i_1'$ und $i_1''$ bezeichneten Kurven. Die graphische Integration dieser beiden Kurven liefert die zweiten Näherungen $y_2$ und $z_2$, mit denen das Verfahren wiederholt werden kann usw. Die Konstruktion der Kurven $i_1'$ und $i_2''$ ist mehr oder weniger schwierig, je nachdem die Werte der Funktionen $f$ und $g$ einfach aus ihren Argumenten gewonnen werden können oder erst durch mühsame Rechnung. Die graphische Konstruktion ist besonders dann zu bevorzugen, wenn diese Funktionswerte leicht auf zeichnerischem Wege zu ermitteln sind.

Bei den einfachen Differentialgleichungen erster Ordnung konnte man eine schnellere Konvergenz des graphischen Approximationsverfahrens durch eine geeignete Richtung der $x$-Achse herbeiführen. Dies ist bei einem System von zwei simultanen Gleichungen nicht in dem gleichen Maße möglich. Man muß hier unter Umständen mit einer schlechteren Konvergenz vorlieb nehmen. In manchen Fällen kann man jedoch durch einen *Wechsel der unabhängigen Variablen* die Konvergenz verbessern. Aus dem System der beiden Gleichungen

$$\frac{dy}{dx} = f(y, x, z)$$

und

$$\frac{dz}{dx} = g(x, y, z)$$

kann man z. B. ein anderes ableiten, bei dem $y$ die Rolle der unabhängigen Variablen spielt, nämlich

$$\frac{dx}{dy} = \frac{1}{f(x, y, z)}$$

und

$$\frac{dz}{dy} = \frac{g(x, y, z)}{f(x, y, z)}.$$

Eine allgemeine Vorschrift läßt sich für die Anwendung einer solchen Transformation nicht geben. Ob man überhaupt einen Wechsel der unabhängigen Variablen vornimmt, ob gleich am Anfang der Integration oder erst im weiteren Verlauf derselben, muß von Fall zu Fall entschieden werden.

Bei der Anwendung des besprochenen graphischen Verfahrens auf *gewöhnliche Differentialgleichungen der zweiten Ordnung* ergeben sich einige Vereinfachungen. Als System zweier Gleichungen geschrieben wird diese Differentialgleichung:

$$\frac{dz}{dx} = f(x, y, z), \quad \frac{dy}{dx} = z.$$

Die Fortschreitungsrichtung in der $yx$-Ebene wird ohne weiteres durch die Ordinate des Punktes $P''$ der $z$-Kurve gegeben. Man überträgt dabei zweckmäßig diese Ordinate durch eine Parallele zur $x$-Achse auf die $z$-Achse und verbindet die so erhaltenen Punkte mit einem „Pole" auf der $x$-Achse, wodurch die gesuchte Richtung bestimmt ist. Zur Festlegung der Fortschreitungsrichtung in der $zx$-Ebene muß man allerdings den Wert der Funktion $f(x, y, z)$ bestimmen. Hat man die ersten Näherungen gezeichnet, so findet man die zweite Näherungskurve $y_2$ in der $yx$-Ebene sofort durch Integration der Kurve $z$, da $y = y_0 + \int z\, dx$ wird, und man hat nur für die zweite Näherungskurve in der $zx$-Ebene, d. h. für das Integral $z = z_0 + \int_{x_0}^{x} f(x, y, z)\, dx$, eine Konstruktion des Integranden auszuführen.

An einem Beispiel aus der Mechanik wollen wir zeigen, wie sich gegebenenfalls die Funktion $f$ leicht behandeln läßt.

Es handle sich um ein mechanisches System von einem Freiheitsgrad. Die unabhängige Variable $x$ bezeichne die Zeit und $y$ den Parameter des Systems. $z = \dfrac{dy}{dx}$ bedeutet dann die Geschwindigkeit. Die auf das System wirkende Kraft möge abhängig sein von $y$ und von der Zeit $x$, jedoch so, daß die Kraft als Summe zweier Funktionen $a(y)$ und $b(x)$ bestimmt ist. Außerdem werde die Bewegung des Systems durch eine Reibungskraft beeinflußt, die als Funktion $c(z)$ der Geschwindigkeit $z$ gegeben ist. Alle drei Funktionen $a(y)$, $b(x)$ und $c(z)$ denken wir uns graphisch als Kurven gegeben. Dies wird bei vielen technischen Problemen der Fall sein. Sind einzelne der Funktionen analytisch gegeben, so sind zuerst die entsprechenden Kurven zu konstruieren. Die Differentialgleichung der Bewegung wird dann folgende Form haben:

$$\frac{d^2 y}{dx^2} = a(y) + b(x) + c\left(\frac{dy}{dx}\right).$$

Statt dessen schreiben wir die beiden Gleichungen an:

$$\frac{dz}{dx} = a(y) + b(x) + c(z)$$

und

$$\frac{dy}{dx} = z.$$

## 1. Graphische Integration

Als Anfangsbedingungen mögen die durch $y_0$ charakterisierte Lage und die Geschwindigkeit $z_0$ zur Zeit $x_0$ gegeben sein. Sind die Kurven für die die Beschleunigungen darstellenden Funktionen $a$, $b$ und $c$ mit gleichem Ordinatenmaßstab gezeichnet, so erfordert die Bestimmung des Funktionswertes auf der rechten Seite der Gleichung nur eine Addition der Ordinaten, die bei den einzelnen Kurven zu den Abszissen $x$, $y$ und $z$ gehören. Diese Abszissen sind mit dem Zirkel in den beiden Koordinatenebenen $(x, y)$ und $(x, z)$ abzugreifen. Trägt man den so konstruierten Funktionswert als vertikale Kathete eines rechtwinkligen Dreiecks auf, dessen horizontale Kathete gleich der Längeneinheit angenommen ist, so gibt die Hypotenuse die Fortschreitungsrichtung in dem betreffenden Punkte der $xz$-Ebene an. Ebenso ist der bei den Integrationen aufzutragende Integrand durch dieselben graphischen Additionen leicht zu konstruieren. Bei graphisch gegebenen Funktionen $a$, $b$ und $c$ würde also das graphische Verfahren besonders vorteilhaft sein.

Die *linearen Differentialgleichungen der zweiten Ordnung* sind ebenfalls einer graphischen Behandlung leicht zugänglich. Solch eine Gleichung hat die allgemeine Form:

$$\frac{d^2y}{dx^2} + a(x)\frac{dy}{dx} + b(x)y + c(x) = 0,$$

wobei $a$, $b$ und $c$ gegebene Funktionen sind. Wir erhalten daraus die beiden Gleichungen:

$$\frac{dz}{dx} = a(x)z + b(x)y + c(x)$$

und

$$\frac{dy}{dx} = z.$$

Sind $a$, $b$ und $c$ graphisch gegeben, so erfordert die Bestimmung der rechten Seite der ersten Gleichung außer Additionen die graphisch leicht ausführbaren Multiplikationen $a \cdot z$ und $b \cdot y$.

Auch auf ein System von zwei oder mehreren simultanen Gleichungen zweiter Ordnung, auf das man in der Mechanik oft stößt, läßt sich in analoger Weise eine graphische Behandlung mit Vorteil anwenden.

Man wird dann auf Systeme von vier oder mehr simultanen Differentialgleichungen erster Ordnung geführt. Das Approximationsverfahren durch die sukzessiven Integrationen bleibt für Systeme von beliebig vielen Gleichungen gültig, und man führt es graphisch durch, indem man in einer entsprechend größeren Anzahl von Koordinatensystemen gleichzeitig operiert.

188　XI. Integration von Differentialgleichungen höherer Ordnung

**2. Numerische Integration.** Die im zweiten und dritten Paragraphen des vorigen Kapitels auseinandergesetzten Verfahren zur numerischen Integration von Differentialgleichungen lassen sich ebenfalls auf Differentialgleichungen höherer Ordnung ausdehnen. Man schreibt zu diesem Zweck die Differentialgleichung, wie in § 1, als ein System von zwei oder mehreren simultanen Gleichungen.

I. Um ein solches System von zwei Gleichungen

$$\frac{dy}{dx} = g(x, y, z),$$

$$\frac{dz}{dx} = f(x, y, z)$$

für gegebene Anfangswerte $x_0$, $y_0$, $z_0$ numerisch zu integrieren, rechnet man nach ähnlichen Schemata wie bei einer Gleichung erster Ordnung.

Um die Übertragung der im zweiten Paragraphen des zehnten Kapitels (S. 170) auseinandergesetzten Methode auf Differentialgleichungen zweiter Ordnung zu zeigen, behandeln wir folgendes Beispiel:

Die vorgelegte Differentialgleichung sei

$$\frac{d^2y}{dx^2} + \frac{1}{x} \cdot \frac{dy}{dx} + y = 0,$$

und zwar soll diejenige Partikularlösung auf zwei Dezimalstellen genau ermittelt werden, für die bei $x_0 = 1$ ist: $y_0 = 0{,}7652$ und $y_0' = -0{,}4401$.[1])

Wir setzen zunächst $\frac{dy}{dx} = z$ und erhalten damit ein System von zwei Gleichungen:

$$\frac{dz}{dx} = -y - \frac{z}{x},$$

$$\frac{dy}{dx} = z$$

mit den Anfangswerten $y_0 = 0{,}7652$ und $z_0 = -0{,}4401$ für $x_0 = 1$.

---

1) Es handelt sich also um die Besselsche Funktion nullter Ordnung, und der Leser möge das Ergebnis der Rechnung mit einer der Tabelle der Funktion vergleichen.

## 2. Numerische Integration

| 1 | 2 | 3 | 4 | 5 | 6 | 7 | 8 | 9 |
|---|---|---|---|---|---|---|---|---|
| $x$ | $y_1$ | $-z_1$ | $y_1+\dfrac{z_1}{x}$ | $-z_2$ | $y_2$ | $y_2+\dfrac{z_2}{x}$ | $-z_3$ | $y_3$ |
| 1,0 | 0,76 | 0,44 | 0,32 | 0,440 | 0,765 | 0,325 | 0,440 | 0,765 |
|     |      |      |      | 33    | 46    |       | 32    | 46    |
| 1,1 | 0,71 | 0,40 | 0,35 | 0,473 | 0,719 | 0,289 | 0,472 | 0,719 |
|     |      |      |      | 32    | 49    |       | 27    | 49    |
| 1,2 | 0,67 | 0,45 | 0,30 | 0,505 | 0,670 | 0,249 | 0,499 | 0,670 |
|     |      |      |      | 26    | 52    |       | 23    | 50    |
| 1,3 | 0,61 | 0,50 | 0,23 | 0,531 | 0,618 | 0,210 | 0,522 | 0,620 |
|     |      |      |      | 18    | 54    |       | 17    | 53    |
| 1,4 | 0,56 | 0,60 | 0,13 | 0,548 | 0,514 | 0,122 | 0,539 | 0,567 |
|     |      |      |      | 11    | 55    |       | 10    | 54    |
| 1,5 | 0,50 | 0,60 | 0,10 | 0,559 | 0,459 | 0,086 | 0,549 | 0,513 |
|     |      |      |      | 9     | 55    |       |       |       |
| 1,6 | 0,44 | 0,60 | 0,07 | 0,568 | 0,404 |       |       |       |
|     |      |      |      | 6     | 57    |       |       |       |
| 1,7 | 0,38 | 0,55 | 0,06 | 0,574 | 0,347 |       |       |       |
|     |      |      |      | 3     | 57    |       |       |       |
| 1,8 | 0,33 | 0,58 | 0,01 | 0,577 | 0,290 |       |       |       |
|     |      |      |      | −2    | 58    |       |       |       |
| 1,9 | 0,27 | 0,60 | −0,05 | 0,575 | 0,232 |       |       |       |
|     |      |      |      | −7    | 56    |       |       |       |
| 2,0 | 0,20 | 0,60 | −0,10 | 0,568 | 0,176 |       |       |       |

In dem vorstehenden Rechenschema enthält die erste Spalte die Werte von $x$ mit einem Intervall von 0,1. Die folgenden beiden Spalten (2) und (3) enthalten Näherungswerte $y_1$ und $z_1$ der gesuchten Lösung. Zu besseren Näherungen würde man nun durch die Integrationen

$$z_2 = z_0 - \int_{x_0}^{x}\left(y_1+\frac{z_1}{x}\right)\cdot dx \quad \text{und} \quad y_2 = y_0 + \int_{x_0}^{x} z_1\cdot dx$$

gelangen; wenigstens solange $|x-x_0|$ hinreichend klein bleibt. Es liegt jedoch nahe, eine schnellere Konvergenz dadurch zu erzielen, daß man nach Ausführung der ersten Integration die dabei gefundene Funktion $z_2$ bei dem zweiten Integral bereits benutzt und

$$y_2 = y_0 + \int_{x_0}^{x} z_2\cdot dx \quad \text{bildet.[1]}$$

---

[1] Man hätte auch zuerst $y_2 = y_0 + \int_{x_0}^{x} z_1\cdot dx$ berechnen können und damit

$$z_2 = z_0 - \int_{x_0}^{x}\left(y_2+\frac{z_1}{x}\right)\cdot dx.$$

Was zu tun ist, muß bei jeder Differentialgleichung gesondert überlegt werden.

Spalte (4) des Schemas enthält den aus den Näherungen $y_1$ und $z_1$ gebildeten Integranden des ersten Integrals.

Die Ausführung der Integration ist wieder nach der einfachsten Formel geschehen. Die klein gedruckten Zahlen der fünften Spalte bedeuten die Teilintegrale, die fortlaufend summiert $z_2$ ergeben.

In gleicher Weise ist in Spalte (6) über das soeben gebildete $z_2$ integriert, womit $y_2$ gefunden ist.

Die Spalten (7), (8) und (9) enthalten eine Wiederholung des Verfahrens. Wir empfehlen dem Leser, in der angegebenen Art weiter zu rechnen, bis zwei aufeinanderfolgende Lösungen in der zweiten Dezimalstelle übereinstimmen. Über Wahl des Integrationsintervalls, Konvergenz usw. vgl. S. 174.

Auch die im dritten Paragraphen angegebene Methode II läßt sich auf Systeme von Differentialgleichungen erster Ordnung erweitern.

II. Man berechnet neben- und nacheinander die Größen:

$$k_1 = f(x_0, y_0, z_0) \cdot h \qquad l_1 = g(x_0, y_0, z_0) \cdot h$$

$$k_2 = f\left(x_0 + \frac{h}{2}, y_0 + \frac{k_1}{2}, z_0 + \frac{l_1}{2}\right) \cdot h \qquad l_2 = g\left(x_0 + \frac{h}{2}, y_0 + \frac{k_1}{2}, z_0 + \frac{l_1}{2}\right) \cdot h$$

$$k_3 = f\left(x_0 + \frac{h}{2}, y_0 + \frac{k_2}{2}, z_0 + \frac{l_2}{2}\right) \cdot h \qquad l_3 = g\left(x_0 + \frac{h}{2}, y_0 + \frac{k_2}{2}, z_0 + \frac{l_2}{2}\right) \cdot h$$

$$k_4 = f(x_0 + h, y_0 + k_3, z_0 + l_3) \cdot h \qquad l_4 = g(x_0 + h, y_0 + k_3, z_0 + l_3) \cdot h$$

Dann hat man die Beträge $k$ und $l$, um die $y$ und $z$ wachsen, wenn $x$ um $h$ zunimmt, zu berechnen durch die Gleichungen:

$$k = \frac{k_1 + k_4}{6} + \frac{k_2 + k_3}{3}, \qquad l = \frac{l_1 + l_4}{6} + \frac{l_2 + l_3}{3}.$$

Der Fehler auch dieser Größen ist nachweisbar von der fünften Ordnung in $h$.

Die Ausdehnung des Verfahrens auf mehr als zwei simultane Gleichungen ergibt sich durch eine Erweiterung des Schemas, die leicht zu finden ist.

Für spezielle Differentialgleichungen sind noch mannigfache Integrationsmethoden ersonnen. Einige findet der Leser im Literaturverzeichnis unter (5).

# Literaturverzeichnis.

Das nachfolgende Literaturverzeichnis erhebt auf Vollständigkeit keinen Anspruch. Es soll dem Leser, der sich über die in diesem Bande behandelten Gegenstände weiter unterrichten will, nur zur Führung dienen und bietet eine Auswahl von größeren Werken und einzelnen Abhandlungen die dazu geeignet scheinen. Eine Menge weiterer Arbeiten, in denen von Approximationsmethoden teils graphischer, teils numerischer Natur Gebrauch gemacht wird, findet sich in der technischen Literatur verstreut. Ein Eingehen hierauf schien sich zu erübrigen, weil diese Methoden teils ganz spezieller Natur sind (wie z. B. die Berechnung elektrischer Leitungsnetze) oder in den hier angeführten allgemeinen Methoden als Spezialfälle enthalten sind. Außerdem wird in dem Bande, der die graphischen Methoden der Technik behandelt, hiervon noch weiter die Rede sein.

Sehr reiche Literaturangaben findet man in der *Enzyklopädie der mathematischen Wissenschaften* (Leipzig 1898 bis 1904, Bd. I in zwei Teilen: Arithmetik und Algebra), vornehmlich in den Artikeln:

IB 3a. C. Runge, *Separation und Approximation der Wurzeln.* — ID 3. J. Bauschinger, *Interpolation.* — IE D. Seliwanoff, *Differenzenrechnung.* — IF. R. Mehmke, *Numerisches Rechnen.*

A. Werke über numerisches und graphisches Rechnen.

1. Numerische Methoden.

Lüroth. *Vorlesungen über numerisches Rechnen.* Leipzig 1900. — Bruns. *Grundlinien des wissenschaftlichen Rechnens.* Leipzig 1903. — Biermann. *Vorlesungen über mathematische Näherungsmethoden.* Braunschweig 1905. — Joh. Eug. Mayer. *Das Rechnen in der Technik und seine Hilfsmittel.* Leipzig 1908. — de Montessus et d'Adhémar. *Calcul numérique.* Paris 1911. — Jordan. *Handbuch der Vermessungskunde*, Bd. II. Stuttgart 1904.

2. Graphische Methoden.

Cousinery. *Le calcul par le trait.* Paris 1839. — Cremona. *Elemente des graphischen Calculs.* Deutsch von Curtze. Leipzig 1875. — Favaro-Terrier. *Calcul graphique.* 2me partie. Paris 1885. — Massau. *Mémoire sur l'intégration graphique et ses applications.* Annales de l'assoc. des ing. sortis des ecoles spéciales de Gand, cah. 78, 84, 86, 87, 90. In einem Bande erschienen 1900. — Runge. *Graphical methods. A course of lectures delivered in Columbia University, New York, Oktober 1909 to January 1910.* New York 1912. (Deutsch bei B. G. Teubner, Leipzig 1914.) — d'Ocagne. *Traité de nomographie.* Paris 1899. — d'Ocagne. *Calcul graphique et nomographie.* Paris 1908. — Schilling. *Über die Nomographie d'Ocagnes.* Leipzig 1900. — Willers. *Graphische Integration.* Samml. Göschen. 1920.

3. Mechanisches Rechnen und Tafelrechnen.

Dyck. *Katalog mathematischer und phys.-math. Modelle, Apparate und Instrumente.* München 1892 (Nachtrag 1893). — Galle. *Mathematische Instrumente.* Leipzig 1912. — L. Jacob. *Le calcul mécanique.* Paris 1911. — v. Schrutka, Edler von Rechtenstamm. *Theorie und Praxis des logarithmischen Rechenschiebers.* Leipzig und Wien 1911. — Tichy. *Graphische Logarithmentafel.* Wien 1897. — Jahnke und Emde. *Funktionentafeln mit Formeln und Kurven.* Leipzig 1909. — H. Zimmermann. *Rechentafel.* Berlin 1907. — *Tafeln für numerisches Rechnen mit Maschinen.* Herausgegeben von O. Lohse. Leipzig 1909. — Lenz. *Die Rechenmaschine.* B. G. Teubner, Leipzig 1915. — von Dyk. *Über einige neue Apparate zur mechanischen Integration.* Abh. d. Bayer. Ak. 1914.

B. Schriften über einzelne Gebiete der praktischen Analysis.

1. Differenzenrechnung.

Briggs. *Arithmetica logarithmica.* London 1620. — Newton. *Philosophiae naturalis principia mathematica.* Lib. III. lemma 8. London 1697. — Newton. *Analysis per quantitatum series etc.* London 1711. — Stirling. *Methodus differentialis.* London 1730. — Lacroix *Traité des différences.* Paris 1819. — Boole. *A treatise on the calculus of finite differences.* London 1880. — Markoff. *Differenzenrechnung.* Deutsch von Friesendorf und Prümm. Leipzig 1896. — Seliwanoff. *Differenzenrechnung.* Leipzig 1907.

2. Auflösung der Gleichungen.

Horner (Hornersches Schema). *Philos. Transactions* 1819, p. 308. — Fourier. *Analyse des équations déterminées.* Paris 1831. — Graeffe. *Die Auflösung der höheren numerischen Gleichungen.* Zürich 1837. — Encke. *Allgemeine Auflösung der numerischen Gleichungen.* Journ. f. Math. Bd. 22, S. 193. 1841. — Carvallo. *Méthode pratique pour la résolution numérique complète des équations.* Paris 1890. — Runge. *Praxis der Gleichungen.* Leipzig 1900. — Runge. *Graphische Auflösung von Gleichungen in der komplexen Zahlenebene.* Göttinger Nachrichten. 1917. — Pfeiffer. *Numerische Auflösung spezieller Systeme linearer Gleichungen.* Sitz. Ber. d. Heidelberger Akad. 1920.

3. Interpolation.

Lagrange. *Sur une nouvelle espèce de calcul* (1772), Œuvres III, p. 441. — Lagrange. *Les interpolations* (1778), Œuvres VII, p. 535. — Lagrange. *Mémoire sur la méthode d'interpolation* (1792), Œuvres V, p. 663. — Lagrange. *Recherches sur la manière de former des tables* (1772), Œuvres VI, p. 507. — Gauß. *Theoria interpolationis methodo nova tractata.* (Aus dem Nachlaß.) Werke Bd. III, S. 265. — Houël. *Sur le développement des fonctions en séries périodiques.* Annales de l'Observatoire de Paris t. 8. 1866. — Tchebychef. *Sur les fractions continues.* Journal de mathématiques (2) t. 3, p. 289 (1858), Œuvres I. p. 473. — Tchebychef. *Sur interpolation dans le cas d'un grand nombre de données.* Mémoires de l'Académie de St. Pétersbourg 7, 1 (1859), p. 387. — Tchebychef. *Sur l'interpolation par*

*la méthode des moindres carrés.* Mémoires de l'Academie de St. Pétersbourg **7**, 1 (1859), Œuvres I, p. 473.
Hierzu vergleiche man:
Harzer. *Über eine von Tchebychef angegebene Interpolationsformel.* Astr. Nachrichten Bd. 115. S. 337. 1886. — Bruns. *Über ein Interpolationsverfahren von Tchebychef.* Astr. Nachrichten Bd 146, S. 161. 1898. — Gram, *Über die Entwicklung reeller Funktionen in Reihen.* Journal für Mathematik Bd. 94. S. 41. 1883. — Runge. *Theorie und Praxis der Reihen.* Leipzig 1904.

### 4. Mechanische Quadratur.

Simpson. *Mathematical Dissertations (Of the Area of Curves).* London 1743. — Gauß. *Methodus nova integralium valores per approximationem inveniendi* (1814), Werke Bd. III, S. 163.
Hierzu vergleiche man:
Jacobi. *Über Gauß' neue Methode usw.* Journal für Mathematik Bd. 1, S. 301 (1826), Werke Bd. VI, S. 3. — Christoffel. *Über die Gaußsche Quadratur.* Journal für Mathematik Bd. 55, S. 61. 1858. — Markoff. *Sur la méthode de Gauß.* Math. Ann. Bd. 25, S. 417. 1885. — Mansion. *Détermination du reste dans la formule de quadrature de Gauß.* Comptes Rendus t. 102, p. 412. 1886.

### 5. Integration von Differentialgleichungen.

Runge. *Über die numerische Auflösung von Differentialgleichungen.* Math. Ann. Bd. 46, S. 167. 1895. — Heun. *Neue Methode zur approximativen Integration der Differentialgleichungen einer Variablen.* Zschr. f. Math. u. Phys. Bd. 45, S. 23. 1898. – Kutta. *Beitrag zur näherungsweisen Integration totaler Differentialgleichungen.* Zschr. f. Math. u. Phys Bd. 46, S. 435. 1899. — Runge *Über graphische Lösungen von Differentialgleichungen erster Ordnung.* Jahresberichte der Deutschen Math.-Vereinigung Bd. 16, S. 270. 1907. — v. Sanden. *Die graphische Behandlung von Differentialgleichungen erster Ordnung.* Archiv für Elektrotechnik Bd. II, Heft 7. 1914. — Duffing. *Numerische Integration von Differentialgleichungen.* Heft 224 der Forschungsarbeiten des Vereins deutscher Ingenieure. — Meißner. *Über graphische Integration von totalen Differentialgleichungen.* — Gümbel. *Die graphische Lösung von Differentialgleichungen zweiter Ordnung.* Ztschr d. Ver d. Ing. 1919. S. 771. — R. Rothe. *Bestimmung einer Geschoßbahn mit sehr großer Erhebung und Schußweite.* Artill. Monatshefte. Juni-Heft 1918.

### 6. Weitere besondere Fragen.

Runge. *Numerische Berechnung der Hauptachsen einer Fläche zweiter Ordnung.* Zschr. f. Math. u. Phys. Bd. 52, S 103. 1905. — Runge *Über die Formänderung eines zylindrischen Wasserbehälters durch Wasserdruck.* Zschr. f. Math. u. Phys. Bd. 51, S. 254. 1904. — Runge. *Über eine Methode die partielle Differentialgleichung $\Delta u = 0$ numerisch zu integrieren.* Zschr f. Math u. Phys. Bd. 65, S. 225. 1908 — Runge. *Graphische Lösung von Randwertaufgaben der Gleichung $\Delta u = 0$* Gött. Nachr. 1911, S. 431. — Willers. *Die Torsion eines Rotationskörpers um seine Achse.* Diss. Göttingen, auch Zschr. f. Math. u. Phys. Bd. 55, S. 225. 1907. — Jäger. *Graphische Integrationen* *in der Hydrodynamik.* Diss. Göttingen 1909. — Killam. *Über graphische Integration von Funktionen einer komplexen Variabeln, mit speziellen Anwendungen.* Diss. Göttingen. 1912. — v. Sanden. *Über den Auftrieb im natürlichen Winde.* Zschr. f. Math. u. Phys. Bd. 61, S. 2:5. 1913. — v. Sanden. *Ein Instrument zur graphischen harmonischen Analyse.* Zschr. f. Math. u Phys. Bd. 61, S. 430. 1913. — Walter Lohmann. *Harmonische Analyse zum Selbstunterricht.* Hamburg 1921 — Runge *Rechenformular zur Zerlegung einer empirisch gegebenen periodischen Funktion in Sinuswellen und Erläuterung dazu.* Braunschweig 1913. — Basch. *Zur Analyse schwach gedämpfter Schwingungen.* Wiener Ber. 1914.

# Sachregister.

(Die Zahlen geben die Seiten an.)

Addition mit der Rechenmaschine 38
Approximation empirischer Funktionen 112 ff.
Allgemeines über Approximation 134
Auflösung von Gleichungen 135
— von Gleichungen dritten Grades mit dem Rechenschieber 25
— von Gleichungen höheren Grades mittelst des Hornerschen Schemas 47
— von Gleichungen höheren Grades nach dem Gräffeschen Verfahren 141
— graphische, von Gleichungen höheren Grades 55
— von Systemen linearer Gleichungen 135
— von nicht linearen Gleichungen mit mehreren Unbekannten 156
— von transzendenten Gleichungen 152
Ausgleichungsrechnung nach der Methode der kleinsten Quadrate 139. 158
Differentialgleichungen, gewöhnliche 162
graphische Integration von Differentialgleichungen erster Ordnung 162
graphische Integration von Differentialgleichungen höherer Ordnung 181
numerische Integration von Differentialgleichungen erster Ordnung 170. 177

numerische Integration von Differentialgleichungen höherer Ordnung 188
Differentiation, graphische 110
— numerische 79. 81
— empirischer Funktionen durch Interpolationsformeln 75
Differenzenquotient 66
Differenzenschema 68
Division mit der Rechenmaschine 40
Empirische Funktionen:
Differentiation 75. 79. 81. 116
Integration 79. 82. 87
Auftragen als Kurve 117
Flächenmessung s. Mechanische Quadratur
— krummer Oberflächen 91
Fourier-Koeffizienten, Berechnung 126 ff.
Ganze rationale Funktionen:
Definition und Schreibweise 43
als Approximation empirischer Funktionen 76
graphische Behandlung 53
Extrapolation 61
lineare, quadratische und allgemeine Interpolation 64 ff.
im komplexen Gebiet 50. 58
Gaußsche Quadratur 93
Gleichungen s. Auflösung von Gleichungen
Graeffesches Verfahren zur Auflösung von Gleichungen 141
Harmonische Analyse 122
Hornersches Schema 44

## Sachregister

Integration s. auch mechanische Quadratur, Simpsonsche Regel
Integration empirischer Funktionen durch Interpolationsformeln 79
—, Methode von Gauß 93
—, graphische 103
— von Differentialgl. 162
Interpolation von ganzen rationalen Funktionen 64ff.
— lineare 64
— quadratische 64
— allgemeine 65
— beliebiger Funktionen 78
Interpolationsformeln 73
Iterationsverfahren zur Auflösung von Gleichungen 154
Kontrolle einer Zahlenrechnung 3
Koordinatenpapier 13
Komplexe Wurzeln s. Gräffesches Verfahren
Kugelfunktionen einer Veränderlichen 120
Kuttasche Methode zur Integration von Differentialgleichungen 177 190
Längeneinheiten 13
Logarithmische Skala 16
Mechanische Quadratur 88
Millionär - Rechenmaschine 42
Multiplikation mit der Rechenmaschine 38

Näherungsformeln 6
Newtonsches Verfahren zur Auflösung von Gleichungen 152
Nomographie 8
Prozentuale Näherungsrechnung 4
Quadrate, Methode der kleinsten 139
—, bei nicht linearen Gleichungen 159
Quadratwurzel, Ausziehen mit dem Rechenschieber 19
— mit der Rechenmaschine 40
Rechenmaschine 35
Rechenschieber 14ff.
Rechentafeln 13
Simpsonsche Regel 88
Skala 14
Substitution (graphische) einer neuen Integrationsvariablen 92
Subtraktion mit der Rechenmaschine 38
Taylor-Entwicklung, graphische Bestimmung des Restgliedes 107
Transzendente Gleichungen, Auflösung 152
Trapezformel 88
Trigonometrische Dreiecksberechnung mit dem Rechenschieber 29
Zahlenrechnung, Anordnung und Kontrolle 1

Die angegebenen Preise sind Grundpreise. Diese sind mit der Schlüsselzahl des Börsenvereins (Juni 1923: 4200), zu vervielfältigen.

**Über den Bildungswert der Mathematik.** Ein Beitrag zur philosophischen Pädagogik. Von Dr. *W. Birkemeier*, Berlin. [VI u. 191 S.] 8. 1923. Geh. M. 4.50, geb. M. 5.—

Die in unseren Tagen wieder lebhaft gewordene Frage nach dem Bildungswert der Mathematik wird in diesem Werk in umfassender und tiefgründiger Weise untersucht. Nach Klärung der Begriffe: Bildung, Bildungswert und Bildsamkeit einerseits und des Wesens der Mathematik andererseits wird dargetan, worin der Wert der Mathematik für die Schulung des Geistes liegt und in welcher Form die ihr eigenen Bildungswerte entfaltet werden können. Werte, die der Mathematik mit ästhetischen und technisch-ökonomischen Fächern gemeinsam sind, werden beleuchtet und die Bedeutung der Mathematik für die allgemeine und berufliche Bildung aufgezeigt.

**Die mathematische Ausbildung der Architekten, Chemiker und Ingenieure an den deutschen Technischen Hochschulen.** Von Geh. Hofrat Dr. *P. Stäckel*, weil. Professor an der Univ. Heidelberg. [XIII u. 198 S.] gr. 8. 1915. (IMUK A. IV. Band. Heft 9.) Steif geh. M. 3.40.

„Die vorliegende Abhandlung zeichnet sich in hervorragendem Maße durch Reichhaltigkeit des Inhaltes und Gründlichkeit in der Darstellung aus Sie ist von um so größerer Bedeutung, als es bisher an einer ähnlichen Zusammenstelluug fehlte."
(Jahresberichte der Deutschen Mathematiker-Vereinigung.)

**Zahlenrechnen.** Von Dr. *L. von Schrutka Edler von Rechtenstamm*, Prof. a. d. deutschen Univ. Brünn. [U. d. Pr. 1923.]

Die scharf umrissene Darstellung geht über die landläufigen Rechnungsarten hinaus bis zu den Logarithmen und Winkelfunktionen. Als besonders wichtig werden die Polynome und die Rechenmaschine, die in jüngster Zeit starke Verbreitung gefunden haben, hervorgehoben.

**Einführung in die Nomographie.** Von Studienrat *P. Luckey* in Elberfeld. I. Teil: Die Funktionsleiter. Mit 24 Fig. i. T. u. 1 Taf. [IV u. 43 S.] 8. 1918. II. Teil: Die Zeichn. als Rechenmaschine. Mit 34 Fig. (MPhB Bd. 28 u. 37.) Kart je M. —.70

Behandelt in anschaulicher Form die verschiedenen Funktionsleitern oder Funktionsskalen, mit deren Hilfe man an Stelle langwieriger rechnerischer Arbeiten die Lösungen mit der hinreichenden Genauigkeit aus graphischen Tafeln ablesen kann und stellt gleichzeitig eine durch Beispiele gut veranschaulichte Einführung in die Nomographie dar.

**Über die Nomographie von M. d'Ocagne.** Eine Einführung in dieses Gebiet. Von Geh. Reg.-Rat Dr. *Fr. Schilling*, Professor an der Techn. Hochschule zu Danzig. Mit 28 Abb. [47 S.] gr. 8. 3. Nachdr. 1922. Geh. M. —.90

„Die Nomographie und damit die vorliegende Schrift, welche ihrer klaren Darstellung wegen eine bequeme Einführung in dieses Gebiet bietet, nichtsdestoweniger aber, insbesondere im Schlußparagraphen, theoretisch interessante Ausblicke gewährt, verdienen nicht nur die Beachtung der reinen Mathematiker wie der Vertreter der verschiedenen Gebiete angewandter Mathematik, sondern können auch sicher für den Unterricht, insbesondere den an technischen Mittel- und Hochschulen, fruktifiziert werden." (Zeitschr. f. d. math. u. naturw. Unterricht.)

**Vierstellige Tafeln zum logarithmischen und Zahlenrechnen für Schule und Leben** in neuer Anordnung zusammengest. von Dr. *Ph. Lötzbeyer*, Dir. des Reformrealgymnasiums in Berlin-Wilmersdorf. Mit 2 Abb., 1 Proportionaltafel und einer Anzahl durch D. R. G. M. Nr. 683420 geschützten Tafeln. [IV u. XVII Tafeln.] gr. 8. 1918. Steif geh. M. —.40

In neuartiger, ein Höchstmaß von Übersicht und Kürze erreichender Anordnung zusammengestellte Logarithmen- und Zahlentafeln für die Schule und das praktische Leben mit Anweisung für ihren praktischen Gebrauch wie zur Verwendung des Rechenschiebers.

**Praktische Mathematik.** Von Dr. *R. Neuendorff*, Prof. a. d. Univ. Kiel. I. Teil: Graph. Darstellungen. Verkürztes Rechnen. Das Rechnen mit Tabellen. Mech. Rechenhilfsmittel. Kaufm. Rechnen im tägl. Leben. Wahrscheinlichkeitsrechnung. 3. Aufl. (ANuG 341.) [U. d. Pr. 1923.] II. Teil. Geometr. Zeichnen. Projektionslehre. Flächenmessung. Körpermessung. Mit 433 Fig. [IV u. 102 S.] 8. 1918. (ANuG 526.) Kart. M. 1.30, geb. M. 1.60.

## Verlag von B. G. Teubner in Leipzig und Berlin

Anfragen ist Rückporto beizufügen

Die angegebenen Grundpreise sind mit der Schlüsselzahl des Börsenvereins zu vervielfältigen.

# Teubners Technische Leitfäden

„In der heutigen Zeit der Teuerung, die dem jungen Studenten die Anschaffung größerer fachwissenschaftlicher Werke fast unmöglich macht, ist die Herausgabe dieser Leitfäden besonders zu begrüßen. Inhaltlich, sowohl hinsichtlich der Abbildungen wie des Textes, stehen die Leitfäden größeren Büchern in keiner Weise nach und sie können daher allen Fachkreisen empfohlen werden." (Dinglers polytechn. Journal.)

**Analytische Geometrie.** Von Geh. Hofrat Dr. R. Fricke, Professor an der Techn. Hochschule zu Braunschweig. 2. Aufl. Mit 96 Fig. [VI u. 125 S.] (Bd. 1.) M. 1.80

**Darstellende Geometrie.** Von Dr. M. Großmann, Prof. an der Eidgen. Techn. Hochschule zu Zürich. Bd. I. 3. Aufl. Mit Fig. u. Übungsaufgaben. (Bd. 2.) [U. d. Pr. 1923.] Bd. II. 2., umg. Aufl. Mit 144 Fig. [VI u. 154 S.] 1921. (Bd. 3.) Kart. M. 2.—

**Differential- und Integralrechnung.** Von Dr. L. Bieberbach, Prof. a. d. Universität Berlin. I. Differentialrechnung. 2., verm. u. verb. Aufl. Mit 34 Fig. [VI u. 132 S.[ 1922. (Bd. 4.) Kart. M. 2.20. II. Integralrechnung. 2. Aufl. [U. d. Pr. 1923.]

**Ausgleichsrechnung** nach der Methode der kleinsten Quadrate in ihrer Anwendung auf Physik, Maschinenbau, Elektrotechnik u. Geodäsie. Von Ing. V. Happach, Charlottenburg. Mit 7 Fig. [IV u. 74 S.] gr. 8. 1923. (Bd. 18.) Kart. M. 1.50

**Funktionentheorie.** Von Dr. L. Bieberbach, Prof. an der Universität Berlin. Mit 34 Fig. [IV u. 118 S.] 1922. (Bd. 14.) Kart. M. 1.60

**Einführung in die Vektoranalysis.** Mit Anwendungen auf die mathemat. Physik. Von Prof. Dr. R. Gans, Dir. des physikalischen Instituts der Univers. La Plata. 4. Aufl. Mit Fig. [VI u. 118 S.] gr. 8. 1921. (Bd. 16.) Kart. M. 2.—

**Praktische Astronomie.** Geograph. Orts- u. Zeitbest. Von V. Theimer, Adjunkt a. d. Montan. Hochsch. zu Leoben. Mit 62 Fig. [IV u. 127 S.] 1921. (Bd. 13.) Kart. M. 1.70

**Feldbuch für geodätische Praktika.** Nebst Zusammenstellung d. wichtigsten Meth. u. Regeln sowie ausgef. Musterbeispielen. V. Dr.-Ing. O. Israel, Prof. a. d. Techn. Hochsch. in Dresden. Mit 46 Fig. [IV u. 160 S.] 1920. (Bd. 11.) M. 2.10

**Grundzüge der Festigkeitslehre.** Von Hofrat Dr.-Ing. A. Föppl, Prof. a.d. Techn. Hochschule in München, u. Dr.-Ing. O. Föppl, Prof. a.d. Techn. Hochschule in Braunschweig. Mit 141 Abb. i. Text u. auf 1 Tafel. [IV u. 290 S.] (Bd. 17.) Geb. M. 12.—

**Erdbau, Stollen- und Tunnelbau.** Von Dipl.-Ing. A. Birk, Prof. a. d. Techn. Hochschule zu Prag. Mit 110 Abb. [V u. 117 S.] 1920. (Bd. 7.) Kart. M. 1.60

**Landstraßenbau** einschl. Trassieren. V. Oberbaurat W. Euting, Stuttgart. Mit 54 Abb. i. Text u. a. 2 Taf. [IV u. 100 S.] 1920. (Bd. 9.) Kart. M. 1.40

**Grundriß der Hydraulik.** Von Hofrat Dr. Ph. Forchheimer, Prof. a. d. Techn. Hochschule in Wien. Mit 114 Fig. im Text. [V u. 118 S.] 1920. (Bd. 8.) M. 1.70

**Leitfaden der Baustoffkunde.** Von Geheimrat Dr.-Ing. M. Foerster, Prof. an d. Techn. Hochsch. i. Dresden. M. 57 Abb. i. T. [V u. 220 S.] 1922. (Bd. 15.) M. 2.90

**Eisenbetonbau.** Von H. Kayser, Prof. a. d. Techn. Hochschule zu Darmstadt. (Bd. 19.) [Erscheint Juli 1923.]

**Hochbau in Stein.** Von Geh. Baurat H. Walbe, Prof. a. d. Techn. Hochschule zu Darmstadt. Mit 302 Fig. im Text. [VI u. 110 S.] 1920. (Bd. 10.) Kart. M. 1.50

**Veranschlagen, Bauleitung, Baupolizei, Heimatschutzgesetze.** Von Stadtbaur. Fr. Schultz, Bielefeld. Mit 3 Taf. [IV u. 150 S.] 1921. (Bd. 12.) Kart. M. 2.10

**Mechanische Technologie.** Von Dr. R. Escher, weil. Prof. a.d. Eidgenöss. Techn. Hochschule zu Zürich. Mit 418 Abb. i. Text. (2. Aufl. [VI u. 164 S.] (Bd. 6.) Kart. M. 2.20

In Vorbereitung befinden sich u. a.:

**Höhere Mathematik.** 2 Bde. V. Dr. R. Rothe, Prof. a. d. Techn. Hochschule Berlin.
**Dynamik. Technische Statik.** 2 Bände. Von Dr.-Ing. A. Pröll, Prof. an der Techn. Hochschule in Hannover.
**Thermodynamik.** 2 B. V. Geh. Hofr. Dr. R. Mollier, Prof. a. d. Techn. Hochsch. Dresden.
**Dampfturbinen und Turbokompressoren.** Von Dr.-Ing. H. Baer, Prof. an der Techn. Hochschule in Breslau.
**Grundlagen der Elektrotechnik.** 2 Bde. Von Dr. E. Orlich, Prof. an der Technischen Hochschule Berlin.
**Elektrische Maschinen.** 4 Bde. V. Dr.-Ing. M. Kloß. Prof. a. d. Techn. Hochsch. Berlin.
**Hochbau in Holz.** Von Geh. Baurat H. Walbe, Prof. a. d. Techn. Hochsch. Darmstadt.
**Grundbau.** Von Geh. Admiralitätsrat Dr.-Ing. L. Brennecke und Reg.- u. Baurat Dr.-Ing. Lohmeyer.

## Verlag von B. G. Teubner in Leipzig und Berlin

Anfragen ist Rückporto beizufügen

MIX
Papier aus verantwortungsvollen Quellen
Paper from responsible sources
FSC® C105338

If you have any concerns about our products,
you can contact us on
**ProductSafety@springernature.com**

In case Publisher is established outside the EU,
the EU authorized representative is:
**Springer Nature Customer Service Center GmbH
Europaplatz 3, 69115 Heidelberg, Germany**

Printed by Libri Plureos GmbH
in Hamburg, Germany